Julius Bergmann

Die Grundprobleme der Logik

Julius Bergmann

Die Grundprobleme der Logik

ISBN/EAN: 9783743302273

Hergestellt in Europa, USA, Kanada, Australien, Japan

Cover: Foto ©berggeist007 / pixelio.de

Manufactured and distributed by brebook publishing software
(www.brebook.com)

Julius Bergmann

Die Grundprobleme der Logik

Die

Grundprobleme der Logik.

Von

Jul. Bergmann.

Zweite, völlig neue Bearbeitung.

Berlin 1895.

Ernst Siegfried Mittler und Sohn

Königliche Hofbuchhandlung

Kochstrasse 68—70.

Die nachfolgende Darstellung der Logik tritt an die Stelle der vor dreizehn Jahren unter dem Titel „Die Grundprobleme der Logik" von mir veröffentlichten. Ihre Uebereinstimmung mit dieser ist gross genug, um mir die Beibehaltung jenes Titels angemessen erscheinen zu lassen. Andererseits unterscheidet sie sich von ihr doch zu sehr sowohl der Form als auch dem Inhalte nach, als dass sie für dasselbe, wenn auch in sehr veränderter Gestalt auftretende Werk angesehen werden könnte. So habe ich sie denn statt als Zweite Auflage als Zweite, völlig neue Bearbeitung bezeichnet. Ich halte die neue Bearbeitung, obwohl ich mir bedeutender Mängel derselben bewusst bin, doch für so viel besser als die alte, dass ich sie der Beachtung auch derer empfehlen zu dürfen glaube, die in der alten keine Förderung der logischen Erkenntniss haben finden können. Insbesondere gebe ich mich der Hoffnung hin, dass sie in meinen Ausführungen über den Begriff des Urtheils, das System der Urtheilsformen, die Möglichkeit analytischer Erweiterungsurtheile, den Satz des Grundes, das Wesen der Schlüsse, den Zusammenhang zwischen der Auffassung der Schlüsse als Substitutionen und der Unterscheidung von Induktion und Analysis (Ausführungen, welche die auf dieselben Fragen bezüglichen der älteren Schrift an Klarheit und Folgerichtigkeit weit übertreffen) Gedanken antreffen werden, die einer sorgfältigen Prüfung werth seien.

Marburg, März 1895.

J. Bergmann.

Inhaltsverzeichniss.

— VI —

Berichtigungen.

Seite	55	Zeile	4	v. u. lies uns	statt sich.
	58	„	9	v. o. „ einer	„ eines.
	104	„	5	v. u. „ bildeta	„ bildeten.
	128	„	3	v. o. „ könnten	„ können.
	139	„	2 u. 3 v. o. „ in fehlerhaftem	„ im fehlerhaften.
	140	„	6	v. o. „ der Sache nach	„ der Sache.
	142	„	18	v. u. „ des	„ das.

Einleitung.

§ 1.
Die Aufgabe der Logik.

1. Im Allgemeinen sind die Logiker darin einverstanden, dass es ihrer Wissenschaft obliege, die Anweisungen, die sich für das Denken aus dem im Erkennen und Wissen bestehenden Zwecke ergeben, die normativen Gesetze des Denkens oder, wie Kant sagt, die Regeln des richtigen Verstandesgebrauches darzulegen, oder, wie ebenfalls Kant sagt, zu zeigen, nicht wie man wirklich denke, sondern wie man denken solle. Zur Begriffsbestimmung der Logik möchte jedoch, entgegen der Meinung Vieler, diese Angabe nicht hinreichen. Denn derselben Wissenschaft, die von den Vorschriften zu handeln hat, denen das Denken genügen muss, um Erkennen und Fortschreiten in der Erkenntniss zu sein, wird es auch zukommen, die allgemeine, dem richtigen und dem unrichtigen Denken gemeinsame Weise zu betrachten, derzufolge seine Erzeugnisse unter den Gegensatz von Wahrheit und Irrthum fallen, sowie die ebenfalls noch dem richtigen und dem unrichtigen Denken gemeinsamen besonderen Weisen, wie das Bejahen und das Verneinen. Hierfür sprechen auch diejenigen Bearbeitungen der Logik selbst, die von der Definition derselben als der Wissenschaft von den normativen Gesetzen des Denkens ausgehen; denn sie beginnen sämmtlich mit ausführlichen Untersuchungen, die noch von dem Gegensatze des richtigen und des unrichtigen Denkens oder der Normalgesetze und der Naturgesetze des Denkens absehen. Untersuchungen über die Vorstellungen oder Begriffe und die Urtheile überhaupt und deren Arten und Verhältnisse. Wenn

sie dieses Verfahren damit rechtfertigen zu können glauben,
dass man, um die normativen Gesetze des Denkens zu ermitteln, von der Betrachtung des Wesens des Denkens überhaupt ausgehen müsse, so schreiben sie der letzteren lediglich
die Bedeutung eines Mittels zu. Es ist aber nicht einzusehen, warum das Verständniss der zum Wesen des Denkens
überhaupt gehörenden Weisen nicht ebenso gut wie dasjenige
der dem richtigen Denken gegenüber dem unrichtigen eigenthümlichen ihren Werth in sich selbst haben sollte. Gleich
jenem dient auch dieses unmittelbar zur Befriedigung des
Wissenstriebes. Wie die Regeln des richtigen Denkens darum
nicht weniger ein Gegenstand des rein theoretischen Interesses
sind, weil wir uns von ihrer Kenntniss Nutzen für den Gebrauch unseres Denkvermögens versprechen dürfen, so entbehrt auch die Einsicht in das, was im Wesen des Denkens
überhaupt die Bedingung dafür bildet, dass uns der Zweck
des Erkennens und Wissens entstehen könne, und dass es
möglich sei, ihn zu verwirklichen, nicht deshalb der Bedeutung eines um seiner selbst willen zu erstrebenden Zieles,
weil die Lehre von jenen Regeln ihrer als Grundlage bedarf.

Eine dieser Auffassung entsprechende Begriffsbestimmung
der Logik möchte es etwa sein, wenn als deren Gegenstand
bezeichnet wird das Denken hinsichtlich seiner Angemessenheit zu dem im Erkennen und Wissen bestehenden Zwecke,
oder, ausführlicher, hinsichtlich seiner natürlichen Angemessenheit zu diesem Zwecke und der aus ihm entspringenden Anweisungen.

2. Der vorstehenden Definition eine Erklärung der Begriffe des Erkennens und Wissens hinzuzufügen, ist nicht
nöthig. Sie genügt, ihren Gegenstand zu bestimmen, wenn
auch diesen Begriffen keine ausgeprägtere Gestalt gegeben
wird als diejenige, in der man sie vor der Beschäftigung mit
der Logik besitzt. Soweit es für den Zweck der Logik erforderlich ist, sich auf ihren Inhalt zu besinnen, ist dies eine
Aufgabe nicht schon der Vorbereitung zu dieser Wissenschaft, sondern ihrer selbst.

Braucht der Begriff des Erkennens hier nicht erörtert zu
werden, so auch nicht der des Denkens. Denn soweit das
Denken Gegenstand der Logik ist, ist es, deren Definition

zufolge, die Thätigkeit, die, wenn ihre Erzeugnisse eine gewisse Beschaffenheit haben, Erkennen ist. In wie weiter Bedeutung auch das Wort sonst wohl gebraucht wird, für die Logik kommt das Denken nur insoweit in Betracht, als es die Thätigkeit ist, von der wir verlangen, dass sie Erkennen sei. Da ein Denken jedenfalls nur dann Erkennen ist, wenn sein Erzeugniss, der Gedanke, wahr ist, so kann die Bedeutung, in der die oben aufgestellte Definition der Logik das Wort Denken nimmt, auch dahin bestimmt werden, es sei die Thätigkeit, von deren Erzeugnissen das Wahr-sein und das Unwahr-sein ausgesagt werden.

Wenn indessen auch die der Logik voranzuschickenden Erwägungen sich mit dem Begriffe des Denkens nicht weiter zu beschäftigen brauchen, so wird es doch angemessen sein, der oben angegebenen Bestimmung sogleich noch die Bemerkung hinzuzufügen, dass die Thätigkeit, deren Erzeugnisse unter den Gegensatz von Wahrheit und Unwahrheit fallen, einerlei mit Urtheilen ist. Blosse Vorstellungen, als deren Zeichen einzelne Wörter (Substantiva oder Adjectiva oder Verba) dienen können, nicht Urtheile seiende Verbindungen von Vorstellungen, sowie Reihen aufeinander folgender Vorstellungen sind weder wahr noch unwahr. Die Schlüsse andererseits, die als über den Urtheilen stehende Denkerzeugnisse betrachtet zu werden pflegen, sind eine durch ihren Inhalt eigenthümliche Art von Urtheilen. Sie sind Urtheile, die von einem Urtheile oder einer Verbindung von Urtheilen aussagen, dass der darin gedachte Sachverhalt mit dem durch ein weiteres Urtheil (den Schlusssatz) gedachten identisch sei oder ihn einschliesse. Z. B. in dem Schlusse „a ist grösser als b, folglich b kleiner als a" wird von dem durch das erste Urtheil festgestellten Grössenverhältnisse gedacht, dass es mit dem durch das zweite festgestellten identisch sei; der Schluss „a ist grösser als b, b ist grösser als c, folglich ist a grösser als c" sagt von der Verbindung der beiden Grössenverhältnisse, die durch die beiden ersten der Urtheile, aus denen er besteht, gedacht werden, dass in ihr das durch das dritte Urtheil gedachte enthalten sei.

Noch mag gleich hier darauf aufmerksam gemacht werden, dass, wenn jede Bewusstseinsthätigkeit, auf die der

Gegensatz von Wahrheit und Irrthum bezogen werden kann,
unter den Begriff des Urtheils fällt, schon jede Wahrnehmung,
die ein Meinen oder Für-etwas-halten oder ein Bemerken
einer Bestimmtheit an einem Gegenstande ist, auf den Namen
des Urtheils Anspruch hat. Sehe ich z. B. ein schief an der
Wand hängendes Bild in der Weise, dass sich mir diese Lage
aus der Gesammtheit dessen, was ich von der Wand und dem
Bilde sehe, so heraushebt, wie es geschehen muss, damit sie
für mich die Bedeutung einer Bestimmtheit des gesehenen
Gegenstandes (der Wand mit dem Bilde) erhält, so urtheile
ich, gleichviel ob dieser Bewusstseinsvorgang in dem Bewusstsein, das ich von den Vorgängen in meinem Bewusstsein habe, hervortritt oder nicht, ob er einen grösseren Einfluss auf meinen gesammten Bewusstseinszustand und dessen
nächste Veränderungen ausübt oder einen geringeren, ob ich
den Gegenstand mittels der allgemeinen Vorstellungen der
Wand und des Bildes, die mir aus früheren Wahrnehmungen
und Urtheilen entstanden sind, und seine Beschaffenheit
mittels der allgemeinen Vorstellung vom Gerade- und Schief-
sein auffasse oder zu dem Anblicke nichts früher Erworbenes
hinzubringe. Prüfe ich einen Wein und finde ihn kräftig, so
ist schon dieses unmittelbar an der Geschmacksempfindung
haftende Finden oder Meinen Urtheilen. Uebrigens hat die
Logik das Wahrnehmen, wenn es auch insoweit, als es
Denken oder Urtheilen ist, zu ihrem Gegenstande gehört,
doch nicht in seiner Eigenthümlichkeit zu untersuchen; denn
diese Eigenthümlichkeit ist nicht die einer besonderen Weise
oder Form des Bewusstseins, inwiefern es Denken oder Urtheilen ist. Das schon im Wahrnehmen enthaltene Denken
unterscheidet sich von demjenigen, dem sein Material durch
das Gedächtniss oder die Einbildungskraft geliefert wird, nicht
hinsichtlich seiner Weise oder Form, sondern hinsichtlich der
Art, wie es seinen Gegenstand erfasst, und diese liegt ausserhalb des Gebietes der Logik.

3. In den die natürliche Angemessenheit des Denkens
zu dem Zwecke der Erkenntniss betreffenden Untersuchungen
hat es die Logik nur mit der allgemeinen Weise des Denkens
und denjenigen besonderen Weisen, die sich ohne Bezugnahme
auf Beschaffenheiten, durch welche sich seine Gegenstände

voneinander unterscheiden, aus der allgemeinen ableiten und
verstehen lassen, zu thun. Sie sieht hier, wie von dem Gegensatze des richtigen und des unrichtigen Denkens, so auch
von allen auf der Verschiedenheit der Gegenstände beruhenden Unterschieden zwischen Gedanken ab. Eine Ausnahme
bilden jedoch diejenigen besonderen Gedanken, deren besondere Gegenstände die Logik selbst kennen lehrt, und die sich
auf solche Bestimmtheiten dieser Gegenstände richten, welche
ebenfalls in den Untersuchungen über die Weisen des
Denkens vorkommen müssen. Von dieser Art sind z. B. die
Urtheile, in denen von einem Begriffe A, also nicht von
einem Dinge ausserhalb des Denkens, sondern von einer Ge-
staltung des Denkens selbst, ausgesagt wird, dass sein Umfang d. i. die durch ihn gedachte Klasse von Dingen einen
Theil des Umfangs eines anderen Begriffes B bilde, oder von
der Bejahung einer Bestimmtheit P von den durch einen
Begriff S gedachten Dingen, dass sie uneingeschränkt, in
Beziehung auf alle unter den Begriff S fallenden Dinge, gültig
sei, oder von einem Urtheile, dass es zu einem gewissen
anderen Urtheile in dem Verhältnisse einer Annahme zu
einer Konsequenz derselben stehe (wenn A B ist, ist C D).
Solche inhaltlich eigenthümlichen Gedanken wird die Logik
berücksichtigen dürfen und müssen, wenn sie für den allgemeinen Zweck des Erkennens von Wichtigkeit sind, sowie
auch dann, wenn ihre Betrachtung zu einer bestimmteren
und klareren Auffassung der Weisen oder Formen des
Denkens führt.

Auch in der Darlegung der Regeln des richtigen Verstandesgebrauchs hat die Logik das Denken ganz im Allgemeinen, ohne Berücksichtigung der Verschiedenheit der Gegenstände, ins Auge zu fassen. Doch gehört zur vollständigen
Lösung dieser Aufgabe auch die Beschreibung der eigenthümlichen Verfahrungsweisen, die zur Erreichung der besonderen Erkenntnissziele erforderlich oder nöthig sind, insbesondere der Methoden der verschiedenen Wissenschaften.

Die das Denken im Allgemeinen betreffenden Lehren
pflegen unter dem Namen der allgemeinen Logik oder,
nach Kant, der Elementarlogik, die es in seiner Beziehung
auf besondere Gegenstände betreffenden unter dem der

speciellen oder besonderen Logik zusammengefasst zu
werden. „Die Logik, sagt Kant (Kr. d. r. V., Rosenkr. S. 56),
kann in zwiefacher Absicht unternommen werden, entweder
als Logik des allgemeinen oder des besonderen Verstandesgebrauchs. Die erstere enthält die schlechthin nothwendigen
Regeln des Denkens, ohne welche gar kein Gebrauch des
Verstandes stattfindet, und geht also auf diesen, unangesehen
der Verschiedenheit der Gegenstände, auf welche er gerichtet
sein mag. Die Logik des besonderen Verstandesgebrauchs
enthält die Regeln, über eine gewisse Art von Gegenständen
richtig zu denken. Jene kann man die Elementarlogik nennen,
diese aber das Organon dieser oder jener Wissenschaft."

4. Aus ihrer Definition folgt ferner, dass die Logik das
Denken nur für sich, abgesondert von allen anderen geistigen
Verhaltungsweisen, die auf das Maass seiner Energie, Leben-
digkeit und Beweglichkeit, auf seine Ergebnisse, auf die
Richtung des Gedankenlaufs Einfluss haben, zu betrachten
hat. Auf diese Einschränkung bezieht sich Kants Unterscheidung der reinen und der angewandten Logik. „Die
allgemeine Logik, sagt die Kritik der reinen Vernunft (Rosenkr. S. 57 f.), ist entweder die reine oder die angewandte
Logik. In der ersteren abstrahiren wir von allen empirischen
Bedingungen, unter denen unser Verstand ausgeübt wird, z. B.
von dem Einfluss der Sinne, vom Spiel der Einbildung, den
Gesetzen des Gedächtnisses, der Macht der Gewohnheit, der
Neigung u. s. w., mithin auch den Quellen der Vorurtheile,
ja gar überhaupt von allen Ursachen, daraus uns gewisse Er-
kenntnisse entspringen oder untergeschoben werden mögen,
weil sie bloss den Verstand unter gewissen Umständen seiner
Anwendung betreffen. . . . Eine allgemeine Logik heisst
aber alsdann angewandt, wenn sie auf die Regeln des Ge-
brauchs des Verstandes unter den subjectiven empirischen
Bedingungen, die uns die Psychologie lehrt, gerichtet ist. . . .
Sie handelt von der Aufmerksamkeit, deren Hinderniss und
Folgen, dem Ursprunge des Irrthums, dem Zustande des
Zweifels, des Skrupels, der Ueberzeugung u. s. w." „In der
reinen Logik, heisst es in der von Jaesche herausgegebenen
Logik Kants (Werke, Ros., III. S. 178), sondern wir den
Verstand von den übrigen Gemüthskräften ab und betrachten,

was er für sich allein thut. Die angewandte Logik betrachtet
den Verstand, soferne er mit den anderen Gemüthskräften
vermischt ist, die auf seine Handlungen einfliessen und ihm
eine schiefe Richtung geben, so dass er nicht nach den Gesetzen verfährt, von denen er wohl selbst einsieht, dass sie
die richtigen sind." Die Betrachtungen, die er unter dem
Namen der angewandten Logik zusammenfasst, will aber
auch Kant, ungeachtet dieser Benennung, nicht für einen
Theil der Logik gelten lassen. „Die angewandte Logik,
fährt er nach den zuletzt angeführten Worten fort, sollte
eigentlich nicht Logik heissen. Es ist eine Psychologie, in
welcher wir betrachten, wie es bei unserem Denken zuzugehen
pflegt, nicht wie es zugehen soll."

Die Bestimmung, dass die Logik den Verstand von den
übrigen Gemüthskräften absondere, ist gleichbedeutend mit
der, dass sie das Denken nur in seinen Erzeugnissen, den
gedachten Gedanken, betrachte, oder, wenn man unter Gedanke ein einzelnes abgeschlossenes Denken selbst versteht,
dass sie die Gedanken betrachte nicht als Thätigkeiten des
Geistes, sondern lediglich hinsichtlich dessen, was durch sie
gedacht wird. Denn die Beschreibung der Art, wie der Geist
seiner Natur nach die Thätigkeit des Denkens überhaupt
vollziehe, und die Aufstellung von Regeln, wie er sie voll-
ziehen müsse, um den Erkenntnisstrieb zu befriedigen, würden
zum Gegenstande nicht eigentlich das Denken selbst haben,
sondern diejenigen geistigen Thätigkeiten, unter deren Einflusse das Denken steht; sie beträfen nicht den Verstands-
gebrauch selbst, sondern, mit Kant zu reden, die subjektiven
empirischen Bedingungen desselben.

Hiernach erscheint eine häufig aufgestellte Definition der
Logik nicht ganz zutreffend, die Definition, dass sie die
Kunstlehre des Denkens oder die Theorie der Denkkunst sei.
Denn wenn es auch der Kunstlehre einer Thätigkeit, z. B.
des Malens, des Singens, des Reitens, zukommt, von den Beschaffenheiten zu handeln, welche die Werke derselben, das
Gemälde, der gehörte Gesang, die gesehene Haltung und Bewegung des Reiters und des Pferdes, haben sollen, so wird
man doch vor Allem von ihr erwarten, dass sie zeige, was
man thun müsse, damit die betreffende Thätigkeit richtig

vollzogen werde, z. B. wie man beim Malen den Pinsel fassen
und führen, beim Singen die Brust, die Kehle und den Mund
gebrauchen, beim Reiten den Zügel anziehen und nachlassen
und mit den Schenkeln drücken müsse.

§ 2.
Die formale Logik.

1. Nach einer einst weit verbreiteten, jetzt nur noch von
Wenigen vertretenen, doch auch jetzt noch lehrreichen Auffassung würde die Aufgabe der Logik weit eingeschränkter
sein, als man nach der hier aufgestellten Erklärung des Begriffs dieser Wissenschaft, sowie auch nach der überlieferten.
dass sie die Wissenschaft von den aus dem Zwecke des Erkennens
und Wissens fliessenden Regeln des Denkens sei, erwarten
sollte. Es ist die Auffassung, deren Standpunkt man vorzugsweise als den der formalen Logik zu bezeichnen pflegt. Ihr
Urheber oder doch derjenige, der ihr ihre bestimmte Ausprägung gegeben hat, ist Kant.

Die formale Logik beruht auf der Unterscheidung des
im Erkennen und Wissen bestehenden Zweckes des Denkens
und eines in diesem enthaltenen allgemeineren. Damit nämlich ein Gedanke Erkenntniss sei, muss er vor Allem wahr
sein, d. i. mit seinem Gegenstande übereinstimmen. Mit
seinem Gegenstande aber kann ein Denken nur dann übereinstimmen, wenn es mit sich selbst übereinstimmt, sich nicht
selbst widerspricht. In dem Zwecke der Erkenntniss ist also
enthalten der allgemeinere der Uebereinstimmung des Denkens
mit sich selbst oder der Widerspruchslosigkeit. Oder, wenn
man die letztere als Form der Wahrheit oder formale Wahrheit, und die Uebereinstimmung des Denkens mit seinem
Gegenstande als materiale Wahrheit bezeichnet, so ist in dem
Zwecke der materialen Wahrheit als allgemeinerer der der
formalen Wahrheit enthalten. Die Regeln, meint nun die
formale Logik weiter, nach denen man denken muss, um
Wahrheit zu erkennen und Irrthum zu meiden, fliessen aus
diesem Zwecke nur insofern, als er jenen allgemeineren enthält, der auch in einem Denken erreicht sein kann, welches

nicht Erkennen ist. Sie sind Regeln, wie man denken muss, damit die Gedanken mit sich selbst übereinstimmen, — Regeln, deren genaue Befolgung also nicht verbürgt, dass die Gedanken materiale, sondern nur, dass sie formale Wahrheit haben. Regeln, die aus dem Zwecke der Erkenntniss insofern, als die Erkenntniss mehr als formell richtiges Denken ist, als zu ihr Uebereinstimmung des Denkens mit seinem Gegenstande gehört, hergeleitet werden könnten, giebt es nicht und kann es nicht geben. Lediglich darin also besteht die Aufgabe der allgemeinen Logik, die Regeln der Uebereinstimmung des Denkens mit sich selbst darzulegen. Die allgemeine Logik, sagt Kant (Kr. d. r. V., Ros. S. 58, Logik S. 172), habe es mit nichts als der blossen Form des Denkens zu thun. Die Gesetze, die sie nachweise, seien die Bedingungen, unter denen der Verstand einzig mit sich selbst zusammenstimmen könne und solle. „Die Logik ist daher eine Selbsterkenntniss des Verstandes und der Vernunft, aber nicht nach dem Vermögen derselben in Ansehung der Objekte, sondern lediglich der Form nach" (Logik S. 173). „Was aber die Erkenntniss der blossen Form nach (mit Beiseitesetzung alles Gehaltes) betrifft, so ist klar: dass eine Logik, soferne sie die allgemeinen und nothwendigen Regeln des Verstandes vorträgt, eben in diesen Regeln Kriterien der Wahrheit darlegen müsse. Denn was denselben widerspricht, ist falsch, weil der Verstand dabei seinen allgemeinen Regeln des Denkens, mithin sich selbst widerstreitet. Diese Kriterien betreffen aber nur die Form der Wahrheit, d. i. des Denkens überhaupt, und sind soferne ganz richtig, aber nicht hinreichend. Denn obgleich eine Erkenntniss der logischen Form völlig gemäss sein möchte, d. i. sich selbst nicht widerspräche, so kann sie doch noch immer dem Gegenstande widersprechen. Also ist das bloss logische Kriterium der Wahrheit, nämlich die Uebereinstimmung einer Erkenntniss mit den allgemeinen und formalen Gesetzen des Verstandes und der Vernunft, zwar die conditio sine qua non, mithin die negative Bedingung aller Wahrheit: weiter aber kann die Logik nicht gehen, und dem Irrthum, der nicht die Form, sondern den Inhalt trifft, kann die Logik durch keinen Probirstein entdecken" (Kr. d. r. V. S. 62).

2. Es ist leicht zu zeigen, dass die formale Logik ihren
Vorsatz, von dem in der Erkenntniss, der materialen Wahrheit des Gedachten bestehenden Zwecke des Denkens ganz
abzusehen, nicht zu halten vermag. Zunächst muss auch sie
in dem Begriffe der Erkenntniss ihren Ausgangspunkt nehmen.
Denn wenn sie nicht als ein ganz zufälliges und müssiges
Unternehmen erscheinen will, muss sie die Forderung, dass
das Denken sich nicht widerspreche, sondern durchgängig
mit sich übereinstimme, begründen. Das aber kann sie nur
durch den Nachweis, dass diese Forderung aus dem Zwecke
der Erkenntniss entspringe. Nur darum kann uns ja daran
gelegen sein, den Widerspruch aus unserem Denken fern
zu halten, weil es uns um Erkenntniss zu thun ist und eine
Verbindung sich widersprechender Gedanken niemals wahr,
also auch niemals Erkenntniss sein kann.

Aber auch in ihrem Fortgange kann die formale Logik
nicht umhin, das Denken immer wieder auf den Zweck der
Erkenntniss zu beziehen. Aus der Forderung, dass das Denken
sich nicht widerspreche, lassen sich allerdings bestimmte
Regeln ableiten, indem man nämlich Arten von Urtheilen und
Urtheilsverbindungen aufsucht, die einen Widerspruch enthalten; z. B. die Regeln, dass man nicht dasselbige Prädikat
von allen Dingen einer Klasse bejahe und von allen oder von
einigen Dingen derselben Klasse verneine (Alle S sind P,
einige S sind nicht P), dass man nicht, wenn man von einem
Dinge S weiss, es gehöre zu einer Klasse M, und von dieser
Klasse M, sie sei ein Theil einer Klasse P, von S denke, es
gehöre nicht zur Klasse P, und dergl. Allein es giebt auch
Regeln, die sich nicht aus der blossen Forderung, den Widerspruch zu meiden, sondern nur aus dem Zwecke des Erkennens und Wissens verstehen lassen; und alle Lehrbücher
der Logik, auch die sich zum Standpunkte der formalen
Logik bekennenden, enthalten deren. Jedes Lehrbuch der
Logik rechnet es ja zu seiner Aufgabe, von den Definitionen,
den Eintheilungen, den Beweisen zu handeln; diese Operationen aber dienen nicht dem blossen Streben nach Widerspruchslosigkeit, sondern dem nach Erkenntniss der Wahrheit; sie
dienen, bestimmter, dazu, Erkenntnisse innerlich zu vervoll-
kommnen, indem sie ihnen Deutlichkeit, Einheitlichkeit und

Evidenz geben. Hätte die Logik von dem, was der Zweck des Erkennens mehr als derjenige der Uebereinstimmung des Denkens mit sich selbst enthält, zu abstrahiren, so dürfte sie diese Operationen gar nicht kennen. Auch die Lehre von den Schlüssen, auf deren Ausführung gerade die formale Logik besonderen Fleiss verwendet, müsste von der Logik ausgeschlossen werden. Denn auch die Schlüsse sind Operationen, die sich nur aus dem Zwecke der Erkenntniss, nicht schon aus dem der blossen Uebereinstimmung des Denkens mit sich selbst, verstehen lassen. Dienen die Definitionen, die Eintheilungen, die Beweise zur inneren (logischen) Vervollkommnung, so die Schlüsse zur Erweiterung der Erkenntnisse. Wenn man daher mit Kant von der Logik verlangt, dass sie sich darauf beschränke, eine Anleitung zum widerspruchslosen Denken zu sein, so darf man ihr nicht gestatten, sich mit den Schlüssen zu beschäftigen. Da man sich widerspricht, wenn man mit den Vordersätzen eines richtigen Schlusses das Gegentheil des Schlusssatzes verbindet (z. B. mit den Urtheilen „Alle Menschen sind sterblich" und „Cajus ist ein Mensch" das dritte „Cajus ist nicht sterblich"), so kann man freilich der Lehre von den Schlüssen eine Reihe von Regeln entnehmen, wie man nicht denken darf, wenn man sich nicht widersprechen will; allein wenn es auch zum Geschäfte der formalen Logik gehört, solche Regeln aufzustellen, so überschreitet sie doch, wenn sie zu zeigen unternimmt, was ein Schluss sei, wie Schlüsse möglich seien, welche Arten von Schlüssen es gebe, die Grenze, die sie sich selbst gezogen hat.

3. Die Behauptung, auf die Kant seine Bestimmung der Aufgabe der Logik gründet, es gebe keine Regeln, deren Befolgung uns verbürge, dass unsere Gedanken materiale Wahrheit haben und Erkenntnisse seien, also keinen Probirstein, den nicht die Form, sondern den Inhalt betreffenden Irrthum zu entdecken, ist nicht genau richtig. Es giebt, wie er an einer anderen Stelle (Kr. d. r. V., Ros. S. 133 f.) selbst hervorhebt, Urtheile, deren materiale Wahrheit zu erkennen die Logik ein Kriterium darbietet. Oder, was dasselbe ist, die Regeln, welche die Logik aufstellt, sind nicht bloss negativer Art, Anwendungen des allgemeinen Verbotes, sich zu

widersprechen, auf besondere Arten von Urtheilen und Urtheilsverbindungen, sondern diesem allgemeinen Verbote steht eine allgemeine Erlaubniss gegenüber. Es ist dies die Erlaubniss, von jedem Gegenstande des Denkens jede Bestimmtheit zu bejahen, die ihm vermöge des konstituirenden Inhaltes seines Begriffes, d. i. die ihm insofern, als er eben dieser Gegenstand des Denkens und kein anderer ist, zukommt, — mit anderen Worten, die Erlaubniss, Urtheile zu fällen, deren Gegentheil sich widerspricht. Jedes Urtheil dieser Art, jedes analytische Urtheil nach Kants Benennung, besitzt nicht bloss formale, sondern auch materiale Wahrheit, Uebereinstimmung mit seinem Gegenstande. Und unter diesen Urtheilen giebt es auch solche, denen die Bedeutung von Erkenntnissen nicht etwa deshalb abgesprochen werden kann, weil diese nur solchen Urtheilen zukomme, die den Begriff ihres Gegenstandes inhaltlich bereichern, nicht auch solchen, die ihn nur deutlicher machen. Es wird dies später näher gezeigt werden. Hier wird es genügen, auf die Schlüsse als Beispiele analytischer Urtheile, die den Begriff ihres Gegenstandes bereichern, hinzuweisen. Wie nämlich oben (§ 1, 2) bemerkt wurde, ist jeder Schluss ein Urtheil, welches von dem Sachverhalte, der durch die Verbindung der Vordersätze festgestellt wird, aussagt, dass er ein solcher sei, wie er durch den Schlusssatz gedacht wird; ein solches Urtheil aber, z. B. dass der durch die Verbindung der Urtheile „a ist grösser als b" und „b ist grösser als c" gedachte Sachverhalt den durch das Urtheil „a ist grösser als c" gedachten einschliesse, ist einerseits analytisch und führt doch andererseits den Urtheilenden in der Erkenntniss weiter.

4. Diese Berichtigung ist indessen von nur geringem Belang für die Bestimmung der Aufgabe der Logik. Sie würde nur dazu führen, diese Aufgabe dahin zu erweitern, dass nicht bloss das Verbot, sich zu widersprechen, sondern auch die Befugniss, analytische Urtheile über jeden beliebigen Gegenstand zu fällen, auf die verschiedenen Arten von Urtheilen und Urtheilsverbindungen, die sich aus dem allgemeinen Wesen des Denkens oder Urtheilens ableiten lassen, anzuwenden und so eine Reihe von Verboten und Befugnissen aufzustellen sei. Auch nach ihr würden also die Begriffe des

Schlusses, der Definition, der Eintheilung, des Beweises der Logik fremd bleiben müssen.

Die Begründung der formalen Logik geht aber nicht nur von einer ungenauen Behauptung aus, sie schreitet auch durch einen unrichtigen Schluss fort. Zugegeben nämlich, alle Regeln des Denkens seien von der Art, dass ihre genaue Beobachtung nicht die Möglichkeit des Irrthums ausschliesse, so würde doch nicht folgen, dass sich keine Regeln aufstellen liessen, die aus dem Zwecke der Erkenntniss, inwiefern er mehr als die blosse Uebereinstimmung des Denkens mit sich selbst enthält, flössen. Es liegt erstens kein Widerspruch in dem Gedanken, dass auch Regeln dieses Ursprungs nur negative Bedingungen, conditiones sine quibus non, der Erkenntniss oder der materialen Wahrheit seien. Und so verhält es sich in der That mit den Regeln des Schliessens, denn der Schluss ist seinem Begriffe nach eine Operation zum Zwecke nicht der blossen Vermeidung des Widerspruchs im Denken, sondern der Erweiterung der Erkenntniss, und andererseits verbürgt die Uebereinstimmung eines Schlusses mit allen Regeln des Schliessens nicht die Wahrheit des erschlossenen Satzes, da ein richtig erschlossener Satz unwahr sein kann, wenn diejenigen, aus denen er erschlossen ist, oder einer von ihnen es ist. Zweitens enthält der Begriff des Erkennens mehr als der des Denkens, dessen Gedachtes materiale Wahrheit hat; denn wenn z. B. ein Richter, der einen Angeklagten, welcher wirklich schuldig ist, auf Grund falscher Zeugnisse für schuldig erklärt, so ist sein Urtheil, obwohl es materiale Wahrheit besitzt, doch keine Erkenntniss. Und darum können aus dem Zwecke des Erkennens insofern, als er über den der Widerspruchslosigkeit hinausgeht, Regeln entspringen, die überhaupt nicht die Bedeutung von Bedingungen der Wahrheit des Gedachten haben, sondern die von Anweisungen, Gedanken von materialer Wahrheit innerlich zu vervollkommnen, nämlich durch Steigerung ihrer Klarheit und Evidenz. Und wiederum verhält es sich thatsächlich so. Denn Regeln dieser Art sind diejenigen des Definirens, des Eintheilens und des Beweisens.

§ 3.
Die metaphysische Logik.

1. Während die formale Logik die Aufgabe, das Denken in Beziehung auf den im Erkennen und Wissen bestehenden Zweck zu untersuchen, durch eine enger begrenzte ersetzt, nimmt eine andere Auffassung — sie pflegt die metaphysische Logik genannt zu werden — eine Erweiterung mit ihr vor. Das Denken als die im Erkennen ihren Zweck habende Thätigkeit, meint die metaphysische Logik, lasse sich nicht abgetrennt von dem, was zu erkennen der Zweck des Denkens sei, in seiner Allgemeinheit, dem Seienden als solchem, dem Seienden, inwiefern es überhaupt sei, und ebenso das Seiende nicht abgetrennt vom Denken verstehen. Die Logik könne daher nicht Wissenschaft vom Denken und Erkennen sein, ohne sich auch mit der allgemeinen Natur der Dinge und der allgemeinen Weise ihres Zusammenhanges zu beschäftigen, und umgekehrt müsse die Wissenschaft vom Seienden als solchem, der allgemeinen Natur der Dinge, die Metaphysik, zugleich das Denken zu ihrem Gegenstande machen. In der Begründung und näheren Bestimmung dieses Standpunktes weichen die Ansichten vielfach in erheblicher Weise voneinander ab. Im Folgenden sollen diejenigen zweier hervorragender, übrigens im Wesentlichen miteinander übereinstimmender Vertreter desselben etwas näher ins Auge gefasst werden, — die von Trendelenburg und von Harms.

Die philosophische Forschung, führt Trendelenburg aus, hat die Idee des Ganzen in den Theilen, die Idee des Allgemeinen in dem Besonderen aufzusuchen und darzustellen. „In jeder Wissenschaft finden sich zunächst nach zwei Seiten Elemente, welche auf gleiche Weise dem Theil wie dem Ganzen angehören oder im Besonderen die Macht eines Allgemeinen offenbaren. Der besondere Gegenstand jeder Wissenschaft thut sich als die Verzweigung eines allgemeinen Seins und die eigenthümliche Methode thut sich als eine besondere Richtung des erkennenden Denkens, des Denkens überhaupt, kund. Jene Beziehung führt von jeder Wissenschaft aus zur Metaphysik, und diese Beziehung zur Logik." Die Meta-

physik hat es zu thun mit der Frage, was das allgemeine,
durch Alles durchgehende Seiende sei; ihre Aufgabe ist, das
Seiende als Seiendes, und was dem Seienden als solchem zukommt, zu erkennen, während die einzelnen Wissenschaften,
wie Aristoteles sagt, sich ein Stück vom Seienden, z. B. die
Mathematik die Grösse, zur Betrachtung abschneiden. Die
Logik hat den Ursprung der verschiedenen Methoden, deren
sich das Denken in den verschiedenen Wissenschaften bedient,
in dem Wesen des Denkens aufzusuchen. „Wenn alle Wissenschaften insgesammt hier auf die Logik, dort auf die Metaphysik hinweisen, als auf die Erkenntniss eines Allgemeinen,
das sie voraussetzen: so wird diejenige Erkenntniss, welche
die Wissenschaft in ihrem Wesen begreifen und Theorie der
Wissenschaft sein will, die Metaphysik und die Logik gemeinsam umfassen müssen. Erst aus beiden Beziehungen lässt
sich die innere Möglichkeit des Wissens verstehen und das
Denken in seinem Streben zum Wissen begreifen." Die Logik
und die Metaphysik, deren Aufgaben so zusammen die Eine
Aufgabe einer Theorie der Wissenschaft bilden, können aber,
meint Trendelenburg weiter, in der Ausführung nicht voneinander getrennt werden. Denn wenn die Wahrheit in der
Uebereinstimmung des Denkens mit dem Gegenstande bestehe,
so setze sie eine vorher bestimmte Harmonie zwischen den
Formen des Denkens und der Sache voraus, und nach dieser
Voraussetzung sei es unmöglich, wie die formale Logik
wolle, die Formen des Denkens für sich zu begreifen, ohne
auf den Inhalt zu sehen, an dem sie erscheinen; sie könnten
nur begriffen werden zugleich mit dem Sein, das sie in sich
aufzunehmen bestimmt seien. „Alle Sinne haben eine unmittelbare Verwandtschaft mit dem Gegenstande, für den sie
bestimmt sind . . . Wenn wir uns nun das Denken vorläufig
als den Sinn für den Grund der Dinge vorstellen, so würde
auch dieser Sinn eine innere Beziehung zu seinem Gegenstande haben müssen und diese Beziehung, ohne welche sich
die Formen des Denkens nicht verstehen liessen, würde erst
mit dem Gegenstande völlig hervortreten können." „Die
Organe des Leibes sind in ihren Formen ohne den Zweck,
für den sie da sind, nicht zu verstehen und weisen daher aus
sich selbst heraus. Die bewegliche Hand wird nur begriffen,

indem man auf die allgemeine Natur der Gegenstände Rücksicht nimmt, die sie fassen und betasten soll. Das Denken ist gleichsam das höchste Organ der Welt und zeigt daher, wenn man es in seinen Formen verstehen will, auf die Natur der Dinge hin, die es geistig fassen und begreifen soll." (Logische Untersuchungen, 3. Aufl., S. 6—18.)

Auch nach Harms bilden die Logik und die Metaphysik zusammen die Theorie der Wissenschaft. Die Philosophie, bestimmt er, steht als allgemeine Wissenschaft den Erfahrungswissenschaften, deren jede einen besonderen Gegenstand hat, gegenüber. Sie hat die Aufgabe, die Grundbegriffe der Erfahrungswissenschaften zu erklären und ihre Voraussetzungen zu rechtfertigen. Jene Grundbegriffe aber sind zweifacher Art: solche, die allen Erfahrungswissenschaften gemeinsam sind, und solche, die verschieden sind nach der Verschiedenheit der Erfahrungswissenschaften. Die ersteren sind sämmtlich enthalten in dem des Wissens oder der Wissenschaft. Der erste Theil der Philosophie hat also die Aufgabe, den Begriff der Wissenschaft zu erklären; er ist die Wissenschaftslehre. Die Grundbegriffe der zweiten Art gehören theils der auf der äusseren Erfahrung beruhenden Naturkunde, theils der auf der inneren Erfahrung beruhenden Wissenschaft der Geschichte an. An die Wissenschaftslehre schliessen sich demnach zwei weitere Theile der Philosophie an: die Physik, durch welche die Naturkunde, und die Ethik, durch welche die empirische Geschichtswissenschaft ergänzt wird. Die Wissenschaftslehre zerfällt wieder in die Metaphysik oder Ontologie und die Logik. Sie ist Metaphysik, sofern sie handelt von dem allen Wissenschaften gemeinsamen Objekte, dem Sein und seinen verschiedenen Formen und Arten (wie sie z. B. in den Begriffen von Ursache und Wirkung. Grund und Folge, Zweck und Mittel, Wesen und Erscheinung, Ding und Eigenschaft, beständigem und veränderlichem Sein, wirklichem und möglichem Sein, einem und vielem Sein u. s. w. gedacht werden) und den darauf bezüglichen Grundsätzen (z. B. Alles, was geschieht, hat eine Ursache, alle Entwickelung ist eines Zweckes wegen. allen Erscheinungen liegen Substanzen zu Grunde). Logik ist die Wissenschaftslehre, sofern sie das Subjekt des

Erkennens betrachtet, um zu zeigen, auf welchen Wegen, durch welche Mittel und Formen dasselbe zum Erkennen und Wissen gelangt. Die Logik ist mit andern Worten die Wissenschaft von dem Vorgange des Erkennens, während die Metaphysik es mit dem Inhalte zu thun hat. „Wenn das Wissen erklärt werden soll, muss angegeben werden, was und wie wir wissen. Jedes Wissen hat Form und Inhalt. Der Inhalt stammt aus dem Objekte des Wissens, die Form aus dem Subjekt. Die Metaphysik handelt von der gegenständlichen Welt, welche erkannt wird, die Logik aber von den Formen, worin das Subjekt erkennt. Sie stellen daher den Begriff des Wissens nach seinen zwei Seiten dar." „Beide Disziplinen gehören also zusammen durch ihr Problem, den Begriff des Wissens zu erklären, sie unterscheiden sich nach den beiden Seiten, die sich an allem Wissen nothwendig finden. Die Logik betrachtet alles Wissen von der Seite der Form und Methode des Erkennens, die Metaphysik aber von der Seite des Inhalts und des Objekts." Die Logik und die Metaphysik gehören auch insofern zusammen, als jede zur Lösung ihrer Aufgabe der Hülfe der anderen bedarf. Die Logik kann ihr Problem nicht ohne die Metaphysik lösen. Denn sie will die richtigen, die normativen Formen des Denkens erkennen, richtig aber können nur die Formen sein, die dem Inhalte des Denkens angemessen sind, und darum ist es zu ihrer Erkenntniss nothwendig, sie in Beziehung auf das Objekt des Denkens, das Sein, aufzufassen, was nur mit Hülfe der Wissenschaft vom Sein, der Metaphysik, geschehen kann. Ebenso hängt umgekehrt die Metaphysik von der Logik ab und kann nicht getrennt von ihr abgehandelt werden, denn das Sein ist Bedingung und Element des Wissens und kann nicht abgesehen davon aufgefasst werden. Harms will indessen nicht, wie Trendelenburg, die Logik und die Metaphysik zu einer in keiner Weise theilbaren Wissenschaft verschmelzen. Sie sollen verschiedene Wissenschaften bleiben. Sie sollen nur, wie es scheint, insofern nicht voneinander getrennt werden können, als jede genöthigt ist, in das Gebiet der anderen hinüberzugreifen, jede in der Beschäftigung mit dem Gegenstande der anderen von ihrem eigenthümlichen Gesichtspunkte aus ihre unentbehrliche Ergänzung suchen muss (Harms, Logik, herausg. von Wiese, S. 6 bis 13, 36 bis 58, 278).

Es sei noch eines Werkes gedacht, welches zwar sowohl die Verschmelzung der beiden in Rede stehenden Wissenschaften als auch eine Vereinigung derselben, in der sie wechselseitig ineinander übergreifen, ablehnt, aber doch in ihrer näheren Bestimmung des Verhältnisses der Logik zur Metaphysik den Einfluss der metaphysischen Logik deutlich erkennen lässt, — das System der Logik von Ueberweg.

Ueberweg definirt die Philosophie als die Wissenschaft der Prinzipien, d. h. der im absoluten oder relativen Sinne ersten Elemente, von deren jedem eine Reihe anderer Elemente abhängig sei, — eine Definition, die mit der von Harms aufgestellten, dass die Philosophie die allgemeine Wissenschaft sei, welche die Grundbegriffe und die Voraussetzungen der besonderen Wissenschaften zu erklären und zu rechtfertigen habe, übereinzustimmen scheint. Wie Harms unterscheidet er auch drei Haupttheile der Philosophie, doch nicht ganz in derselben Weise. „Im Systeme der Philosophie, sagt er, bildet die Metaphysik mit Einschluss der allgemeinen rationalen Theologie als die Wissenschaft von den Prinzipien im Allgemeinen, sofern sie allem Seienden gemeinsam sind, den ersten Haupttheil; den zweiten und dritten bilden die Philosophie der Natur und die Philosophie des Geistes als die Wissenschaften von den besonderen Prinzipien der beiden Hauptsphären des Seienden, die sich durch den Gegensatz der Unpersönlichkeit oder (relativen) Selbstlosigkeit und der Persönlichkeit oder der Fähigkeit zur denkenden Erkenntniss der Wirklichkeit und der Vollkommenheit und zur sittlichen Selbstbestimmung unterscheiden." Der erste Haupttheil ist also nach Ueberweg lediglich Metaphysik, nicht auch Logik. Nicht mit der Metaphysik, sondern mit der Ethik und der Aesthetik fasst er die Logik, die er als die Wissenschaft von den normativen Gesetzen der menschlichen Erkenntniss definirt, zusammen. Diesen drei Wissenschaften sei es nämlich gemeinsam, normativ zu sein; sie seien die Wissenschaften von den Gesetzen, auf deren Befolgung die Realisirung der Ideen des Wahren, Guten und Schönen beruhe. Sie schlössen sich an die Psychologie oder

die Wissenschaft von dem Wesen und den Naturgesetzen der
menschlichen Seele und machten mit dieser zusammen den
dritten Haupttheil der Philosophie, die Geistesphilosophie,
aus. Gegen die Verbindung der Logik mit der Metaphysik
bemerkt Ueberweg: „Der Versuch, die Erkenntnisslehre mit
der Metaphysik zu einer und der nämlichen Wissenschaft zu
verschmelzen, ist darum unhaltbar, weil es den Grundsätzen
einer vernunftgemässen Systematisirung widerstreitet, diejenige philosophische Wissenschaft, welche auf die allgemeinsten Prinzipien geht, mit einer einzelnen von den Zweig-
wissenschaften der Philosophie des Geistes unter den
nämlichen Begriff zu stellen." Aber mit Trendelenburg und
Harms stimmt Ueberweg überein in der Ansicht, dass die
Erkenntnissformen bedingt seien durch die Natur der Dinge,
zu deren Erkenntniss sie bestimmt seien, indem sie die den
Existenzformen entsprechenden Weisen seien, wie das Seiende
im Erkennen aufgefasst und nachgebildet werde (es ent-
spreche z. B. der Beziehung von Subjekt und Prädikat im
logischen Urtheile die Existenzform der Substantialität und
Inhärenz, der Beziehung der über- und untergeordneten Begriffe die Existenzweise der Dinge in Gattungen und Arten,
dem Schlusse die objektive Gesetzmässigkeit), und dass daher die Logik abhängig sei von der Metaphysik. Sofern die
Logik, sagt er, sich auf die allgemeinen Gesetze des Seienden gründe, habe sie eine metaphysische Seite. Sie müsse
Erkenntnisse über die allgemeinen Gesetze des Seienden in
der Form von Hülfssätzen aus der Metaphysik aufnehmen,
oder, falls diese Doktrin nicht vorausgesetzt werden könne,
insoweit erörtern, als dies für den logischen Zweck erforderlich sei. Sie solle zwar nicht eigens von den metaphysischen
Begriffen, dem Sein, dem Wesen, der Kausalität, der be-
wegenden Ursache, der Zweckursache u. s. w. handeln, wohl
aber vorbereitend und nachfolgend sich auf solche Untersuchungen beziehen. „Keineswegs aber, fügt er hinzu, sind
hiermit zugleich auch Untersuchungen wie die über die Er-
kennbarkeit der Dinge, über die reale Gültigkeit von Raum,
Zeit, Kausalität u. s. w. von ihr auszuschliessen; denn diese
Untersuchungen betreffen nicht die Existenzformen als solche,

sondern unsere Erkenntnisse." (Ueberweg, System der Logik, 2. Aufl. S. 2, 3, 10, 12, 14.)

Der vorstehenden Beschreibung des Standpunktes der metaphysischen Logik muss noch die Bemerkung hinzugefügt werden, dass sie zu den diesen Standpunkt einnehmenden Werken dasjenige nicht rechnet, welches in der Aufzählung solcher Werke an erster Stelle genannt zu werden pflegt: die Logik Hegels. Die Logik Hegels ist (was indessen hier nicht ausgeführt und bewiesen werden kann) gar keine Logik in dem herkömmlichen Sinne dieser Bezeichnung, sondern lediglich Metaphysik. Sie hat zum Gegenstande nur das Sein, nicht auch das Denken in einer der sonst vorkommenden Bedeutungen dieses Wortes. (Vergl. des Verf. Geschichte der Philosophie, II, S. 373 bis 377.)

2. Es kann zuvörderst nicht zugegeben werden, dass die Metaphysik und die Logik zusammen eine Wissenschaft, deren Aufgabe es wäre, die Wissenschaft zu begreifen, die Theorie der Wissenschaft oder die Wissenschaftslehre, bildeten. Ist die Metaphysik die Wissenschaft vom Seienden als Seienden, so ist es ihr lediglich darum zu thun, den Begriff des Seins klar zu machen und die sich an ihn heftenden Probleme zu lösen, nicht aber darum, das Wesen der Wissenschaft zu enthüllen. In der Betrachtung der Dinge, des Weltganzen, und nicht in der Betrachtung der Wissenschaften hat sie ihren Ursprung, wenngleich es zur genauen Feststellung ihrer Aufgabe und zur Einführung in sie sich empfehlen mag, von einer Betrachtung der nicht-philosophischen Wissenschaften, aus der sich ergiebt, was sie zu erforschen übrig lassen, auszugehen. Und umgekehrt würde eine Theorie der Wissenschaft ebenso wenig das allen Wissenschaften gemeinsame Objekt, das Seiende, wie ein Objekt einer der besonderen Wissenschaften, die sie vorfände, zu erforschen haben, sondern der Wissenschaft vom Sein das Sein, der Arithmetik die Zahlen, der Botanik die Pflanzen und so jeder Wissenschaft ihr Objekt überlassend, hätte sie selbst ihr eigenthümliches Objekt an der Wissenschaft, also einem Ziele des menschlichen Strebens. Ebenso wenig wie eine Theorie der Botanik die Pflanzen, inwiefern sie überhaupt Pflanzen sind, zu erforschen, oder eine Theorie der Lehre von den

Dreiecken die von allen Dreiecken, den rechtwinkeligen wie
den schiefwinkeligen, den gleichseitigen wie den gleichschenkeligen und den ungleichseitigen, geltenden Sätze zu
finden und zu beweisen hätte, würde eine Theorie der Wissenschaft überhaupt von dem Allgemeinen, das sich durch die
besonderen Objekte der Wissenschaften hindurchzieht, zu
handeln haben.

Unrichtig, obwohl nicht ebenso weit sich von der Wahrheit entfernend, ist es auch, als den Gegenstand der Logik
die Wissenschaft anzugeben. Denn der Zweck, in Beziehung
auf den die Logik das Denken betrachtet, ist nicht bloss das
wissenschaftliche Erkennen, sondern das Erkennen überhaupt. Und andererseits würde eine Theorie der Wissenschaft nicht bloss von den Formen und Verfahrungsweisen
des Denkens, die dem Zwecke der Erkenntniss angemessen
sind, sondern auch von dem eigenthümlichen Werthe der
wissenschaftlichen Erkenntniss, der Stellung der Wissenschaft
in dem Ganzen der aus dem Wesen des vernünftigen Geistes
entspringenden Bestrebungen zu handeln haben, die hierauf
gerichteten Betrachtungen aber gehören nicht zur Logik,
sondern zur Ethik.

3. Es bleibt zu erwägen, ob nicht doch die Logik und
die Metaphysik zu einer Wissenschaft zu verschmelzen seien
oder wenigstens jede von beiden sich auch mit den Problemen
der anderen beschäftigen müsse.

Hier muss nun zugegeben werden, dass die Begriffe des
Denkens und des Scienden (Existirenden) unauflöslich miteinander verknüpft sind. Erstens schliesst der Begriff des
Denkens eine Beziehung auf den des Seins ein. Denn es
gehört zum Wesen des Denkens, dass wir einen Gegenstand
nicht anders denn als seiend denken können. Etwas denken
heisst so viel wie es als seiend denken. Auch dann, wenn
wir von einem Gegenstande wissen, dass er nicht sei, denken
wir ihn doch, wie später ausführlich darzulegen sein wird,
als seiend; wir denken dann nur zugleich von diesem Gedanken, dass er unwahr sei. Zweitens schliesst auch umgekehrt der Begriff des Scienden eine Beziehung auf den des
Denkens ein. Denn dass etwas sei, heisst, wie ebenfalls
später näher gezeigt werden wird, nichts Anderes, als dass

es enthalten sei in der Welt, der Begriff der Welt aber ist
der des Ganzen, welches das Gesammtobjekt unseres Denkens
oder Bewusstseins ist, und welchem unser Bewusstsein, unser
denkendes Ich selbst angehört.

Auch der Begriff desjenigen, als was wir jedes Seiende
denken müssen, der im Begriffe des Seienden enthaltene Begriff des Dinges mit Bestimmtheiten kann nicht von dem des
Denkens und dieser nicht von ihm abgetrennt werden. Denn
einerseits liegt es im Begriffe des Denkens, dass wir jeden
Gegenstand, den wir denken, als ein Ding mit Bestimmtheiten
oder als eine Klasse von Dingen mit Bestimmtheiten denken.
Und andererseits heisst Bestimmtheit nichts Anderes als
etwas, was Inhalt eines Denkens werden und von dem Dinge,
dessen Bestimmtheit es ist, prädizirt werden kann.

Nach diesen Zugeständnissen wird weiter der metaphysischen Logik Recht gegeben werden müssen, wenn sie gegen
die Forderung Kants und der Vertreter der formalen Logik
überhaupt, dass „die allgemeine Logik von allem Inhalte der
Erkenntniss, d. i. von aller Beziehung derselben auf das Objekt abstrahire und nur die logische Form im Verhältniss
der Erkenntnisse aufeinander, d. i. die Form des Denkens
überhaupt betrachte" (Kr. d. r. V., Ros. S. 59), behauptet,
die Logik bedürfe gewisser Erkenntnisse über das Seiende
als solches, und die Metaphysik gewisser Erkenntnisse über
das Denken hinsichtlich seiner Angemessenheit zum Zwecke
der Erkenntniss. Aber hieraus folgt noch nicht, dass die
Wissenschaft vom Seienden als solchem und die vom Denken
hinsichtlich seiner Angemessenheit zum Zwecke der Erkenntniss zu Einer Wissenschaft zu verschmelzen seien, oder dass
im System der Philosophie zwei Parallel-Wissenschaften vorkommen müssten, die beide das Seiende als solches und das
Denken zum Gegenstande hätten und sich nur insofern unterschieden, als in der einen die das Seiende, in der anderen
die das Denken betreffenden Untersuchungen überwögen, oder
als die eine vom Seienden auf das Denken, die andere vom
Denken auf das Seiende geführt würde. Denn nur von einigen
die allgemeine Form oder Weise des Denkens betreffenden
Untersuchungen berechtigt die Erwägung der zwischen den
Begriffen des Denkens und des Seins bestehenden Be-

ziehung zu erwarten, dass sie mit solchen, die das Sein betreffen, zusammenfallen werden. Nichts deutet z. B. darauf
hin, dass die Lehre von dem Unterschiede der allgemeinen
und partikulären, der assertorischen und der problematischen,
der kategorischen, der hypothetischen und der disjunktiven
Urtheile, oder die Lehre von der Erweiterung der Erkenntnisse durch Schliessen, oder die von der Vervollkommnung
der Erkenntnisse durch Definiren, Eintheilen und Beweisen
zugleich metaphysische Probleme werden zu lösen haben.
Und umgekehrt möchte wohl nur ein kleiner Theil von den
der Metaphysik obliegenden Untersuchungen sich zugleich auf
das Denken unter dem Gesichtspunkte, den die Logik aufstellt, nämlich inwiefern es die Thätigkeit ist, durch die wir
zu Erkenntnissen gelangen wollen und die durch diesen Zweck
geleitet werden kann, beziehen.

Auch das braucht der metaphysischen Logik nicht ein-
geräumt zu werden, dass ein wenn auch nur kleiner Theil
der Logik mit einem solchen der Metaphysik zusammenfalle.
Im Systeme der Philosophie wird die eine dieser beiden
Wissenschaften der anderen, wird bestimmter die Metaphysik
der Logik vorhergehen müssen, und wenn, wie zu erwarten
ist, die Metaphysik Probleme zu lösen hat, die mit dem
Seienden als solchem zugleich das Denken in Beziehung auf
den Zweck der Erkenntniss zum Gegenstande haben, so wird
die Logik dieselben nicht nochmals zu lösen die Aufgabe
haben, sondern ihre Lösungen werden als Ergebnisse eines
vorhergehenden Theils der Philosophie von der Logik vorauszusetzen und aufzunehmen sein. In eine Bearbeitung der
Logik allerdings, die, wie die hier beabsichtigte, nicht in der
Lage ist, sich auf eine vorhandene Darstellung der Metaphysik zu berufen, werden einige Erörterungen, denen das
System der Philosophie ihren Platz in der Metaphysik anweisen würde, eingefügt werden müssen.

In dieses Verhältniss setzt, nach dem oben Berichteten,
auch Ueberweg die Logik zur Metaphysik. Dabei bestimmt
er aber die Aufgabe der ersteren näher in einer Weise, die aus
der metaphysischen Logik stammt. Die Erkenntnissformen,
als deren allgemeinste er die Wahrnehmung, die Einzelvorstellung, den Begriff, das Urtheil, das System aufzählt, ent-

sprechen, meint er, „als Weisen, wie das Seiende im Erkennen aufgefasst und nachgebildet werde", den Existenzformen d. i. „den Beschaffenheiten und Verhältnissen des zu Erkennenden, sofern dieselben verschiedene Weisen der Nachbildung im Erkennen bedingen", nämlich die Wahrnehmung der äusseren Ordnung der Dinge oder ihrer Räumlichkeit und Zeitlichkeit, die Einzelvorstellung der objektiven Einzelexistenz, der Begriff nach Inhalt und Umfang dem Wesen und der Gattung, das Urtheil den objektiven Grundverhältnissen oder Relationen, das System der objektiven Totalität. Wenn dem aber so wäre, so würden die Existenzformen ebenso wenig ohne die Erkenntnissformen wie diese ohne sie ermittelt und verstanden werden können, und die Logik würde in allen ihren Theilen die Metaphysik ergänzen, erst den Abschluss und die Vollendung metaphysischer Erkenntnisse bilden.

4. Zu den nach dem Vorstehenden von der Logik auszuschliessenden Untersuchungen gehören auch die ihr von Ueberweg ausdrücklich zugewiesenen „über die reale Gültigkeit von Raum, Zeit, Kausalität u. s. w.", allgemeiner diejenigen, die vorzugsweise als erkenntnisstheoretische bezeichnet zu werden pflegen: die Untersuchungen darüber, inwieweit die allgemeine Natur und Beschaffenheit der Erscheinungen, die wir wahrnehmen, der Objekte der Erfahrung, nach Kants Terminologie, durch die Natur des Wahrnehmungs- oder Erfahrungsvermögens bestimmt ist, inwieweit sie also einen Inhalt bildet, den unser Wahrnehmen dadurch hat, dass wir überhaupt wahrnehmen oder in gewissen zum Wesen unseres Wahrnehmungsvermögens gehörenden Weisen wahrnehmen, und wie sich die wahrgenommenen Erscheinungen zu dem wirklich, an sich Seienden verhalten, ob sie, abgesehen von dem, was an ihnen auf Rechnung der Ungenauigkeit der Sinne kommt, mit an sich Seiendem zusammenfallen, oder ob sie mehr oder weniger getreue Abbilder wirklicher Dinge sind, oder ob sie mit den Dingen an sich, durch die unsere Wahrnehmungen hervorgerufen sein mögen, in nichts übereinstimmen. Als die Wissenschaften von der Angemessenheit des Denkens zum Zwecke des Erkennens, und zwar des Erkennens, inwiefern es nicht bloss mit sich selbst, sondern auch mit seinem Gegenstande übereinstimmendes Denken ist,

hat die Logik ohne Zweifel den Begriff des Erkennens und
den in diesem enthaltenen der materialen Wahrheit festzustellen und deutlich zu machen, und hierbei wird sie auf jene
Probleme stossen. Aber die Lösung derselben gehört nicht
zu ihren Aufgaben; sie können nur in der Wissenschaft vom
Seienden als solchem, der Metaphysik, die, wie oben der metaphysischen Logik zugestanden wurde, auch vom Bewusstsein
handeln darf und muss, gelöst werden.

§ 4.
Die Erkenntnissart und die Eintheilung der Logik.

1. Ueber die Erkenntnissart der Logik lässt sich im
Voraus feststellen, dass sie ihre Behauptungen nicht auf das
Zeugniss der Erfahrung gründen darf, sondern ganz und gar
auf die Betrachtung der Begriffe des Denkens, der Wahrheit
und der Erkenntniss angewiesen ist. Um zunächst die allgemeine Weise des Denkens zu bestimmen, hat sie nur den Begriff des Denkens festzustellen und zu zergliedern. Die besonderen Weisen des Denkens sodann, wie das allgemeine
Urtheil, das besondere, das kategorische, das hypothetische,
das assertorische, das problematische, hat sie aus dem allgemeinen Begriffe des Denkens abzuleiten, indem sie zeigt,
welcher näheren Bestimmungen er fähig ist. Die Regeln
weiter des richtigen, dem Zwecke der Erkenntniss entsprechenden Denkens müssen durch Verdeutlichung und Zergliederung des Begriffes dieses Zweckes und des in ihm enthaltenen der Wahrheit gefunden werden. Dass uns die Beobachtung unseres Denkens allein nicht lehren kann, wie wir
denken müssen, um Wahrheit zu finden und Irrthum zu meiden, ist unmittelbar einleuchtend. Aber auch die Erfahrungen,
die wir in unseren bisherigen Bemühungen um Erkenntniss
über die Erfolge und Misserfolge unseres Denkens gemacht
haben, würden uns darüber wenigstens nicht in befriedigender
Weise Auskunft geben können. Denn von den empirischen
Regeln einer Geschicklichkeit sehen wir nicht ein, warum sie
gelten; und wenn es sich darum handelt, unter neuen Umständen und Bedingungen ein ihrem Zwecke entsprechendes

Werk hervorzubringen, können wir uns nicht auf sie verlassen.
Es muss auch, wenn es überhaupt Normen des Denkens giebt,
wie die Logik sie sucht, nämlich solche, die das für sich, abgesondert von allen anderen geistigen Verhaltungsweisen be-
trachtete Denken betreffen, möglich sein, sie aus dem Begriffe
des Zweckes, auf den sie sich beziehen, dem Begriffe der Erkenntniss, herzuleiten. Dass eine Norm das für sich be-
trachtete Denken, den Verstand an und für sich, betreffe, und
dass in dem Zwecke des Denkens ihr ganzer Grund liege, sie
also aus diesem müsse erkannt werden können, heisst eben
dasselbe. Auf den Zweck des Erkennens sich beziehende
Regeln, die nicht aus dem Begriffe dieses Zweckes demonstrirt
werden könnten, wären Regeln nicht eigentlich des Denkens,
sondern anderer Verhaltungsweisen, die auf den Erfolg des
Denkens in der einen oder anderen Weise Einfluss hätten,
Regeln, wie sie, nach der Kantischen Unterscheidung (§ 1, 4)
nicht die reine, sondern die angewandte Logik aufzustellen
hätte.

Dass die reine allgemeine Logik unabhängig von aller
zufälligen Erfahrung sei, lehrte auch Kant. Sie sei eine
demonstrirte Doktrin, und Alles müsse in ihr völlig a priori
gewiss sein. Denn da sie als allgemeine von aller Besonderheit und Verschiedenheit der Objekte und als reine von
allen psychologischen Bedingungen, unter denen der Verstand
ausgeübt werde, abstrahire, habe sie es mit nichts zu thun,
was uns nur durch Erfahrung gegeben sein könnte. „Alle
Regeln, nach denen der Verstand verfährt, sind entweder
nothwendig oder zufällig. Die ersteren sind solche, ohne
welche kein Gebrauch des Verstandes möglich wäre; die
letzteren solche, ohne welche ein gewisser bestimmter Verstandesgebrauch nicht stattfinden würde. Die zufälligen
Regeln, welche von einem gewissen bestimmten Objekt der
Erkenntniss abhängen, sind so vielfältig wie diese Objekte
selbst. So giebt es z. B. einen Verstandesgebrauch in der
Mathematik, der Metaphysik, Moral u. s. w. Die Regeln
dieses besonderen, bestimmten Verstandesgebrauches in den
gedachten Wissenschaften sind zufällig, weil es zufällig ist,
ob ich dieses oder jenes Objekt denke, worauf sich diese
besonderen Regeln beziehen. Wenn wir nun aber alle Er-

kenntniss, die wir bloss von den Gegenständen entlehnen
müssen, bei Seite setzen und lediglich auf den Verstandesgebrauch überhaupt reflektiren, so entdecken wir diejenigen
Regeln desselben, die in aller Absicht und unangesehen aller
besonderen Objekte des Denkens schlechthin nothwendig sind,
weil wir ohne sie gar nicht denken würden. Diese Regeln
können daher auch a priori, d. i. unabhängig von aller Erfahrung, eingesehen werden, weil sie ohne Unterschied der
Gegenstände bloss die Bedingungen des Verstandesgebrauchs
überhaupt, er mag rein oder empirisch sein, enthalten."
„Einige Logiker setzen zwar in der Logik psychologische
Prinzipien voraus. Dergleichen Prinzipien aber in die Logik
bringen, ist ebenso ungereimt, als Moral vom Leben herzu-
nehmen. Nähmen wir die Prinzipien aus der Psychologie,
d. h. aus den Beobachtungen über unseren Verstand, so würden
wir bloss sehen, wie das Denken vor sich geht und wie es
ist unter den mancherlei subjektiven Hindernissen und Bedingungen; dieses würde also zur Erkenntniss bloss zufälliger
Gesetze führen. In der Logik ist aber die Frage nicht nach
zufälligen, sondern nach nothwendigen Regeln; — nicht, wie
wir denken, sondern wie wir denken sollen. Die Regeln der
Logik müssen daher nicht vom zufälligen, sondern vom nothwendigen Verstandesgebrauche hergenommen sein, den man
ohne alle Psychologie bei sich findet." (Kr. d. r. V. S. 57
bis 68, Logik S. 170—172.)

Wenn Kant nur von der allgemeinen Logik lehrt, dass
alle ihre Erkenntnisse a priori gewiss seien, die besondere
dagegen für abhängig von der Erfahrung hält, so ist dagegen
zu bemerken, dass die besonderen Regeln, die der Verstand
in einem besonderen Erkenntnissgebiete befolgen muss, keinesweges wegen dieser Besonderheit den Charakter der Zufälligkeit für den Verstand haben und sich auf Erfahrung gründen.
Giebt es besondere Regeln für das Denken über besondere
Gegenstände, so müssen sie sich aus den allgemeinen Regeln
einerseits und der Bestimmung dessen, worin die Eigenthümlichkeiten der Gegenstände bestehen, andererseits ableiten,
also als nothwendige Regeln verstehen lassen. Und die so
gewonnene logische Erkenntniss ist auch dann, wenn uns die
besonderen Gegenstände nur durch die Erfahrung gegeben

sind, Erkenntniss a priori, denn sie behauptet nicht, dass
gewissen Gegenständen diese Eigenthümlichkeit zukomme,
noch auch, dass es überhaupt Gegenstände von solcher Eigenthümlichkeit gebe, sondern nur, dass, wenn der Verstand sich
mit so beschaffenen Gegenständen beschäftige, es diesen
Regeln gemäss geschehen müsse.

Ein anderer Unterschied zwischen der Auffassung Kants
und der oben dargelegten von dem Verfahren der Logik zeigt
sich darin, dass Kant die obersten Regeln des Denkens, die
Prinzipien der Identität und des Widerspruchs (er fügt ihnen
noch zwei weitere, die Prinzipien des ausgeschlossenen Dritten
und des zureichenden Grundes hinzu, von denen indessen das
erste nur eine Anwendung des Prinzips des Widerspruches
auf das Verhältniss kontradiktorisch entgegengesetzter Urtheile
ist, und das andere nicht die formale, sondern die materiale
Wahrheit betrifft, also in der formalen Logik eigentlich
nicht vorkommen darf); — dass er nicht daran denkt, diese
Regeln aus dem Begriffe der Erkenntniss oder dem der
materialen Wahrheit abzuleiten, sondern sie ohne jede Angabe darüber, wie er zu ihnen gelangt sei, als Grundsätze
des Denkens aufstellt, mit der Versicherung, sie seien die
allgemeinen bloss formalen oder logischen Kriterien der
Wahrheit. Seinem Beispiele sind die späteren Darsteller der
formalen Logik gefolgt. Drobisch z. B. (der übrigens nur
in der ersten Auflage seines Lehrbuchs genau den Standpunkt
vertritt, der hier als formale Logik bezeichnet worden ist),
fährt, nachdem er von den Formen der Urtheile gehandelt
und als nächste Aufgabe die Untersuchung der Kennzeichen
der logischen Gültigkeit oder Ungültigkeit der Urtheile bestimmt hat, fort: „Es lassen sich aber hierüber einige allgemeine Sätze aufstellen, die unter dem Namen der Grundsätze des Denkens bekannt sind und die allgemeinsten Kriterien der Gültigkeit und Ungültigkeit der Urtheile enthalten",
und zählt dann die Prinzipien des zureichenden Grundes, der
Identität, des Widerspruchs und des ausgeschlossenen Dritten
auf (Drobisch, Neue Darstellung der Logik, 3. Aufl. S. 61 f.).
Dieses Verfahren kann aber nicht befriedigen. Richtiges
Denken ist seinem Zwecke, der Erkenntniss der Wahrheit,
entsprechendes Denken, und die Regeln, in deren Befolgung

die Richtigkeit des Denkens besteht, sind daher die Anforderungen, die an das Denken dadurch gestellt werden, dass
ihm jener Zweck gesetzt wird. Dann muss aber von der
Logik verlangt werden, dass sie von den Regeln des Denkens
zeige, wie sie aus den Begriffen des Erkennens und der
Wahrheit entspringen. Wenn es dieses Nachweises auch
nicht bedarf, um die Gültigkeit der Prinzipien der Identität
und des Widerspruchs vollkommen gewiss zu machen, so
gehört er doch nothwendig zu der Einsicht in das Denken,
die das Ziel der logischen Untersuchungen ist.

2. Nach dem im Vorstehenden entwickelten Begriffe der
Logik hat dieselbe zuerst die allgemeine Weise oder Form,
die den wahren und unwahren Gedanken gemeinsam ist, und
auf der die natürliche Angemessenheit des Denkens zu dem
Zwecke der Erkenntniss beruht, sowie die aus ihr ableitbaren,
ebenfalls den wahren und den unwahren Gedanken gemeinsamen besonderen Formen zu untersuchen und hierauf den
Begriff der Erkenntniss und den in ihm enthaltenen der
Wahrheit festzustellen und auszubilden, und damit die Kriterien
der Wahrheit und der Unwahrheit oder, was dasselbe ist, die
obersten aus dem Zwecke der Erkenntniss entspringenden
Anforderungen an das Denken nachzuweisen. Ein dritter
Theil wird sich mit der Erweiterung der Erkenntnisse durch
Denken, dem Schliessen, und ein vierter mit den zur inneren
oder logischen Vervollkommnung der Erkenntnisse dienenden
Operationen, dem Definiren, Eintheilen und Beweisen zu beschäftigen haben. Die beiden ersten Theile bilden zusammen
die Lehre vom Denken und Erkennen überhaupt, die beiden
letzten die vom Fortschreiten in der Erkenntniss.

Erster Theil.
Das Denken und Erkennen überhaupt.

Erster Abschnitt.
Die Formen des Denkens.

§ 5.
Urtheil und Vorstellung oder Begriff.

1. Denken (wofern dieses Wort in dem Sinne genommen wird, in welchem es den Gegenstand der Logik bezeichnet) ist Urtheilen (§ 1, ₂). Jeder Gedanke ist ein Urtheil oder besteht aus Urtheilen. Als Ausgangspunkt für die Untersuchung der allgemeinen Weise oder Form des Urtheilens nun bietet sich die Bemerkung dar, dass in jedem einfachen Urtheile von etwas, dem Gegenstande, etwas bejaht oder verneint wird.

Es giebt allerdings Urtheile, für welche dies auf den ersten Blick nicht zuzutreffen scheint, nämlich die in unpersönlichen Sätzen wie Es blitzt, Es regnet nicht, Es ist kalt, Es riecht hier brandig, Es rauscht in den Zweigen, Es giebt keine Hexen, ihren Ausdruck findenden, ferner die sogenannten hypothetischen und die sogenannten disjunktiven. Die unpersönlichen Sätze bejahen oder verneinen zwar etwas, aber, wie es scheint, nicht von etwas; sie haben, scheint es, zwar ein Prädikat, aber es fehlt in ihnen das Subjekt, von dem das Prädikat bejaht oder verneint würde; es kommt in ihnen zwar die Stelle für ein Subjekt vor, aber sie lassen diese Stelle leer ("Das Wörtchen es bezeichnet die leere Stelle des Subjekts", Drobisch, Neue Darstellung der Logik, 3. Aufl. § 56). Und die hypothetischen sowie die disjunktiven

Urtheile scheinen eine Beziehung anderer Art als die eines
Prädikats auf ein Subjekt zum Inhalte zu haben und mithin,
da das Bejahen und Verneinen sich nur als Weisen des Beziehens eines Prädikats auf ein Subjekt denken lassen, überhaupt weder etwas zu bejahen noch etwas zu verneinen, obwohl in ihnen Urtheile, die entweder bejahen oder verneinen,
enthalten sind. Nach Kants Erklärung (Kr. d. r. V., Ros.
S. 73 f., Logik S. 287 f.) setzen die hypothetischen Urtheile
(z. B. Wenn eine vollkommene Gerechtigkeit da ist, so wird
der beharrlich Böse bestraft) zwei Urtheile (Es ist eine vollkommene Gerechtigkeit da, und: Der beharrlich Böse wird
bestraft) in das Verhältniss des Grundes und der Folge, die
disjunktiven (z. B. Die Welt ist entweder durch einen blinden
Zufall da oder durch innere Nothwendigkeit oder durch eine
äussere Ursache) zwei oder mehrere Urtheile in das Verhältniss der Theile der Sphäre eines Erkenntnisses (in dem
Beispiele in das Verhältniss der verschiedenen Möglichkeiten
bezüglich der Erklärung des Daseins der Welt). Es ist indessen zu erwarten, dass eine genauere Untersuchung des
Sinnes der unpersönlichen, der hypothetischen und der disjunktiven Urtheile in ihnen nur scheinbare Ausnahmen erkennen werde. Denn Urtheilen nennen wir nur das Verhalten, dessen Erzeugnisse unter den Gegensatz der Wahrheit
und der Unwahrheit fallen (§ 1, ₂), das Wahr-sein und das
Unwahr-sein aber können, so scheint es wenigstens, nur von
Bejahungen und Verneinungen ausgesagt werden, und zum
Bejahen und Verneinen gehört nothwendig nicht nur eine
Bestimmtheit, die bejaht oder verneint wird, ein Etwas-sein,
sondern auch ein Gegenstand, von dem die bejahte oder verneinte Bestimmtheit bejaht oder verneint wird. Es mag dies
indessen immerhin vorderhand noch als zweifelhaft betrachtet
werden. Die Untersuchungen, die zunächst anzustellen sein
werden, können sich auch mit dem Zugeständnisse begnügen,
dass wenigstens im Allgemeinen in den Urtheilen von etwas
etwas bejaht oder verneint werde.

Sofern das Denken oder Urtheilen sich auf einen Gegenstand bezieht, soll es, dem Herkommen gemäss, Vorstellen
genannt werden. Unter Vorstellung soll also verstanden
werden das Haben eines Gegenstandes im Bewusstsein oder

Denken oder die Setzung eines Gegenstandes, wie sie die Grundlage jedes Urtheils bildet.

2. Es sind sogleich zwei Arten von Vorstellungen zu unterscheiden: singuläre oder Einzelvorstellungen und allgemeine. Die singuläre Vorstellung giebt einem Bewusstseinsinhalte, einem dem Bewusstsein im Originale oder im Bilde Vorschwebenden oder einem sonst irgendwie Gemeinten, die Bedeutung eines solchen, was nur zu einem einzigen Dinge gehören kann, wodurch sich also ein einzelnes Ding von allen Anderen unterscheidet, die Bedeutung der individuellen Eigenthümlichkeit eines einzelnen Dinges, und hat mithin ein einzelnes Ding in seiner individuellen Eigenthümlichkeit zum Gegenstande. Die allgemeine Vorstellung giebt einem Bewusstseinsinhalte die Bedeutung eines solchen, worin mehrere Dinge einander gleich sind und sich gemeinsam von allen anderen Dingen unterscheiden, und hat mithin zum Gegenstande die in diesem Inhalte übereinstimmenden Dinge, inwiefern sie darin übereinstimmen, abgesehen von dem, wodurch sie sich voneinander unterscheiden, und von ihrer Zahl, also die eine gewisse Art oder Gattung oder Klasse bildenden Dinge als solche. Singulär sind z. B. die Vorstellungen der Sonne, des Sokrates, des Kölner Doms, des Teutoburger Waldes, des an einer bestimmten Stelle meines Gartens stehenden Apfelbaums, allgemein die der Himmelskörper überhaupt, der Griechen, der Philosophen, der Dome, der Gebäude, der Wälder, der Apfelbäume überhaupt.

3. Stellt man die Bedeutung des Wortes Vorstellung in der angegebenen Weise fest, so giebt es keine Vorstellungen von solchem, was von einem Gegenstande prädizirt werden oder in einer Prädizirung als nähere Bestimmung vorkommen kann, ohne selbst wieder für das Bewusstsein die Bedeutung eines Gegenstandes zu haben, also als ein im Vergleiche mit prädizirbaren Bestimmtheiten (Eigenschaften, Thätigkeiten, Beziehungen) Selbständiges gesetzt zu sein. Es giebt z. B. keine Vorstellung von Weiss, Warm, Gross, Aehnlich, Klug, Stehen, Sichverändern, Rechts, Zwischen, Nahe; wohl aber solche der weissen Farbe, der Wärme, der Grösse, der Aehnlichkeit, der Klugheit, des Stehens, des Liegens, der Veränderung, des Verhältnisses von Rechts und Links u. s. w.;

denn was durch ein Substantivum benannt wird, ist so gesetzt.
wie der Gegenstand einer Prädizirung.

An diese terminologische Bestimmung lässt sich eine
zweite Unterscheidung zweier Arten von Vorstellungen knüpfen:
solcher, deren Gegenstände ihrer Natur nach die Bedeutung
von selbständig existirenden Wesen, Dingen, oder von Klassen
von Dingen haben, deren Gegenstände, mit anderen Worten, entweder wirklich existirende Dinge sind, oder, wenn sie etwas
Wirkliches wären, für Dinge im eigentlichen Sinne des Wortes.
für Dinge, wie es im Gebiete des sinnlich Wahrnehmbaren
nur die Körper sind, gehalten werden müssten, — und solcher,
durch die etwas, was in Wirklichkeit nur ein in oder an
Dingen und durch diese Dinge Existirendes bedeutet, vorgestellt wird, indem ein dinghaftes Sein desselben fingirt
wird. Die ersteren pflegen konkrete, die letzteren abstrakte genannt zu werden, entsprechend den Wolffschen
Definitionen (Logik § 110): Abstracta est notio, quae aliquid.
quod rei cuidam inest vel adest, repraesentat absque ea re,
cui inest vel adest. Concreta autem est notio, quae aliquid,
quod alteri inest, vel adest, repraesentat ut eidem inexistens.
In abstracto consideramus rerum modos, attributa, relationes.
ubi ea per modum substantiarum concipimus. Konkret sind
demnach z. B. die Vorstellungen der Rosinante. der Pferde
überhaupt (des Pferdes im Allgemeinen). des Menschen, des
Buches, der Seele, des Atoms, abstrakt die des Quadrates,
des Aequators, des Nordpols, der weissen Farbe. der Farbe
überhaupt, der Grösse, der Bewegung, der Schlacht bei
Marathon, des Krieges, des Schachspiels, der Gesundheit, der
Ehe, der Zahl Zehn, der Kunst. des Urtheils, des Wortes.
des Zornes.

4. Zu der angegebenen Bedeutung des Wortes Vorstellung ist ferner zu bemerken, dass, wenn jedes Urtheil von
einer Vorstellung ausgeht, damit nicht ausgeschlossen ist.
dass es Vorstellungen giebt, die umgekehrt Urtheile zur Voraussetzung haben. Es ist dies aber, wie man sich leicht
überzeugt, in der That in solchem Maasse der Fall, dass in
dem Denken des über das erste Kindesalter hinausgelangten
Menschen kaum eine Vorstellung vorkommen wird, die nicht
auf vorhergegangenes Urtheilen zurückwiese. Abgesehen

davon, dass viele Vorstellungen (z. B. die des Urtheils, der
Logik, der Wissenschaft, der Rede, des Gesetzes) Gegenstände haben, die nicht sein könnten, wenn keine Urtheile
wären, ist fast in allen die Art, wie sie ihre Gegenstände
bestimmen, durch frühere Urtheile bedingt. Es ist Sache der
Psychologie, den Prozess der Vorstellungsbildung zu untersuchen; aber zu welchen Ergebnissen diese Untersuchung auch
führen mag, sicherlich ist bei den Vorgängen, durch welche
allgemeine, sowie bei denjenigen, durch welche abstrakte
Vorstellungen entstehen, das Urtheilsvermögen betheiligt.
Auch die konkreten Einzelvorstellungen, die wir in Urtheilen
antreffen, lassen zum grössten Theil den Einfluss des Urtheils-
vermögens leicht erkennen in der Art, wie sie die Dinge,
die ihre Gegenstände sind, gegen die benachbarten abgrenzen,
das zu denselben gehörende Mannigfaltige zu einer Einheit
zusammenfassen und sie von ähnlichen unterscheiden.

5. Dasselbe, dem hier, dem Sprachgebrauche gemäss, der
Name Vorstellung gegeben ist, wird im Allgemeinen auch
als Begriff bezeichnet. Die meisten Logiker geben jedoch
dem Worte Begriff eine engere Bedeutung, ohne sich übrigens
nachher selbst streng danach zu richten. Kant, dem sich
hierin im Allgemeinen die Anhänger der formalen Logik an-
schliessen, nennt nur die allgemeinen Vorstellungen Begriffe.
Andere setzen den Unterschied der Begriffe von den übrigen
Vorstellungen darin, dass die ersteren ihre Gegenstände von
allen anderen bestimmt und scharf unterscheiden und das
denselben Eigenthümliche von dem ihnen mit anderen Gegenständen Gemeinsamen sondern, mit einem Worte in ihre vollendete Ausprägung. Wieder Andere, insbesondere die Anhänger
der metaphysischen Logik, verlangen von einer Vorstellung,
damit sie Begriff heissen dürfe, dass sie das Wesen der Dinge,
die ihren Gegenstand bilden (bezw. des ihren Gegenstand
bildenden Dinges), zum Inhalte haben. Eine verständliche
und bestimmte Erklärung, worin das Wesen eines Dinges
oder einer Klasse von Dingen bestehe, lassen im Allgemeinen
die dieser Richtung angehörenden Darstellungen vermissen.
Doch wird es wohl der Meinung der Meisten entsprechen,
wenn gesagt wird, das Wesen eines Gegenstandes (eines
Dinges oder einer Klasse von Dingen) werde durch diejenigen

Bestimmtheiten gebildet, in welche die vollkommene Erkenntniss desselben zuerst seine Eigenthümlichkeit, das ihn
von allen anderen Gegenständen Unterscheidende setzen
würde, um dann von dem so bestimmten Gegenstande Alles,
was weiter von ihm gelte, auszusagen. Es mag sein, dass
eine ausführliche Bearbeitung der ·Logik einer besonderen
Bezeichnung für eine gewisse Art von Vorstellungen höheren
Ranges bedarf, und dass sich dazu dann das Wort Begriff
eignet; die nachfolgende wird nicht in diese Lage kommen,
und wo sie daher von Begriffen reden wird, wird sie darunter
dasselbe verstehen wie unter Vorstellungen. —

Bevor sich nun die Untersuchung der Frage zuwendet,
was das Urtheilen mehr sei als das Vorstellen, oder worin
das Prädiziren, das Bejahen und das Verneinen bestehe, oder
was geschehe, indem die Vorstellung eines Gegenstandes
sich zu einem Urtheile gleichsam entfalte, wird sie sich etwas
näher mit der Natur der blossen Vorstellung zu beschäftigen
haben.

§ 6.
Inhalt einer Vorstellung. Konstituirende und ergänzende Bestimmtheiten.

1. Unter den Bestimmtheiten, die zu einem Dinge zu
irgend einer Zeit gehören, wird hier das verstanden, was in
Beziehung auf diese Zeit von ihm prädizirt werden darf, nicht
bloss seine Eigenschaften im engeren Sinne des Wortes,
sondern auch seine Verhaltungsweisen und die Beziehungen,
in denen es zu anderen Dingen steht. Sage ich z. B. von
dem Blatte Papier, das ich vor Augen habe, es sei weiss,
viereckig, grösser als das daneben liegende, brennbar, zum
Schreiben bestimmt, so bezeichnen die Adjektiva Weiss,
Viereckig u. s. w. Bestimmtheiten dieses Dinges. Sage ich,
das Blatt ruhe auf dem Tische, oder es falle herab, oder es
werde wärmer, so geben die Worte Ruht, Fällt herab, Wird
wärmer, Bestimmtheiten des beurtheilten Gegenstandes in der
Weise an, dass sie dieselben zugleich als Prädikate auf ihn
beziehen, also zugleich das ausdrücken, was in den zuerst
angeführten Sätzen die Kopula Ist ausdrückte; für sich könnten

3*

diese Bestimmtheiten durch die Partizipien Ruhend, Herab-
fallend, Wärmer-werdend bezeichnet werden. Wieder in
anderer Weise sprechen die Sätze „Das Blatt Papier hier ist
ein Kohlenstoff enthaltender Körper", „Dieses Thier ist ein
Insekt", „Diese Linie ist eine Parabel" die Prädizirung einer
Bestimmtheit aus; die prädizirten Bestimmtheiten werden hier
als das den Dingen einer Klasse, zu der der beurtheilte
Gegenstand gehört, Gemeinsame und sie von allen anderen
Dingen Unterscheidende gedacht.

Unter den Bestimmtheiten ferner, die zu irgend einer
Zeit zu dem Gegenstande einer allgemeinen Vorstellung,
also zu einer Klasse von Dingen gehören, sollen diejenigen
verstanden werden, in denen alle Dinge dieser Klasse zu
dieser Zeit übereinstimmen.

Die gewöhnliche Bezeichnung der Logiker für das, was
hier Bestimmtheit genannt werden soll, ist Merkmal (nota).
Dieser Ausdruck erscheint jedoch deshalb weniger angemessen,
weil Merkmale die Bestimmtheiten sonst nur in einer besonderen Hinsicht genannt zu werden pflegen, nämlich inwiefern
sie dazu dienen können, ein vorliegendes Ding als ein durch
eine gewisse singuläre oder allgemeine Vorstellung vorgestelltes Ding zu erkennen, z. B. einen Stern, den man
durch das Fernrohr sieht, als den Saturn oder als einen
Planeten überhaupt.

2. Jeder vorgestellte Gegenstand ist für den Vorstellenden dieser besondere, von allen anderen verschiedene Gegenstand durch die Bestimmtheiten, in denen er vorgestellt wird,
die, wie gesagt zu werden pflegt, den Inhalt seiner Vorstellung bilden. Zum Inhalte einer Vorstellung gehören demnach mindestens so viel Bestimmtheiten ihres Gegenstandes,
als erforderlich sind, damit sie Vorstellung gerade dieses
Gegenstandes (dieses Dinges oder dieser Klasse von Dingen)
und keines anderen sei. Ist der Gegenstand ein wirklich
existirendes Einzelding, so hat er mehr Bestimmtheiten, als
man zu seiner Unterscheidung von allen anderen Dingen bedarf, als mithin in dem Inhalte seiner Vorstellung nicht fehlen
können. Und ebenso werden die zu einer wirklich existirenden Klasse gehörenden Dinge wenigstens im Allgemeinen in
mehr Bestimmtheiten übereinstimmen, als die Vorstellung

dieser Klasse unter allen Umständen enthalten muss. Z. B.
den Dreiecken ist es nicht bloss gemeinsam, dass sie von
drei geraden Linien eingeschlossene Figuren sind, sondern
auch, dass die Summe ihrer Winkel zwei Rechte beträgt, dass
dem grössten Winkel die grösste Seite gegenüberliegt u. s. w.
Oder den Pflanzen einer Species kann ausser den Merkmalen,
die den Charakter dieser Species ausmachen, gemeinsam sein,
dass ihre Blüthen wohlriechend sind. Auch von einem bloss
eingebildeten Gegenstande kann man in gewissem Sinne sagen,
dass in ihm mit den Bestimmtheiten, die in seiner Vorstellung
nicht fehlen können, noch andere verbunden seien, nämlich
solche, auf deren Besitz man aus dem Besitze jener würde
schliessen können, wenn der Gegenstand wirklich existirte.
Es steht nun nichts im Wege, dass auch eine Vorstellung
mehr Bestimmtheiten ihres Gegenstandes enthalte, als sie zu
enthalten braucht, um Vorstellung gerade dieses Gegenstandes
zu sein; und in der That verhält es sich so in unzähligen
Fällen. Verstehe ich z. B. unter Berlin die Hauptstadt des
preussischen Staates, so ist doch mindestens im Allgemeinen
der Inhalt meiner Vorstellung Berlins nicht auf diese Bestimmtheit beschränkt; ich stelle vielmehr diese Stadt weiter
vor als eine sehr grosse, als eine im Norden Deutschlands
liegende, vielleicht ferner als eine einen Platz, der mir im
Bilde vorschwebt, enthaltende, als eine an einem Flusse
liegende Stadt u. s. w. Es ist auch möglich, dass im Inhalte
einer Vorstellung mit einer einfachen oder zusammengesetzten
Bestimmtheit, durch die sie sich auf ein bestimmtes Einzelding oder auf eine bestimmte Klasse von Dingen bezieht,
Bestimmtheiten, die ihrem Gegenstande nicht zukommen,
verbunden sind, z. B. im Inhalte der Vorstellung, die ein
Knabe von Berlin hat, mit dem Hauptstadt-Preussens-sein das
An-der-Havel-liegen. Enthält eine Vorstellung mehr Bestimmtheiten, als erforderlich sind, den vorgestellten Gegenstand
von allen anderen zu unterscheiden, so ist es möglich, dass
der Vorstellende einem Theile derselben die Bedeutung beimesse, dass durch sie erst der vorgestellte Gegenstand für
ihn dieser bestimmte Gegenstand und kein anderer sei, dem
anderen die Bedeutung solcher, die zu jenem hinzukommen.
Ist eine Vorstellung in dieser Weise ausgebildet, so sollen

hier diejenigen Inhaltsbestandtheile derselben, denen der Vorstellende die erstere Bedeutung gegeben hat, die konstituirenden Bestimmtheiten des Gegenstandes in Beziehung auf
diese Vorstellung, die anderen ergänzende genannt werden.
Und unter dem konstituirenden Inhalte einer Vorstellung oder
dem Inhalte im engeren Sinne des Wortes soll der Inbegriff
der ihren Gegenstand in Beziehung auf sie konstituirenden
Bestimmtheiten verstanden werden.

Es kann hiernach von demselben Gegenstande mehrere
Vorstellungen geben, die sich durch ihre konstituirenden Inhalte voneinander unterscheiden. So sind die Vorstellungen
der Hauptstadt Preussens und der grössten der an der Spree
liegenden Städte inhaltlich verschiedene Vorstellungen desselben Gegenstandes. In Bezug auf die erstere sind das
Hauptstadt-sein und das Preussische-Stadt-sein konstituirende,
das An-der-Spree-liegen und das Gross-sein ergänzende Merkmale Berlins, dagegen in Beziehung auf die zweite ist das
An-der-Spree-liegen ein konstituirendes, das Hauptstadt-sein
ein ergänzendes Merkmal ihres Gegenstandes. Allgemeine
Vorstellungen, die denselben Gegenstand haben, während ihre
konstituirenden Inhalte verschieden sind, sind z. B. die der
rechtwinkeligen Parallelogramme und die der Parallelogramme
mit gleichen Diagonalen.

§ 7.
Das Verhältniss von Ding und Bestimmtheiten.

1. Zur Aufklärung des Verhältnisses von Ding und Bestimmtheiten, das in allen Vorstellungen vorgestellt wird,
ist zunächst zu bemerken, dass die Bestimmtheiten nicht zu
dem Dinge hinzukommen, dessen Bestimmtheiten sie sind,
nicht ein ihm Anhaftendes oder Eingefügtes sind, das ver-
schwinden oder mit anderem vertauscht werden könnte, ohne
dass das Ding selbst eine Veränderung erlitte. Vielmehr
gehört jede Bestimmtheit eines Dinges zu diesem Dinge
selbst, ist in gewissem Sinne ein Bestandtheil desselben.
Z. B. was ich von einer Figur vorstelle, sofern ich sie als
dreieckig vorstelle, ist ein in ihr selbst Enthaltenes; oder

was ich mit dem Worte Grün bezeichne, ist ein Bestandtheil des von mir vorgestellten grünen Blattes.

2. Weiter darf behauptet werden, dass zu einem Dinge ausser seinen Bestimmtheiten nichts gehört, dass kein Ding mehr ist als der Inbegriff seiner Bestimmtheiten. Jedes Ding geht so vollständig auf in dem, was es von ihm zu prädiziren gestattet, also in dem, was es ist, wie ein bestimmtes Dreieck aufgeht schon in dem, was durch die Prädikate der Urtheile, die seine Grösse, seine Gestalt und seine Lage vollständig angäben, zusammen von ihm vorgestellt würde. Ein Bestandtheil, der übrig bliebe, wenn man von einem Dinge Alles hinwegdächte, was ein Verstand, dem nichts verborgen wäre, von ihm prädiziren könnte, alle seine Bestimmtheiten, die bekannten und die unbekannten, wäre ein seiner Natur nach durchaus Unvorstellbares, etwas, was keinem Wahrnehmen und keinem Einbilden und überhaupt keiner Weise des Bewusstseins oder Denkens einen Inhalt darzubieten, was sich also auch keinem Bewusstsein jemals bemerkbar zu machen im Stande wäre. Aber die Annahme, dass es ein solches Etwas, sei es in allen, sei es in einigen Dingen, gebe, liesse sich in keiner Weise begründen und könnte in keiner Weise zu einer Erklärung irgend eines Seins oder Geschehens dienen; denn man kann für das Dasein einer Sache keinen Grund angeben und aus ihrem Dasein nichts erklären, ohne ihr damit irgend welche Bestimmtheit zuzuschreiben. Und mehr noch: ein Etwas, welches bloss etwas überhaupt und weiter nichts wäre, ist auch nicht einmal möglich; denn ihm fehlte Alles, wodurch es sich von seinem Gegentheile, dem Nichts, unterscheiden könnte, und so wäre es nicht etwas, sondern vielmehr nichts.

3. Aber wenigstens die körperlichen Dinge, wird man sagen, können wir doch nicht anders vorstellen, als indem wir zu den Bestimmtheiten, die sie uns zeigen, etwas hinzudenken, was keine Bestimmtheit, kein Qualitatives ist, und zwar etwas, was jene Bestimmtheiten hat, und wovon sie ausgesagt werden können, einen Träger oder ein Substrat, ein Stück dessen, was wir die Materie oder den Stoff oder die ausgedehnte Substanz nennen. Die Gestalt eines Körpers und seine Bewegung sind ja Gestalt und Bewegung nicht

eines Raumtheiles, sondern eines im Raume Seienden, eines Ausgedehnten, das nicht in der blossen Ausdehnung aufgeht. Und dieses im Raume Seiende oder Ausgedehnte können wir nicht gleichsetzen dem Ganzen dessen, was wir ausser der Gestalt und der Bewegung an dem Körper bemerken, dem Zusammen einer Farbe, eines Geruches, eines Geschmackes, eines Wärmegrades u. s. w. Denn diese Wahrnehmungsinhalte haben anerkanntermaassen kein Dasein ausserhalb unseres wahrnehmenden Bewusstseins: sie sind nicht das Wirkliche, dessen Gestalt und Bewegung sich uns kund geben, sondern lediglich Inhalte des durch die Einwirkung dieses Wirklichen auf unsere Sinne in uns hervorgerufenen Wahrnehmens. Und existirten sie ausserhalb unseres Wahrnehmens, so könnten wir sie doch nicht als selbständig, für sich, sondern nur als in oder an einem Anderen, einem Substrate, existirend denken.

Es ist wahr: die Körper können, vorausgesetzt, dass sie nicht blosse Phänomene, sondern wirklich, an sich existirende Dinge sind, nicht in den Bestimmtheiten aufgehen, die wir an ihnen wahrnehmen. Aber das, was wir zu diesen hinzudenken müssen, braucht nicht ein Etwas zu sein, welches Allem, was Inhalt eines Bewusstseins sein kann, allem Perceptibelen schlechthin entgegengesetzt wäre, — ein ausgedehntes, aus Theilen bestehendes, eine Gestalt habendes, entweder ruhendes oder sich bewegendes Etwas, welches doch, indem diese Bestimmtheiten nicht in ihm enthalten wären, sondern erst zu ihm hinzuträten, nicht ausgedehnt und auch kein Punkt wäre, keine Gestalt hätte, nicht in der Zeit wäre, weder ruhte noch sich bewegte, weder einfach wäre noch aus Theilen bestände. Vielmehr müssen wir, wenn wir den Körpern ein von unserem Wahrnehmen unabhängiges Dasein zuschreiben. die Substanz jedes Körpers, jedes Stück Materie denken als ein qualitatives, d. i. zum Inhalte eines Bewusstseins, wenngleich nicht des unsrigen, zu dienen fähiges Etwas, in welchem alle Bestimmtheiten, die wir von dem Körper wahrnehmen können. seine bestimmte Grösse. seine Gestalt, seine augenblickliche Lage, sein Zustand in Bezug auf Ruhe und Bewegung, enthalten sind. Wir müssen, wollen wir nicht in eine Fülle der handgreiflichsten Widersprüche mit

uns selbst gerathen, die bestimmte Raumerfüllung eines
Körpers, in der alle Qualitäten, die uns von ihm zugänglich
sind, seine Grösse, seine Gestalt, seine Lage, seine Bewegung,
enthalten sind, selbst als eine Qualität denken, die uns jedoch
insoweit, als sie mehr als Gestalt, Grösse, Ruhe oder Bewegung ist, wegen der Beschränktheit unseres Bewusstseins,
wegen der Bedingungen unseres Wahrnehmens, unbekannt ist
und immer unbekannt bleiben muss.

4. Was bis jetzt über das Verhältniss von Ding und
Bestimmtheiten gesagt wurde, trifft auch zu für das des
Ganzen zu den Theilen, in die es zerlegt werden kann, und
die, wenn auch nur so, dass sie sich dabei mehr oder weniger
verändern, getrennt voneinander existiren können. Denn
auch jeder der Theile, in die ein Ding zerlegt werden kann,
ist ein Bestandtheil desselben, und das Ding ist nicht mehr
als die Gesammtheit dieser in gewisser Ordnung miteinander verbundenen Theile. Wie z. B. ein Dreieck der Inbegriff dessen ist, was durch die Prädikate der Urtheile, die
seine Gestalt, seine Grösse, seine. gegenwärtige Lage und
seinen Zustand in Beziehung auf Ruhe und Bewegung vollständig bestimmen, von ihm vorgestellt wird, so ist es auch
völlig gleich dem, was aus den beiden Figuren, in die es
durch eine Linie getheilt werden kann, in der dieser Theilung
entsprechenden Weise zusammengesetzt ist.

Von dem Verhältnisse des Ganzen zu den Theilen unterscheidet sich nun das des Dinges zu seinen Bestimmtheiten
dadurch, dass jeder Theil, gleich dem Ganzen, für sich vorgestellt werden und existiren kann, eine Bestimmtheit dagegen niemals zum Inhalt oder Gegenstande eines Vorstellens
hinreicht und niemals einer isolirten Existenz fähig ist,
sondern nur in ihrer Verbindung mit anderen zu einem Dinge
vorgestellt werden und existiren kann. Zerlegt man ein
Ding in Theile, so ist jeder Theil wieder ein Ding, d. i. etwas,
was für sich ein Gegenstand des Vorstellens sein und existiren
kann, ein Vollständiges und ein Selbständiges; dagegen die
Bestimmtheiten, die man in einem Dinge unterscheiden kann,
sind nicht wieder Dinge, sondern jede bedarf der Ergänzung
durch andere, damit man ein Ding, einen Gegenstand des
Vorstellens habe und etwas, was der Existenz fähig ist.

weshalb auch ein Ding nicht in seine Bestimmtheiten zerlegt werden kann wie in seine Theile.

Allerdings kann auch von den Dingen gesagt werden, dass sie unvollständige Gegenstände des Vorstellens seien und nicht selbständig zu existiren vermögen. Denn wie wir eine Bestimmtheit nicht anders vorstellen können denn als mit anderen Bestimmtheiten in einem Dinge verbunden, so wiederum ein Ding nicht anders denn als mit anderen Dingen zusammen seiend und mit ihnen zu einem Ganzen verknüpft: und wie eine Bestimmtheit nur in Verbindung mit anderen der Existenz fähig ist, so ein Ding nur in Verbindung mit anderen Dingen. Aber diese Unvollständigkeit und Un-selbständigkeit der Dinge ist von anderer Art als die der Bestimmtheiten. Diejenige Vollständigkeit und Selbständig-keit, die den Bestimmtheiten fehlt, kommt den Dingen zu. Um mit der ihnen eigenen Unvollständigkeit und Unselb-ständigkeit behaftet sein zu können, müssen die Dinge die den Bestimmtheiten abgehende Vollständigkeit und Selb-ständigkeit besitzen. Wenn nämlich ein Ding als verknüpft mit anderen Dingen vorgestellt wird, so wird doch, da die Beziehungen, durch die es mit anderen Dingen verknüpft ist, ihm angehörende Bestimmtheiten sind, nicht mehr vorgestellt als es selbst; seine Natur ist eben eine solche, dass in seiner Vorstellung die Vorstellungen anderer Dinge enthalten sind. Und wie in dieser Weise ein mit anderen verknüpftes Ding doch im Vergleiche mit seinen Bestimmtheiten ein Voll-ständiges in Hinsicht auf das Vorgestellt-werden ist, so ist es auch in analogem Sinne ein Selbständiges hinsichtlich der Existenz.

5. Die Frage endlich, wie die Bestimmtheiten eines Dinges untereinander zusammenhängen und eine Einheit bilden, ist, da jede Bestimmtheit eines Dinges von ihm prä-dizirt werden darf, einerlei mit der nach dem Verhältnisse. in welches eine Prädizirung die prädizirte Bestimmtheit zu den übrigen Bestimmtheiten des ihren Gegenstand bildenden Dinges setzt. Ihre Verhandlung muss daher späteren Ab-schnitten vorbehalten werden. Doch darf hier vorgreifend kurz bemerkt werden, dass jenes Verhältniss das der Folge zum Grunde ist.

§ 8.
Das Sein in der Welt und die Existenz.

1. Alles, was wir vorstellen, stellen wir dadurch, dass wir es überhaupt vorstellen, als ein Ding mit Bestimmtheiten oder als eine Klasse von Dingen mit Bestimmtheiten vor. Ferner stellen wir Alles, was wir als ein Ding mit Bestimmtheiten oder als eine Klasse von Dingen mit Bestimmtheiten vorstellen, dadurch, dass wir es so vorstellen, also überhaupt Alles, was wir vorstellen, dadurch, dass wir es überhaupt vorstellen, vor als enthalten in der Welt. Die Setzung, der Gedanke, das Bewusstsein Welt ist in allem Vorstellen als seine Voraussetzung und Grundlage enthalten. Alles Vorstellen ist ein Vorstellen der Welt und eines Dinges mit Bestimmtheiten oder einer Klasse von Dingen mit Bestimmtheiten als eines gegenwärtigen oder zukünftigen oder vergangenen Bestandtheils der Welt. Das Bewusstsein der Welt aber haben wir zusammen mit dem Bewusstsein unser selbst, des bewussten Ich, indem wir einerseits auch unser Ich nicht anders setzen können denn als ein Etwas in der Welt, andererseits die Welt nicht anders denn als diejenige, worin unser Ich ist und als worin seiend unser Ich sich selbst setzt. Indem wir also überhaupt etwas vorstellen, stellen wir es vor als im Zusammenhange stehend mit unserem eigenen Ich, als befasst mit unserem eigenen Ich in demselben Ganzen, welches das Ich setzt, indem es sich selbst setzt.

2. Das Enthalten-sein in der Welt ferner oder das Zusammenhangen mit dem eigenen Ich ist einerlei mit Existiren. Nichts Anderes meinen wir damit, wenn wir von etwas sagen, dass es existire, als dass es der Welt unseres Ich angehöre. Wir stellen also Alles, was wir vorstellen, dadurch, dass wir es überhaupt vorstellen, als existirend bezw. existirt habend oder existiren werdend vor, — nicht bloss, wenn unser Vorstellen Wahrnehmen, sondern auch wenn es Einbilden ist, und nicht bloss, wenn wir an die Existenz des Vorgestellten glauben, sondern auch wenn wir wissen, dass es bloss ein Geschöpf unserer Phantasie ist. Wir stellen die Insel Atlantis nicht anders vor als die Insel Madeira, den Magnet-

berg nicht anders als den Brocken, Rübezahl nicht anders
als Kaiser Rothbart, das Phlogiston nicht anders als den
Sauerstoff. Der Unterschied ist nur der, dass sich mit der
einen dieser Vorstellungen das Bewusstsein ihrer Ungültigkeit, mit der anderen das ihrer Gültigkeit verbindet. „Es
giebt, sagt Hume (Ueber die menschl. Natur, übers. von
Jakob, 1. Buch, 2. Theil, 6. Abschnitt), keine Impression und
keinen Begriff irgend einer Art in unserem Bewusstsein
oder unserem Gedächtniss, den wir nicht als existirend
dächten, und offenbar ist der vollkommenste Begriff und
die Ueberzeugung vom Dasein aus diesem Bewusstsein
entsprungen." „Die Sätze, an ein Ding denken, und an
dasselbe als existirend denken, sind gar nicht voneinander
verschieden. Der Begriff der Existenz fügt keine neue Bestimmung zum Objekte hinzu, wenn er mit dem Begriffe
desselben verknüpft wird. Wir mögen uns vorstellen, was
wir wollen, so stellen wir es uns als existirend vor."

3. Aus der vorstehenden Erklärung des Begriffes der
Existenz folgt, dass das Existiren oder Sein nicht zu den
Bestimmtheiten der Dinge, die wir als existirend vorstellen,
gehört, also keinen Inhaltsbestandtheil der Vorstellung irgend
eines Dinges bildet. Denn das, was wir setzen als enthalten
in der Welt unseres Ich, ist das Ding sammt allen seinen
Bestimmtheiten, keine einzige ausgenommen. Wäre das
Existiren eine der Bestimmtheiten, die den Inhalt unserer
Vorstellung irgend eines Dinges bildeten, sei es eine allgemeine, die in allen besonderen Bestimmtheiten des Dinges
enthalten wäre, sei es eine solche, ohne welche die übrigen
im Vorstellen vorkommen könnten, so müssten wir, um das
Ding, das mit der Bestimmtheit des Existirens von uns vorgestellt würde, als existirend vorzustellen, es noch mit jener
Bestimmtheit und allen übrigen als enthalten in der Welt
unseres Ich setzen, was ein Widerspruch ist.

Es könnte eingewandt werden, dass es doch offenbar
eine Bestimmtheit eines vorgestellten Gegenstandes sei, wenn
er mit einem wirklich existirenden Dinge in Zusammenhang
stehe, z. B. eine Bestimmtheit der Insel Rügen, dass sie in
der Ostsee liege, und dass in den Bestimmtheiten dieser Art
die Existenz, das Sein in der Welt, wie das Allgemeine im

Besonderen (wie z. B. Farbig in Roth, Viereckig in Quadratisch) enthalten sei, dass also auch die Existenz selbst eine Bestimmtheit der existirenden Dinge sei. Der Zusammenhang, in welchem ein Ding A mit einem anderen Dinge B steht, ist in der That eine Bestimmtheit desselben, etwas, was von ihm prädizirt werden kann. Allein ich stelle A nicht erst dadurch als existirend, als überhaupt in der Welt seiend vor, dass ich es vorstelle als mit einem anderen Dinge B, welches wirklich existirt, in einem solchen Zusammenhange stehend, der von ihm prädizirt werden kann. Vielmehr muss ich umgekehrt A als existirend oder in der Welt seiend vorstellen, um es vorstellen zu können mit der Bestimmtheit, dass es mit B oder auch mit irgend einem bloss eingebildeten Dinge in Zusammenhang stehe. Erst nachdem ich A als überhaupt in der Welt enthalten gesetzt habe, kann ich ihm eine bestimmte Stelle in der Welt dadurch anweisen, dass ich es zu einem anderen Dinge B, welches mir ebenfalls ein in der Welt Enthaltenes bedeutet, in eine nähere Beziehung setze. Es ist also nicht richtig, dass das Existiren eines Dinges oder sein Sein in der Welt in dem von ihm prädizirbaren Zusammenhange mit einem anderen Dinge als ein Allgemeineres enthalten sei.

4. Ist das Sein keine Bestimmtheit eines Dinges, so hat es auch keinen Sinn, es von einem Dinge zu prädiziren. Aber wenn wir dem sprachlichen Ausdrucke nach von einem Dinge sagen, dass es existire oder nicht existire, so sagen wir doch auch dem Gedanken nach etwas aus. Es fragt sich daher, von welchem Gegenstande wir dem Gedanken nach welche Bestimmtheit aussagen, wenn wir dem sprachlichen Ausdrucke nach von einem Dinge die Existenz bejahen oder verneinen. Die Antwort ergiebt sich ohne Weiteres aus der oben aufgestellten Erklärung des Begriffes der Existenz. Sagen wir von einem Gegenstande, dass er existire, so ist das, was wir näher bestimmen, nicht die Vorstellung dieses Gegenstandes, sondern die der Welt, welche die Welt unseres Ich ist, die Welt, als zu welcher gehörend unser Ich sich selbst vorstellt. Diese Vorstellung bestimmen wir näher, indem wir die Welt setzen als enthaltend den Gegenstand, von dem wir sagen, er existire. Die Welt unseres Ich ist

also das Subjekt aller durch Existentialsätze ausgedrückten
Urtheile, und dass sie das Ding in sich fasse, von dem das
Existiren ausgesagt wird, das Prädikat. (Ueber Kants Lehre
vom Begriffe der Existenz s. des Verf. Gesch. d. Philos. II,
S. 90 — 96.)

5. Die im Vorstehenden dargelegte Auffassung vom Begriffe der Existenz bedarf noch einer Ergänzung. Wie Alles,
was ich vorstelle, stelle ich auch mein Ich als existirend vor.
Jedes andere Ding stelle ich als existirend dadurch vor, dass
ich es vorstelle als zusammenhängend mit dem Ich, das ich
als existirend vorstelle, in der Welt. Um also ein von
meinem Ich verschiedenes Ding als existirend vorstellen zu
können, muss ich schon mein Ich selbst als existirend vorgestellt haben. Der Begriff der Existenz, den ich auf mein
Ich beziehe, ist aber derselbe, den ich auf andere Dinge beziehe. Mithin heisst, dass mein Ich existire, nichts Anderes,
als dass es zusammenhange mit dem bereits als existirend
von mir vorgestellten Ich, oder, da der Zusammenhang des
Ich mit ihm selbst Identität ist, dass mein Ich identisch sei
mit dem bereits als existirendes von mir vorgestellten Ich.
Wie ich also mein Ich immer schon als existirendes vorgestellt haben muss, um irgend ein anderes Ding als existirend
vorzustellen, so auch, um es selbst als existirend vorzustellen.
Die Vorstellung meines Ich hat demnach sich selbst zur Voraussetzung; um mein Ich vorstellen oder, bestimmter, um es
wahrnehmen zu können, muss ich bereits im Besitze seiner
Wahrnehmung sein. Die Möglichkeit dieses Verhältnisses
zu erklären, muss der Metaphysik überlassen bleiben. Es
kann aber noch darauf hingewiesen werden, dass die Zergliederung der Vorstellung Ich mit ihrem ersten Schritte die
Folgerung, zu der die Betrachtung des Begriffes der Existenz
führt, bestätigt, indem sie lehrt, dass uns das, was wir mit
dem Worte Ich bezeichnen, dasjenige Objekt des Bewusstseins bedeutet, welches mit dem Ich, dem Subjekte des Bewusstseins identisch ist, dass wir also unser Ich nicht anders
vorstellen können, als indem wir es identifiziren mit unserem
Ich, und mithin die Vorstellung unseres Ich schon besitzen
müssen, um sie gewinnen zu können, oder, was wohl dasselbe
ist, dass wir niemals haben anfangen können, sie zu besitzen,
sondern nur damit fortfahren können.

§ 9.
Die Zeitlichkeit und Veränderlichkeit der Dinge.

1. Das Dasein, das wir allen Dingen, die wir vorstellen, zuschreiben, indem wir sie überhaupt vorstellen, ist Dasein in der Zeit, entweder eine Zeit lang dauerndes oder immerwährendes Dasein. Hierzu ist weiter zu bemerken, dass jede singuläre Vorstellung das durch sie vorgestellte Ding in seiner ganzen Dauer, seiner ganzen zeitlichen Ausdehnung, d. i. in Beziehung auf die ganze Zeit, durch die hindurch es für den Vorstellenden dieses besondere, von allen anderen verschiedene Ding ist, zum Gegenstande hat, und dass ebenso jede allgemeine Vorstellung die durch sie vorgestellten Dinge in Beziehung auf die ganze Zeit meint, während deren sie Dinge der vorgestellten Art sind. Z. B. zu demjenigen, was ich durch die Vorstellung des Sokrates vorstelle, gehört der Knabe, der Mann, der Greis Sokrates, der gesunde sowohl als auch der kranke, der wachende sowohl als auch der schlafende. Sage ich von einem Dinge etwas aus, was ihm nur für einen kürzeren oder längeren Zeitraum seines Daseins zukommt, so sage ich doch nicht von dem, was von dem Dinge in diesen Zeitraum fällt, sondern von dem Dinge schlechthin etwas aus, nämlich dass es in diesem Zeitraume eine gewisse Beschaffenheit habe, bezw. gehabt habe oder haben werde. Die Zeitangabe, mit der etwas von einem Dinge ausgesagt wird, ist zwar keine Bestimmtheit desselben, denn die Bestimmtheit, die von einem Dinge ausgesagt wird, ist, nach der oben (§ 6, 1) diesem Worte beigelegten Bedeutung, eben das, wozu die Zeitangabe hinzutritt, aber die Zeitangabe gehört doch in Verbindung mit der Bestimmtheit, auf die sie sich bezieht, zu dem, was ausgesagt wird, und damit auch zu dem Inhalte der Vorstellung des Dinges. Sage ich z. B., dass Sokrates verheirathet gewesen sei, so sage ich nicht von dem Manne Sokrates, den ich von dem Knaben und dem Jünglinge unterscheide, sondern von Sokrates schlechthin etwas aus, nämlich dass er während eines Theiles seines Lebens verheirathet gewesen sei. Von demselben Sokrates, von dem ich aussage, dass er ein Grieche gewesen sei, sage ich auch

aus, dass er in Athen geboren sei, dass er als Knabe lesen
gelernt, dass er als Jüngling sich zum Bildhauer ausgebildet,
dass er als Mann mehrere Feldzüge mitgemacht, dass er zum
Tode verurtheilt den Giftbecher geleert habe; genau dieselbe
Vorstellung des Sokrates bildet das Subjekt aller dieser
Urtheile; nicht liegen ihnen verschiedene Vorstellungen zu
Grunde, die sich sozusagen in den Sokrates der sein Da-
sein umfassenden Zeit nach theilen.

Es lassen sich allerdings Vorstellungen bilden, die zum
Gegenstande einen Zeitabschnitt aus dem Dasein eines Dinges
haben. Vorstellungen dieser Art liegen z. B. den Urtheilen
zu Grunde, die vom jungen Sokrates oder von dem Berlin
der Zeit des grossen Kurfürsten oder von einem nur in
seinem Larvenstadium betrachteten Insekt etwas prädiziren.
Aber auch von solchen Vorstellungen gilt doch das Gesagte,
denn ihr Gegenstand ist nicht das Ding, aus dessen Daseinszeit durch sie ein Theil herausgehoben wird, sondern ein
solches, dessen ganze Daseinszeit ein Theil der Daseinszeit
jenes ist. Wie die Vorstellung des Sokrates aus der Gesammtheit des Wirklichen etwas heraushebt und zu einem
Dinge stempelt, was vor der Geburt des Sokrates noch nicht
und nach dem Tode desselben nicht mehr war, so die Vorstellung des jungen Sokrates etwas, was mit dem Aufhören
der Jugend des Sokrates sich in ein anderes Ding, den er-
wachsenen Sokrates, verwandelte. Das, was durch die Vorstellung Berlins zur Zeit des grossen Kurfürsten vorgestellt
wird, ist in Beziehung auf diese Vorstellung ein Ding, das
erst entstand, als das Zeitalter des grossen Kurfürsten an-
fing, und nach dessen Ablauf einem anderen Dinge, dem
Berlin der Zeit des Nachfolgers des grossen Kurfürsten,
Platz machte. Das Ding, welches den Gegenstand der Vorstellung einer Raupe bildet, ist nicht das Insekt, das aus
einer Raupe zu einer Puppe, aus einer Puppe zu einem
Schmetterlinge werden wird, sondern nur die Raupe, und
dieses Ding wird durch diese Vorstellung seiner ganzen zeitlichen Ausdehnung nach vorgestellt.

2. In Hinsicht auf die Zeitlichkeit und Veränderlichkeit
der Dinge bedarf die Möglichkeit der singulären Vorstellungen
einer Erklärung. Auf der einen Seite nämlich scheint es,

dass alle Bestimmtheiten, die den konstituirenden Inhalt einer singulären Vorstellung ausmachen, dem vorgestellten Dinge sein ganzes Dasein hindurch zukommen müssen. Denn in dem Augenblicke, in welchem das Ding auch nur Eine seiner konstituirenden Bestimmtheiten gegen eine andere vertauschte, hörte es auf, das durch diese Vorstellung vorgestellte, also dieses eigenthümliche Ding zu sein, und an seine Stelle träte ein mehr oder weniger von ihm verschiedenes Ding. Auf der anderen Seite aber wäre eine Vorstellung, die nur bleibende Bestimmtheiten eines veränderlichen Dinges enthielte, keine singuläre, sondern eine allgemeine. Denn in ihren bleibenden Bestimmtheiten könnten eine Reihe von Dingen übereinstimmen, indem das sie in jedem Augenblicke ihres Daseins Unterscheidende in ihren vorübergehenden bestände. Man kann z. B. zwei Körper denken, die sich durch nichts Anderes unterschieden als dadurch, dass sie sich stets an verschiedenen Orten befänden. Zum konstituirenden Inhalte einer singulären Vorstellung gehören mithin ausser bleibenden Bestimmtheiten ihres Gegenstandes noch so viele von den nur vorübergehend ihm zukommenden, als erforderlich sind, ihn von allen anderen Dingen, die in dem Bleibenden ihrer Beschaffenheit mit ihm übereinstimmen, zu unterscheiden.

Die hiernach erforderliche Erklärung der Möglichkeit singulärer Vorstellungen oder, was hier auf dasselbe hinauskommt, der Möglichkeit veränderlicher Dinge ergiebt sich aus einer Berichtigung, deren der erste der beiden einander widersprechenden Sätze bedarf, der Satz, dass die Vorstellung eines Dinges nur bleibende Bestimmtheiten zum konstituirenden Inhalte haben könne, dass kein Ding eine der Bestimmtheiten, die es zu diesem besonderen, von allen anderen verschiedenen Dinge machen, mit einer anderen vertauschen könne, ohne aufzuhören, dieses besondere Ding zu sein. Man kann nämlich ein Ding auch durch vorübergehend ihm zukommende Bestimmtheiten von allen anderen Dingen in einer Weise unterscheiden, die für jeden Augenblick in seinem Dasein gilt, also durch eine vorübergehende Bestimmtheit seine unveränderliche individuelle Eigenthümlichkeit bestimmen. Denn wird mit einer Bestimmtheit, die einem Dinge nur eine gewisse Zeit hindurch zukommt, diese Zeitangabe verbunden,

so kann diese Verbindung von dem Dinge in Beziehung auf
jeden Augenblick seines Daseins ausgesagt werden. Solange
z. B. der Halleysche Komet existiren wird, wird von ihm
das Urtheil gelten, dass er in einem gewissen Jahre eine
gewisse Bahn durchlaufen habe, und er kann daher so vorgestellt werden, dass das in jenem Urtheile Ausgesagte zu
dem gehört, worin für den Vorstellenden seine unveräusser-
liche individuelle Eigenthümlichkeit besteht. Oder ein Mensch,
dessen Bekanntschaft ich auf einer Reise gemacht habe, kann
für mich dieses bestimmte Individuum dadurch sein und immer
bleiben, dass ich ihn unter solchen Umständen kennen lernte
und etwa ein Gespräch über diesen oder jenen Gegenstand
mit ihm führte. Es ist demnach durchaus kein Widerspruch,
dass einerseits die individuelle Eigenthümlichkeit jedes Dinges
schlechthin unveränderlich ist (indem ein Ding mit der kleinsten
Veränderung der seine individuelle Eigenthümlichkeit ausmachenden Beschaffenheit aufhört dazusein und ein anderes
Ding an seine Stelle tritt), und dass doch andererseits in
der individuellen Eigenthümlichkeit eines Dinges mit bleibenden Bestimmtheiten mindestens Eine nur zeitweilige verbunden ist.

§ 10.
Die Abgrenzung der Individuen und Gattungen.

Es ist eine Frage der Metaphysik, ob es Dinge giebt,
die, um individuelle Dinge zu sein, nicht erst durch ein vor-
stellendes Wesen aus der Gesammtheit des Wirklichen herausgehoben zu werden brauchen, die also sich selbst als Einheiten in sich zusammenschliessen und sich im Laufe ihres
Daseins von Augenblick zu Augenblick mit sich identisch
erhalten, so dass das Eins-sein in der Vielheit der Theile und
das Mit-sich-identisch-bleiben in der Veränderung in ihnen
selbst liegende Zustände oder sich vollziehende Thätigkeiten
sind, — ob etwa die Atome der Naturforscher solche Dinge
von realer Einheit und Identität sind, oder die Organismen
oder die Seelen der Thiere und Menschen; desgleichen, ob
es Klassen (Arten, Gattungen) giebt, zu denen Dinge nicht

erst durch einen sie betrachtenden Verstand, sondern durch
sich selbst verbunden sind, indem etwa ein und derselbe
Sprössling der allgemeinen Naturkraft sie alle gestaltet hat
und in ihnen gesetzgebend für ihre Veränderungen fortwirkt.
Die allgemeine Logik bedarf der Beantwortung dieser Frage
nicht. Sie darf sich darauf beschränken, festzustellen, dass
die singuläre Vorstellung nicht durch ihre Form, d. i. dadurch, dass sie überhaupt singuläre Vorstellung ist, ihren
Gegenstand, wie als ein existirendes veränderliches Ding mit
Bestimmtheiten, so auch als ein sich selbst Einheit in der
Vielheit und Identität in der Veränderung gebendes Ding, mit
Einem Worte als ein Ding von realer Individualität, und dass die
allgemeine den ihrigen nicht als eine sich in einer Vielheit von
Dingen offenbarende einheitliche Macht, mit Einem Worte als
eine Klasse oder Gattung oder Art von realer Allgemeinheit,
setzt. Wenn wir einer Vorstellung die Bedeutung beimessen,
dass sie mit ihrem Herausheben eines Individuums oder einer
Gattung aus der Gesammtheit des Wirklichen gleichsam ein
von dieser Gesammtheit selbst ausgehendes Herausheben nach-
bilde, so geschieht dies nicht schon durch diese Vorstellung
selbst, sondern erst durch einen sich mit ihr verbindenden
Gedanken.

Ebenso wenig wie der Gegensatz zwischen den Vorstellungen, deren Gegenstände Dinge von realer Individualität
oder Klassen von realer Allgemeinheit sind (wenn es deren
giebt), und denen, deren Gegenstände nicht so beschaffen sind,
kommen für den Gesichtspunkt, unter den die allgemeine
Logik die Vorstellungen stellt, diejenigen Unterschiede in
Betracht, die darin bestehen, dass in der Weise, wie die Vorstellungen Dinge oder Klassen von Dingen aus der Gesammtheit
des Wirklichen aussondern, die einen sich mehr, die anderen
weniger nach den Zusammenhängen und Trennungen, Uebereinstimmungen und Verschiedenheiten im Wirklichen richten,
die in der Wahrnehmung irgendwie besonders hervortreten
oder für die eindringende Erkenntniss von hervorragender
Bedeutung sind, oder darin, dass die eine mehr, die andere
weniger durch die Weise ihres Zusammenfassens und Scheidens
praktischen Zwecken dient. Es besteht z. B. in rein logischer
Hinsicht kein Unterschied zwischen den singulären Vor-

stellungen eines aus dem Felsen gebrochenen Steines, einer
Insel, eines Flusses, eines Wirbels, einer Wolke, eines Waldes,
eines Sternbildes, eines Sandhaufens, eines Krystalls, einer
Pflanze, eines Thiers, eines Menschen, eines Hauses, eines
Geräthes, einer Münze, eines Buches, oder zwischen den allgemeinen Vorstellungen der zwölfjährigen Knaben, der gegenwärtig in Berlin sich aufhaltenden Fremden, der Berge mit
ewigem Schnee, der Dampfmaschinen, der Orchideen, der
Coelenteraten, der Pferde, der Neger.

Dass endlich auch die Unterscheidung der konstituirenden
und der ergänzenden Bestimmtheiten eines Gegenstandes keine
objektive oder reale Bedeutung hat, dass sie den Gegenstand
nur in Beziehung auf die Vorstellung, deren Gegenstand er
ist, nicht an sich angeht, ergiebt sich aus der Art, wie sie
oben bestimmt wurde, von selbst. Die den konstituirenden
Inhalt einer Vorstellung ausmachenden Bestimmtheiten können
für die Erforschung ihres Gegenstandes, für die praktischen
Zwecke, zu denen er sich eignet, für seine Entwickelung, für
seine Fähigkeit, nachtheiligen Einwirkungen zu widerstehen,
für seinen Einfluss auf andere Dinge, wichtiger als die ergänzenden, können aber auch in allen diesen Hinsichten von
untergeordneter Bedeutung sein. Jede Gruppe von Bestimmtheiten eines Gegenstandes, die dazu ausreicht, ihn von allem
anderen Vorstellbaren zu unterscheiden, kann, gleichviel
welcher Art sie ist, zum konstituirenden Inhalte seiner Vorstellung dienen.

§ 11.
Der Unterschied der singulären und der allgemeinen
Vorstellung.

An die Unterscheidung der singulären und der allgemeinen
Vorstellungen (§ 5,2) knüpft sich die Frage, welche Beschaffenheit einer Vorstellung die Bedeutung einer singulären, und
welche die einer allgemeinen Vorstellung gebe. Es kann dies
aber offenbar nur ihr Inhalt und näher, soweit es sich um
vollkommen ausgeprägte Vorstellungen handelt, ihr konstituirender Inhalt sein. Ist der konstituirende Inhalt ein

Allgemeines, d. i. etwas, was als gemeinsamer Bestandtheil
in verschiedenen konstituirenden Vorstellungsinhalten vorkommen kann (wie z. B. Farbig in Blau und Roth, Baum-
sein in Eiche-sein und Buche-sein, die Dreieckigkeit überhaupt
in derjenigen der gleichseitigen und derjenigen der ungleichseitigen Dreiecke), also eine einfache oder zusammengesetzte
Bestimmtheit, in der verschiedene Dinge übereinstimmen
können, so reicht er nicht hin, ein einzelnes Ding von allen
anderen vorstellbaren zu unterscheiden, und ist mithin die
Vorstellung selbst eine allgemeine. Singulär kann eine Vorstellung nur dann sein, wenn ihr konstituirender Inhalt nicht
mehr gemeinsamer Bestandtheil verschiedener konstituirender
Vorstellungsinhalte sein kann, wenn also alle Bestimmtheiten,
die sich mit den ihren konstituirenden Inhalt ausmachenden
verbinden lassen, sich zu diesem als ergänzende verhalten
(wie z. B. in der Vorstellung einer Figur, zu deren konstituirendem Inhalte die Begrenzung durch drei gleiche gerade
Linien gehört, die Bestimmtheit, drei spitze Winkel zu haben,
nicht als eine weitere konstituirende, sondern nur als eine
ergänzende hinzutreten kann, da alle gleichseitigen Dreiecke
spitzwinkelig sind). Trifft dies, umgekehrt, für den konstituirenden Inhalt einer Vorstellung zu, so ist sie singulär.
Denn wäre eine solche Vorstellung allgemein, so wären die
durch sie vorgestellten Dinge völlig gleich; es ist aber unmöglich, dass mehrere Dinge nebeneinander existirten, die
sich in nichts unterschieden. Es ist ja offenbar, dass man
zu einem Dinge ein zweites nicht anders hinzudenken kann,
als indem man es als irgendwie von dem ersten verschieden
denkt. Es mag sein — gegen das Leibnizische principium
identitatis indiscernibilium —, dass zwei Dinge in allen ihren
inneren (allen ihnen isolirt zukommenden) Eigenschaften und
auch in ihren bleibenden Beziehungen zu anderen einander
gleich sein können; dann unterscheiden sie sich aber doch
in jedem Augenblicke durch ihre veränderlichen Beziehungen
zu anderen. So würden zwei an sich völlig gleiche Eier sich
doch durch ihre gleichzeitigen Umgebungen unterscheiden.

Eine Schwierigkeit stellt sich hier nun aber insofern
heraus, als es scheint, dass, wie viele Bestimmtheiten man
auch zum konstituirenden Inhalte einer Vorstellung vereinigt

haben möge, sich immer noch weitere hinzufügen lassen, dass
mithin eine Vorstellung, wie viele Vorstellungen auch dem
Inhalte nach in ihr enthalten sein mögen, immer selbst noch
die Fähigkeit haben müsse, dem Inhalte nach in einer anderen
enthalten zu sein, und dass es also nur allgemeine, keine
singulären Vorstellungen geben könne. Denn wenn ich aus
einer allgemeinen Vorstellung durch Hinzufügen von Bestimmtheiten (durch Determination) eine singuläre zu bilden suche,
so kann ich, nachdem ich den ganzen Vorrath an inneren
Eigenschaften erschöpft habe, über den meine Phantasie zu
diesem Behufe mag zu verfügen haben, nachdem ich auch in
meine Vorstellung eine beliebig grosse Reihe von Beziehungen
zu anderen Dingen, mit denen das vorgestellte zusammen
existire, aufgenommen habe, doch immer noch neue Beziehungen, die einem anderen ihm sonst völlig gleichen Dinge
fehlen können, hinzudenken. Angenommen z. B., ich hätte
die Vorstellung eines Eies gebildet, die in Hinsicht auf die
Eigenschaften, die ein solches Ding für sich betrachtet haben
kann, nichts unbestimmt liesse, so wäre meine Vorstellung
doch noch allgemein, denn es liessen sich zwei an sich völlig
gleiche Eier denken, die sich dadurch unterschieden, dass
das eine auf einem Teller, das andere in einem Korbe läge;
und wenn ich nun hinzufügte, das gemeinte Ei liege auf einem
Teller, so wäre meine Vorstellung doch noch allgemein, auch
dann, wenn ich die Beschaffenheit des Tellers ebenso vollständig bestimmte wie die des Eies, denn es wäre noch unbestimmt, worauf der Teller stände, ob auf einem Stuhle oder
auf einem Tische oder auf etwas Anderem, und so fort.

Die einzige Möglichkeit, dass eine Vorstellung ihrem
Gegenstande die Bedeutung eines einzelnen Dinges gebe, ist
die, dass sie ihn, indem sie ihn als einen Bestandtheil der
wirklichen Welt vorstellt (wie dies jede Vorstellung thut),
in eine ganz bestimmte Beziehung zu einem oder mehreren
anderen ganz bestimmten Bestandtheilen dieser Welt setzt,
d. i. in eine Beziehung, in der nicht zugleich ein anderes
Ding von der Art des vorgestellten stehen kann. Während
z. B. die Vorstellung eines auf einem im Uebrigen leeren
Teller, der auf einem im Uebrigen leeren Tische stehe, liegenden
Eies eine allgemeine ist, ist die des in diesem Augenblicke

auf dem sonst leeren Teller, der auf dem sonst leeren Tische
meiner Küche stehe, liegenden Eies eine singuläre. Das
hiermit von den singulären Einbildungsvorstellungen Gesagte
gilt auch von den Wahrnehmungen, die ihrer Natur nach
singulär sind. Auch eine Wahrnehmung giebt ihrem Gegenstande die Bedeutung eines einzelnen Dinges dadurch, dass
sie ihn in bestimmter Weise zu anderem in seiner Einzelheit
Wahrgenommenen in Beziehung setzt.

Wenn wir demnach ein einzelnes Ding als ein einzelnes
nur dadurch vorstellen können, dass wir es zu einem einzelnen
Dinge, das wir als ein solches vorstellen, in eine bestimmte
Beziehung setzen, so hat der Besitz jeder singulären Vorstellung den Besitz einer singulären Vorstellung zur Voraussetzung. Schliesslich weisen aber alle singulären Vorstellungen auf eine und dieselbe, die Wahrnehmung des
eigenen wahrnehmenden Ich, zurück. Verfolgen wir, mit
anderen Worten, die Beziehungen, durch die wir irgend ein
einzelnes Ding als ein einzelnes vorstellen, so finden wir,
wie hier nicht weiter ausgeführt werden kann, schliesslich
immer eine Beziehung zum eigenen wahrnehmenden Ich.
Nur dadurch, dass wir ein Vorgestelltes mittelbar oder unmittelbar zu unserem Ich in eine bestimmte Beziehung setzen,
z. B. in die Beziehung, dass es in dem gegenwärtigen Augenblicke im Mittelpunkte unseres Sehfeldes stehe, stellen wir
es als ein einzelnes Ding vor. Da nun das, was über die
Möglichkeit der singulären Vorstellungen überhaupt gesagt
wurde, auch von derjenigen des eigenen Ich gelten muss, so
folgt, dass wir die Vorstellung unseres Ich nicht anders
haben können, als indem wir ihren Gegenstand, unser Ich,
zu unserem bereits vorgestellten Ich in Beziehung setzen,
und zwar in die Beziehung, dass es mit ihm identisch sei.
Die Vorstellung des eigenen Ich hat also sich selbst zur
Voraussetzung; um unser Ich sich vorstellen zu können, müssen
wir bereits im Besitze seiner Vorstellung sein, — eine
Folgerung, die sich bereits oben aus der Erklärung des Begriffes der Existenz ergab.

§ 12.
Umfang einer Vorstellung. Verhältnisse zwischen Vorstellungen nach Inhalt und Umfang.

1. Es sollen nunmehr die Verhältnisse erörtert werden, in denen Vorstellungen zueinander stehen können. Zuvor muss jedoch ein Kunstausdruck eingeführt werden, der dabei nicht wohl entbehrt werden kann.

Man sagt von jeder Vorstellung B, von deren konstituirendem Inhalte der konstituirende Inhalt einer Vorstellung A ein Theil ist, dass ihr Gegenstand, sei dies ein einzelnes Ding, sei es eine Klasse von Dingen, zum Umfange von A gehöre, — vorausgesetzt, dass die Bestimmtheit, um welche der konstituirende Inhalt von B reicher ist als der von A, mit dem letzteren in demselbigen Dinge vereinigt sein kann oder wenigstens in dem Gedankenzusammenhange, in welchem die beiden Vorstellungen vorkommen, als mit ihm vereinbar angesehen werden muss. Man sagt z. B. von jedem vorgestellten Hunde, jedem vorgestellten Pferde, jeder vorgestellten Maus, sowie von den vorgestellten Klassen der Hunde, der Pferde, der Mäuse u. s. w., dass sie zum Umfange der Vorstellung des Säugethieres (der Säugethiere überhaupt), von den Quadraten, den ungleichseitigen Rechtecken, den Rhomben, den Rhomboiden, dass sie zum Umfange der Vorstellung des Parallelogramms gehören. Der Umfang der Vorstellung B, sagt man, wenn auch B eine allgemeine Vorstellung ist, ferner, sei im Umfange der Vorstellung A, sowie umgekehrt, der Inhalt der letzteren in dem der ersteren, enthalten oder sei ein Theil desselben. Die Bedeutung des Ausdruckes Umfang einer allgemeinen Vorstellung oder eines allgemeinen Begriffes kann demnach dahin erklärt werden, dass darunter das gleichsam das Maass der Kapazität dieser Vorstellung bildende Gebiet zu verstehen sei, welches die durch sie vorgestellten Dinge als solche, also inwiefern sie in gewissen Bestimmtheiten übereinstimmen, vereinige. Will man, was in der That zweckmässig ist, auch den singulären Vorstellungen einen Umfang zuschreiben, so fällt in denselben nur ein einziges Ding, das durch diese Vorstellung vorgestellte, während der Umfang jeder allgemeinen Vorstellung unendlich viele Dinge, genauer unendlich viele Stellen, die durch vorgestellte Dinge, sei es wirklich existirende, sei es bloss vorgestellte, besetzt werden können, enthält.

Wird ein Theil des Umfanges einer Vorstellung durch Dinge gebildet, die wirklich existiren oder doch in dem Gedankenzusammenhange, dem die Vorstellung angehört, als wirklich existirende betrachtet werden müssen, so soll er im Folgenden als der reelle Umfang der Vorstellung bezeichnet werden, der ganze Umfang aber oder der Umfang in dem eben angegebenen Sinne des Wortes dann, wenn die Deutlichkeit eine nähere Bezeichnung zu erfordern scheint, als der ideelle. Demnach hat eine Vorstellung, zu deren ideellem Umfange kein einziges wirklich existirendes Ding gehört, gar keinen reellen Umfang oder, wenn man lieber will, ihr reeller Umfang ist gleich Null. Bei einer singulären Vorstellung, deren Gegenstand wirklich existirt, fallen der ideelle und der reelle Umfang zusammen: beide werden ausgefüllt durch das durch sie vorgestellte Ding. Auch bei allgemeinen Vorstellungen können der ideelle und der reelle Umfang zusammenfallen. Dies gilt z. B. von den Vorstellungen der geometrischen Figuren, indem die Geometrie alle Gebilde, von denen sie handelt, als wirklich existirende Dinge betrachtet.

2. Es giebt vier Arten von Verhältnissen, in denen zwei Vorstellungen hinsichtlich ihrer Umfänge, sei es der ideellen, sei es der reellen, zueinander stehen können. Entweder nämlich fallen beide Umfänge vollständig zusammen, oder nur ein Theil des einen deckt sich mit nur einem Theile des anderen, oder der eine ist ganz in dem anderen enthalten, oder sie haben keinen Theil gemeinsam.

a) Die ideellen Umfänge zweier Vorstellungen fallen dann vollständig zusammen, wenn ihre Inhalte nicht bloss als Bestimmtheiten in demselben Dinge miteinander verbunden sein können, sondern jedem möglichen Dinge, zu dessen Bestimmtheiten der Inhalt der einen gehört, auch der der anderen zukommt, kurz, wenn ihre Inhalte nicht bloss vereinbar, sondern auch untrennbar sind. So verhalten sich zueinander z. B. die Vorstellungen des gegenwärtigen

Königs von Preussen und des gegenwärtigen Kaisers von
Deutschland, der gleichseitigen und der gleichwinkeligen
Dreiecke, des Produktes von Drei und Vier und der Summe
von Sieben und Fünf. Man nennt dieses Verhältniss Aequi-
pollenz oder Reciprocität. Die reellen Umfänge zweier
Vorstellungen können auch dann zusammenfallen, wenn die
Inhalte trennbar sind.

b) Nur ein Theil des ideellen Umfangs einer Vorstellung
deckt sich mit nur einem Theile desjenigen eines anderen
dann, wenn die Inhalte vereinbar sind und jeder von dem
anderen trennbar ist. In diesem Verhältnisse, dem der
Kreuzung, stehen z. B. die Vorstellungen des Europäers
und des Arztes, der Provinzialstadt und der Universitätsstadt,
der regelmässigen Figur und des Vierecks. Denn die
Europäer sind zum Theil Aerzte und die Aerzte zum Theil
Europäer, das Europäer-sein und das Arzt-sein können also
als Bestimmtheiten desselben Dinges miteinander verbunden
sein, das Europäer-sein kann aber auch ohne das Arzt-sein
und dieses ohne jenes vorkommen u. s. w. Ebenso sind die
Inhalte zweier Vorstellungen, deren reelle Umfänge sich
kreuzen, vereinbar, aber nicht untrennbar.

c) Damit der ideelle Umfang einer Vorstellung B ganz
in dem einer anderen A enthalten sei, müssen ihre Inhalte
vereinbar und muss der Inhalt von B von dem von A untrennbar, dagegen der Inhalt von A von dem von B trennbar sein. Jedem Dinge also, dem der Inhalt von B als Bestimmtheit zukommt, muss auch der Inhalt von A zukommen,
dagegen müssen Dinge vorstellbar sein, denen der Inhalt von
A zukommt und der von B fehlt. In diesem Verhältnisse
stehen z. B. die Vorstellungen des Kreises und des Kegelschnittes, indem die Kreise einen Theil der Kegelschnitte
bilden und jeder Kreis alle den Kegelschnitten gemeinsamen,
aber nicht jeder Kegelschnitt alle den Kreisen gemeinsamen
Eigenschaften hat. Eine besondere Art dieses Verhältnisses
ist die sogenannte Unterordnung, von der weiter unten näher
die Rede sein wird.

d) In dem Verhältnisse, dass ihre ideellen und mithin
auch ihre reellen Umfänge einander ausschliessen, stehen zwei
Vorstellungen dann, wenn ihre Inhalte unvereinbar sind.

Z. B. die Umfänge der Vorstellungen der rechtwinkeligen und der spitzwinkeligen Dreiecke schliessen einander aus, weil kein Dreieck sowohl rechtwinkelig als auch spitzwinkelig sein kann. Weiss man nur von den reellen Umfängen zweier Vorstellungen, dass sie keinen Theil gemeinsam haben, so kann man von den Inhalten nur sagen, dass sie in keinem wirklich existirenden Dinge vereint seien, aber nicht, dass sie ihrer Natur nach überhaupt in keinem Dinge vereint sein könnten. Eine besondere Art dieses Verhältnisses ist die sogenannte Nebenordnung, von der weiter unten näher die Rede sein wird.

3. Um zu erkennen, ob zwei Vorstellungsinhalte, also zwei einfache oder zusammengesetzte Bestimmtheiten, untrennbar oder trennbar und vereinbar oder unvereinbar sind, genügt es häufig, aber keineswegs immer, sie miteinander zu vergleichen. Z. B. dass ein Körper nicht zugleich kugelförmig und würfelförmig, oder ganz roth und ganz grün, ein Mensch nicht zugleich zwanzig und dreissig Jahre alt sein kann, dass ein Parallelogramm nicht rechtwinkelig sein kann, ohne gleiche Diagonalen zu haben, einer durch Zehn theilbaren Zahl die Theilbarkeit durch Fünf nicht fehlen kann, dass das Gleiche-Winkel-haben und das Viereckig-sein verbunden sein, aber auch getrennt vorkommen können, lehrt die blosse Betrachtung dieser Vorstellungen; dass dagegen die Organisation der Säugethiere in Verbindung mit den Bedingungen, unter denen sie auf der Erde leben, das Befiedertsein, oder die Natur des Sauerstoffgases die Eigenschaft, ein kleineres spezifisches Gewicht als der Wasserstoff zu haben, ausschliesse, dass die Metallnatur nothwendig mit der Eigenschaft, die Wärme gut zu leiten, verbunden sei, dass die Vermögen, sich durch Samen und sich durch Ausläufer fortzupflanzen, in einer Pflanze vereinigt sein, aber auch für sich vorkommen können, vermuthen bezw. wissen wir auf Grund der Erfahrung.

Die ältere Logik glaubte bezüglich der Unvereinbarkeit die Regel aufstellen zu können, dass in diesem Verhältnisse jedenfalls zwei Merkmale dann ständen, wenn sie, wie Viereckig und Rund, Süss und Bitter, Roth und Grün, dasselbe allgemeinere Merkmal enthielten. Allein diese Behaup-

tung entbehrt nicht nur ganz und gar der Begründung, sondern
lässt sich auch leicht durch Beispiele widerlegen. So kann
ein und derselbe Körper zugleich in fortschreitender und in
drehender Bewegung begriffen sein, also das allgemeine Merkmal der Bewegung auf zwei verschiedene Weisen haben. Ein
Mensch kann zugleich sehen und hören, also auf zwei verschiedene Weisen zugleich wahrnehmen. Ein Gelehrter kann
zugleich Naturforscher und Historiker sein. Dieselbe Pflanze
kann sich auf zwei verschiedene Weisen fortzupflanzen das
Vermögen haben, durch Samen und durch Ausläufer. Eine
Speise kann zugleich süss und salzig sein, eine Saite zugleich mehrere verschiedene Töne aussenden u. s. w.

4. In dem oben erwähnten Verhältnisse der Unterordnung oder Subordination stehen zwei Vorstellungen
dann, wenn der konstituirende Inhalt der einen in demjenigen
der anderen enthalten ist. Die inhaltsärmere Vorstellung ist
der inhaltsreicheren über-, diese jener untergeordnet. Es
folgt aus dieser Inhaltsbeziehung, dass der ideelle Umfang
der untergeordneten, also inhaltsreicheren Vorstellung einen
Theil desjenigen der übergeordneten, also inhaltsärmeren
bildet, während die reellen Umfänge beider vollständig zusammenfallen können. Z. B. der Vorstellung der Vierecke
ist die der Parallelogramme, dieser die der Rechtecke, dieser
die der Quadrate. — der Vorstellung der Thiere die der
Wirbelthiere, dieser die der Säugethiere, dieser die der
Placentalier, dieser die der Carnivoren, dieser die der Land-
raubthiere untergeordnet; der Inhalt jeder dieser Vorstellungen
ist in dem der folgenden, der Umfang in dem der vorhergehenden enthalten. In einer solchen Reihe von Vorstellungen
nimmt daher in der Richtung von der allen übrigen übergeordneten zu der allen übrigen untergeordneten der konstituirende Inhalt von Glied zu Glied zu, der ideelle Umfang
und im Allgemeinen auch der reelle von Glied zu Glied ab.
Inhalt und Umfang eines Begriffes, pflegt man daher zu
sagen, stehen im umgekehrten Verhältnisse. „Je mehr, sagt
Kant (Logik, Ros., S. 275), ein Begriff unter sich enthält,
desto weniger enthält er in sich, und umgekehrt.‟

Das Verhältniss der Unterordnung ist nicht mit dem oben
(2 c) beschriebenen des Enthalten-seins des Umfangs einer

Vorstellung in dem einer anderen einerlei, sondern eine Art
desselben. Denn es sei eine Vorstellung B, die einer Vorstellung B₁ äquipolent ist, einer Vorstellung A untergeordnet,
so ist zwar der Umfang von B₁ ein Theil des Umfangs von
A, aber der konstituirende Inhalt der letzteren ist, obwohl
von dem der ersteren untrennbar, doch nicht in ihm enthalten, und daher stehen sie nicht in dem Verhältnisse der
Unterordnung. Versteht man z. B. unter einem Kreise die
Linie, die von irgend einem Punkte einer sich um einen
anderen ihrer Punkte in einer Ebene drehenden Geraden beschrieben wird, und unter einem Kegelschnitte eine Linie,
die entsteht, wenn ein Kegel durch eine Ebene geschnitten
wird, so ist, obwohl alle Kreise Kegelschnitte sind, doch der
konstituirende Inhalt der Vorstellung des Kegelschnittes kein
Theil desjenigen der Vorstellung des Kreises.

Das Verhältniss, dass der konstituirende Inhalt der übergeordneten Vorstellung A in dem der untergeordneten B enthalten ist, darf nicht so aufgefasst werden, als lasse sich der
letztere, b, zerlegen in den ersteren, a, und eine Bestimmtheit
α, von der nichts in A, sei es als eine konstituirende, sei es
als eine ergänzende Bestimmtheit, vorkäme. Vergleicht man
z. B. die Vorstellung der weissen Dinge mit der ihr übergeordneten der farbigen Dinge, so bleibt offenbar von dem
Inhalte der ersteren nichts übrig, wenn man den der letzteren
aus ihm herausnimmt, denn Weiss ist nicht aus Farbig und
einer anderen Bestimmtheit zusammengesetzt. Oder in der
Eigenschaft der Parallelogramme, dass die einander gegenüberliegenden Seiten parallel sind, durch die sie sich von
allen anderen Vierecken unterscheiden, ist die allen Vierecken zukommende, dass die einander gegenüberliegenden
Seiten überhaupt hinsichtlich der Richtung in einem bestimmten
Verhältnisse stehen, enthalten. Oder das Merkmal, durch
das sich die Vorstellung der Pflanzen mit fünf Staubgefässen
von der der Phanerogamen unterscheidet, schliesst das allen
Phanerogamen zukommende, überhaupt eine bestimmte Zahl
von Staubgefässen zu haben, ein. Nimmt man nämlich in
eine Vorstellung A, deren konstituirender Inhalt durch eine
allgemeine Bestimmtheit a gebildet wird, ein neues Merkmal α
auf, welches nicht eine besondere Weise von a oder von

einem Bestandtheile von a oder von einer Bestimmtheit, die
zu a im Verhältnisse der ergänzenden zur konstituirenden
steht, ist, so hat dies keine Einschränkung des ideellen Umfanges von A zur Folge; zum ideellen Umfange auch der
durch Aufnahme des Merkmals a in die Vorstellung A gebildeten Vorstellung gehören alle Dinge, denen die allgemeine
Bestimmtheit a zukommt. Man stellt nach wie vor die
a-seienden Dinge vor, nur mit dem Unterschiede, dass man
das a-sein vorstellt als im Gefolge habend das a-sein. Man
erhält also auf diese Weise nicht eine Vorstellung B, die
weniger allgemein als A und dieser untergeordnet wäre,
sondern vermehrt nur den ergänzenden Theil des Inhaltes
von A.   Eine A untergeordnete Vorstellung B erhält man
nur dadurch, dass man entweder a oder eine zu a als ergänzende gehörige allgemeine Bestimmtheit durch eine weniger
allgemeine, in der sie enthalten ist, ersetzt.

Es ist hier noch zweier logischer Kunstausdrücke zu er-
wähnen. Abstraktion nennt man das Ausscheiden eines
Merkmals oder mehrerer aus dem konstituirenden Inhalte
einer Vorstellung behufs Bildung einer allgemeineren, ihr übergeordneten, Determination das Hinzufügen eines Merkmals
oder mehrerer zum konstituirenden Inhalte einer Vorstellung
behufs Bildung einer weniger allgemeinen, ihr untergeordneten.
Man bildet z. B. aus der Vorstellung des Rechteckes die des
Parallelogramms durch Abstraktion von der Rechtwinkeligkeit, und umgekehrt aus der Vorstellung des Parallelogramms
dadurch, dass man sie durch das Merkmal der Rechtwinkeligkeit determinirt, die des Rechteckes.

5. In dem oben (2 d) erwähnten Verhältnisse der Nebenordnung oder Koordination stehen zwei Vorstellungen B_1
und B_2 dann, wenn sie erstens derselben Vorstellung A untergeordnet sind, wenn zweitens die Merkmale a_1 und a_2, die
sie mehr enthalten als A (die Merkmale, durch die man A
determiniren muss, um sie zu bilden), ein und dasselbige zum
Inhalte von A gehörende Merkmal a einschliessen, und wenn
drittens a_1 und a_2 in keinem zum reellen Umfange von A
gehörenden Dinge vereinigt sind.   Sind a_1 und a_2 schlechthin
oder in Verbindung mit den ausser a zum konstituirenden
Inhalte von A gehörenden Bestimmtheiten unvereinbar, so

schliessen sich nicht bloss die reellen, sondern auch die ideellen Umfänge von B_1 und B_2 aus. a_1 wird das art-bildende Merkmal (die differentia specifica) der Vorstellung B_1, a_2 das der Vorstellung B_2 in Bezug auf die Vorstellung A genannt. Nach diesen Bestimmungen sind z. B. in Be-ziehung auf die Vorstellung der Rose einander nebengeordnet die der ganz rothen und die der ganz weissen Rose, denn die rothen und weissen Rosen stimmen überein in dem zum Inhalte der Vorstellung der Rose gehörenden Merkmal Farbig, und in keiner Rose (wie überhaupt in keinem möglichen Dinge) sind die Merkmale Ganz-weiss und Ganz-roth mitein-ander vereinigt, woraus folgt, dass die Vorstellungen der ganz rothen und der ganz weissen Rosen keinen Theil ihres Umfanges gemeinsam haben. Nicht in dem Verhältnisse der Nebenordnung, sondern in dem der Kreuzung stehen dagegen die Vorstellungen der rothen Rosen und der Moosrosen. In Beziehung auf die Vorstellung der Parallelogramme sind, wie nicht weiter ausgeführt zu werden braucht, die der recht-winkeligen und der schiefwinkeligen, oder die der gleich-seitigen und der ungleichseitigen, aber nicht die der recht-winkeligen und der gleichseitigen Parallelogramme einander nebengeordnet. Oder — ein drittes Beispiel — angenommen, es gäbe keine Art von Wirbelthieren, die sich sowohl durch Eierlegen als auch durch Gebären fortpflanzen könnten, so wären die Vorstellungen der oviparen und der viviparen Wirbel-thiere einander koordinirt.

6. Wenn eine Reihe von Vorstellungen B_1, B_2, B_3 .. in Beziehung auf die nämliche ihnen übergeordnete Vorstellung A und das nämliche allgemeine Merkmal a einander neben-geordnet sind, so werden vielfach die Inhalts-Unterschiede zwischen je zwei dieser Vorstellungen hinsichtlich der Grösse miteinander verglichen werden können. Ist nun die Reihe eine vollständige, d. h. theilen sich die reellen Umfänge ihrer Glieder ohne Rest in den Umfang von A, so soll das Ver-hältniss derjenigen beiden von ihnen, die am meisten von-einander verschieden sind (wie auch das Verhältniss der ihre konstituirenden Inhalte bildenden Bestimmtheiten und das ihrer Gegenstände), Gegensatz genannt werden. Der Gegen-satz ist also eine besondere Weise der Nebenordnung.

Z.B. in Beziehung auf die allgemeine Vorstellung des Parallelogramms sind entgegengesetzt die des Quadrates und des
Rhomboides, denn von den vier Arten der Parallelogramme
— den rechtwinkeligen und gleichseitigen, den rechtwinkeligen
und ungleichseitigen, den schiefwinkeligen und gleichseitigen,
den schiefwinkeligen und ungleichseitigen — unterscheiden sich
die erste und die letzte, also die Quadrate und die Rhomboide, am
meisten. Unter den Vorstellungen der heissen, der lauen und der
kalten Flüssigkeiten sind die der heissen und der kalten und mit
ihnen die Merkmale Heiss und Kalt entgegengesetzt. Entgegengesetzt sind zwei Vorstellungen B_1 und B_2 auch dann,
wenn sie für sich allein eine vollständige Reihe bilden, z. B.
die der rechtwinkeligen und der schiefwinkeligen Dreiecke,
der männlichen und der weiblichen Menschen, des Krieges
und des Friedens, des Tages und der Nacht. Da eine Vorstellung mehreren untergeordnet sein, also auch mehreren
vollständigen Reihen einander nebengeordneter angehören
kann, so kann sie auch zu mehreren im Verhältnisse des
Gegensatzes stehen. Die Vorstellung der sinnlichen Lust
z. B. ist entgegengesetzt einerseits derjenigen der geistigen
Lust, andererseits derjenigen des sinnlichen Schmerzes, der
ersteren in Beziehung auf die Vorstellung der Lust überhaupt.
der anderen in Beziehung auf die des sinnlichen Gefühls
überhaupt. Die Vorstellung des Quadrates ist entgegengesetzt
den Vorstellungen des Trapezoides, des Rhomboides und
des ungleichseitigen Rechteckes, der ersteren, inwiefern die
Quadrate Vierecke, der zweiten, inwiefern sie Parallelogramme.
der dritten, inwiefern sie Rechtecke sind.

7.   Man unterscheidet zwei Arten des Gegensatzes: den
konträren und den kontradiktorischen. Kontradiktorisch
heisst, nach den älteren Darstellungen der Logik, der Gegensatz zweier Vorstellungen dann, wenn die allgemeine Vorstellung, der sie untergeordnet und in Beziehung auf die sie
einander nebengeordnet sind, die des Etwas oder des Dinges
überhaupt ist, und wenn das artbildende Merkmal der einen
in der Verneinung desjenigen der anderen besteht, so dass,
wenn der Gegenstand der einen mit A bezeichnet wird, der
der anderen mit non-A bezeichnet werden kann, z. B. der
Gegensatz dessen, was nützlich, und dessen, was nicht nützlich

ist, oder der ausgedehnten und der nicht ausgedehnten Dinge, oder des Menschen und dessen, was nicht Mensch ist, — konträr dann, wenn die artbildenden Merkmale nicht in diesem Verhältnisse zueinander stehen. Es entspricht jedoch offenbar der Natur der Sache, wenn der Begriff des kontradiktorischen Gegensatzes dahin erweitert wird, dass das Verhältniss zweier einander nebengeordneter Vorstellungen, deren eine zum artbildenden Merkmale die Verneinung des artbildenden Merkmals der anderen hat, auch dann unter ihn fällt, wenn die allgemeine Vorstellung, in Bezug auf die sie einander nebengeordnet sind, eine weniger allgemeine als die des Etwas oder des Dinges überhaupt ist, z. B. das Verhältniss der rechtwinkeligen und der nicht rechtwinkeligen Dreiecke, der eine Leibeshöhle habenden und der keine Leibeshöhle habenden Thiere, der riechenden und der nicht riechenden Blumen.

Sodann bedarf die Bestimmung, dass von den artbildenden Merkmalen der Glieder eines kontradiktorischen Gegensatzes das eine in der Verneinung des anderen bestehe, einer Erklärung. Wörtlich verstanden, würde sie Unmögliches verlangen. Denn die Abwesenheit einer Bestimmtheit ist nicht selbst eine anwesende Bestimmtheit, und ebenso wenig kommt zu einer Bestimmtheit ihre Anwesenheit als eine neue Bestimmtheit hinzu; es ist keine Bestimmtheit eines Dinges, eine gewisse Bestimmtheit nicht zu haben, und ebenso wenig eine gewisse Bestimmtheit zu haben; es giebt weder verneinende oder negative, noch bejahende oder positive Bestimmtheiten. Das Bejahen und das Verneinen sind nicht Eigenschaften von Dingen und Inhaltsbestandtheile von Vorstellungen, sondern Weisen des Urtheilens. Wenn die Verneinung einer gewissen Bestimmtheit von einem Dinge gilt, so hat dies freilich seinen Grund in der Beschaffenheit des Dinges, in einer Bestimmtheit, die von ihm bejaht werden muss, aber diese zu bejahende Bestimmtheit ist nicht die Abwesenheit der verneinten, sondern eine dem Urtheilenden bekannte oder unbekannte, mit der die verneinte unvereinbar ist und durch die sie also von dem betreffenden Dinge ausgeschlossen wird. Stimmt z. B. das Urtheil „Diese Blume riecht nicht" mit seinem Gegenstande überein, so ist dies

nicht deshalb der Fall, weil das Nicht-riechen eine Eigenschaft der beurtheilten Blume wäre, sondern deshalb, weil
eine bekannte oder unbekannte Eigenschaft der Blume sie
hindert, auch noch zu riechen. Hiernach kann eine Vorstellung ihren Gegenstand nur in der Weise durch eine Verneinung bestimmen, dass die Bestimmtheit, in der sie ihn
vorstellt, nicht in einer Verneinung, sondern in einer Beziehung zu einem verneinenden Urtheile besteht, nämlich in
der Beziehung, dass von dem Gegenstande ein gewisses verneinendes Urtheil gelte. Wenn aber die eine von zwei
einander kontradiktorisch entgegengesetzten Vorstellungen
ihren Gegenstand durch eine solche Beziehung zu einem verneinenden Urtheile bestimmt, so muss die andere den ihrigen
durch die gleiche Beziehung zu dem entsprechenden bejahenden
Urtheile bestimmen, denn nur so sind die artbildenden Merkmale besondere Weisen desselben allgemeinen Merkmals.
Z. B. die Vorstellung der nicht riechenden Blumen, d. i. der
Blumen, von denen die Verneinung des Riechens gelte, ist
das kontradiktorische Gegentheil nicht der Vorstellung der
riechenden Blumen, sondern derjenigen der Blumen, von denen
die Bejahung des Riechens gelte. Der kontradiktorische
Gegensatz unterscheidet sich also von dem konträren nicht
durch die Weise des Entgegengesetzt-seins seiner Glieder.
sondern durch den Inhalt der entgegengesetzten Vorstellungen
oder, bestimmter, durch die Natur ihrer artbildenden Merkmale.

§ 13.
Das Urtheil im Allgemeinen.

1. Wird, wie oben (§ 5, 1) festgestellt wurde, in jedem
Urtheile etwas von etwas bejaht oder verneint, ist also in
jedem Urtheile als seine Voraussetzung und Grundlage die
blosse Setzung oder Vorstellung eines Gegenstandes enthalten,
so fragt es sich weiter, was in dem Urtheile zur blossen
Setzung oder Vorstellung seines Gegenstandes hinzukomme
(§ 5 am Ende).

Nach einer alten Auffassung, unter deren Einflusse mehr
oder weniger auch noch viele, wenn nicht die meisten Logiker

der Gegenwart stehen, wird in jedem Urtheile ein Verhältniss gedacht, in welchem zwei Vorstellungen oder Begriffe
hinsichtlich dessen, was durch sie vorgestellt wird, stehen,
ein Vorstellungsverhältniss von der Art derer, die objektive
Gültigkeit haben. Näher soll es das Verhältniss, in welchem
die Umfänge zweier Vorstellungen oder, was dasselbe ist,
die durch zwei Vorstellungen vorgestellten Klassen von Dingen
stehen, sein, was durch ein Urtheil bestimmt werde. Das
allgemein bejahende Urtheil „Alle S sind P" soll von der
Klasse der S aussagen, dass sie ganz, das besonders bejahende
„Einige S sind P", dass sie zum Theil zur Klasse der P gehöre, das allgemein verneinende „Kein S ist P" soll das
vollständige, das besonders verneinende „Einige S sind nicht
P" das theilweise Getrennt-sein des Umfanges des Subjektes
von dem Umfange des Prädikates feststellen.

2. Hiernach würde jedes Urtheil eine Vorstellung zum
Gegenstande haben und zum Prädikate ihr bestimmtes ob-
jektives Verhältniss zu einer anderen, oder, wenn man lieber
will, zum Gegenstande das objektive Verhältniss zweier Vorstellungen und zum Prädikate dessen Beschaffenheit. Angenommen, diese Ansicht sei richtig, so würde sie doch keine
wirkliche Erklärung vom Wesen des Urtheils enthalten.
Denn nicht, worüber in allen Urtheilen geurtheilt werde und
welcherlei Beschaffenheiten in allen bejaht oder verneint
werden, hat die gesuchte Erklärung anzugeben, sondern was
mit demjenigen, worüber geurtheilt wird, geschehe, indem
darüber geurtheilt wird. Mag man nun mit Drobisch sagen
(Logik, 3. Aufl., § 40) „Das Urtheil (judicium) ist eine Aussage (enunciatio) über die Beschaffenheit eines Begriffes und
seinen Zusammenhang mit anderen, welche zum Bewusstsein
bringt, was in ihm gedacht wird oder nicht gedacht wird,
und welche andere Begriffe mit ihm im Denken zu setzen
oder nicht zu setzen sind", oder mit Zimmermann (Philos.
Propädeutik, 3. Aufl., S. 42) „Der Ausdruck des Verhältnisses
zweier Begriffe hinsichtlich ihrer Verknüpfungsfähigkeit ist
das Urtheil" oder mit Löwe (Lehrbuch der Logik, S. 82) „Bezeichnet man das Verhältniss zweier Vorstellungen zueinander innerhalb des Denkens und für das Denken als ein
logisches Verhältniss, so lässt sich das Urtheil erklären als

die unmittelbare Bestimmung des logischen Verhältnisses
zweier vom Denken aufgenommener Vorstellungsinhalte oder
Begriffe im weitesten Sinne des Wortes": immer bleibt man
offenbar die Antwort auf die Frage, was ein Urtheil sei,
schuldig, es müsste denn sein, dass der Fragende nur über
die Bedeutung des Wortes Urtheil unterrichtet sein wollte
und die Bedeutung des Wortes Aussage oder Ausdruck oder
Bestimmung schon kännte.

3. Die Angabe des den Gegenständen aller Urtheile
Gemeinsamen würde zur Erklärung des Wesens des Urtheils
genügen, wenn die Urtheile sich nicht von den blossen Vorstellungen überhaupt unterschieden, sondern eine besondere
Art von Vorstellungen wären, deren Eigenthümlichkeit in
ihren Gegenständen bestände. So scheint es Kant zu meinen,
wenn er die Erklärung, das Urtheil sei die Vorstellung eines
Verhältnisses zwischen zwei Begriffen, abgesehen davon, dass
sie nicht auf die hypothetischen und die disjunktiven Urtheile
passe, „als welche nicht ein Verhältniss von Begriffen, sondern
von Urtheilen selbst enthalten" (vergl. o. § 5, 1), nur deshalb für mangelhaft hält, weil sie nicht angebe, worin jenes
Verhältniss bestehe, und sie, um diesen Mangel zu beseitigen,
durch die Bestimmung ergänzt, das in einem Urtheile vorgestellte Verhältniss sei ein objektiv gültiges, d. i. ein
solches der Zusammengehörigkeit vermöge der nothwendigen
Einheit der Apperception, im Unterschiede von den bloss
subjektiv gültigen, z. B. den auf Gesetzen der Association
beruhenden, oder wenn er definirt „Ein Urtheil ist die Vorstellung der Einheit des Bewusstseins verschiedener Vorstellungen oder die Vorstellung des Verhältnisses derselben,
soferne sie einen Begriff ausmachen" (Kr. d. r. V., Ros.,
S. 738 f., 69 f., Logik S. 282). Allein angenommen wieder,
jedes Urtheil habe in der That zum Gegenstande ein Vorstellungsverhältniss, so ist es mehr als die blosse Vorstellung desselben, als das blosse Haben desselben im Bewusstsein, als seine blosse Setzung. Z. B. nicht schon die
blosse Vorstellung des Verhältnisses, in welchem die Vorstellungen des Sperlings und des Singvogels zueinander
stehen, ist ein Urtheil, sondern erst die Erkenntniss der
Beschaffenheit dieses Verhältnisses, dass der Umfang der

ersten Vorstellung in dem der zweiten, oder der Inhalt der
zweiten in dem der ersten enthalten sei. Ein Urtheil über
ein Vorstellungsverhältniss entsteht erst dadurch, dass dem
vorgestellten Verhältnisse eine gewisse Beschaffenheit zugeschrieben oder abgesprochen, dass es für ein Verhältniss
gewisser Art gehalten oder von einem solchen unterschieden,
dass etwas von ihm gemeint oder an ihm bemerkt wird.
Wären die Urtheile blosse Vorstellungen von Vorstellungsverhältnissen, so fielen sie ebenso wenig wie die blossen
Vorstellungen irgend welcher Dinge unter den Gegensatz von
Wahrheit und Unwahrheit.

4. Die Erklärung des Urtheils als der Aussage oder des
Ausdruckes oder der Bestimmung eines objektiven Vor-
stellungsverhältnisses leidet aber nicht bloss an dem Fehler
des Idem per idem, sie ist auch an sich unrichtig. Auch abgesehen von denjenigen, in denen ein Verhältniss nicht
zwischen Vorstellungen, sondern zwischen Urtheilen gedacht
wird, den hypothetischen und disjunktiven Kants, haben
keineswegs alle Urtheile Vorstellungen oder Verhältnisse,
in denen Vorstellungen, sei es hinsichtlich ihrer Umfänge,
sei es hinsichtlich ihrer Inhalte, sei es hinsichtlich des Umfanges der einen und des Inhaltes der anderen, zueinander
stehen, zum Gegenstande. In jedem Urtheile ist freilich eine
Vorstellung enthalten, aber nicht so, dass sie selbst, sondern
so, dass ihr Gegenstand den Gegenstand des Urtheils bildet.
Weit häufiger sogar als Urtheile über vorgestellte Vorstellungen sind solche über vorgestellte, von Vorstellungen
und Vorstellungsverhältnissen verschiedene Dinge. Ich kann
z. B. nicht bloss von der Vorstellung der Ellipse urtheilen,
dass ihr Umfang sich zu demjenigen der Vorstellung des
Kegelschnittes, oder von der Vorstellung des Kegelschnittes,
dass ihr Inhalt sich zu demjenigen der Vorstellung der Ellipse
wie der Theil zum Ganzen verhalte, oder von dem Verhältnisse
dieser beiden Vorstellungen, dass es das des Vorkommens
des Inhaltes der einen in jedem zum Umfange der anderen
gehörenden Dinge sei, sondern auch von den Ellipsen selbst,
dass sie Kegelschnitte seien. Der Satz, dass alle Rosen
Dornen haben, ist nicht minder der angemessene Ausdruck
eines Urtheils als der andere, dass das Verhältniss der Vor-

stellungen der Rose und des Dornen Habenden das der
Unterordnung sei. Oder wenn ich sage „Dieser Apfel ist
süss“, so sage ich nicht von dem logischen Verhältnisse, in
welchem die Vorstellung des in meiner Hand befindlichen
Apfels zu der des Süssen steht, sondern von diesem Apfel
selbst etwas aus. „Um zu glauben, dass Gold gelb ist, sagt
Stuart Mill (Logik, übers. v. Schiel, 2. Aufl., S. 105), muss
ich in der That die Idee von Gold und die Idee von gelb
haben, und etwas auf diese Ideen Bezügliches muss in meinem
Geist stattfinden, aber mein Glaube hat keine Beziehung zu
diesen Ideen, sondern zu den Dingen selbst. Was ich glaube,
ist eine Thatsache bezüglich des äusserlichen Dings, Gold,
und des Eindrucks, den dieses äussere Ding auf meine
menschlichen Organe gemacht hat, nicht aber eine Thatsache
bezüglich meiner Vorstellung von Gold, was eine Thatsache
in der Geschichte meines Geistes, und nicht eine Thatsache
der äusseren Natur wäre.“

Die Urtheile, in denen von der Vorstellung eines Gegenstandes S ausgesagt wird, in welchem Verhältnisse sie zu
der Vorstellung eines Gegenstandes P stehe, setzen im Allgemeinen Urtheile voraus, die den Gegenstand S selbst zum
Gegenstande und die den Inhalt der Vorstellung des Gegenstandes P bildende Bestimmtheit zum Prädikate haben. Sehr
richtig bemerkt Stuart Mill (a. a. O. S. 105, 112 f.), nachdem
er die allgemeine Meinung der Logiker, Urtheilen heisse
zwei Ideen zusammenstellen oder eine Idee der anderen
unterordnen oder zwei Ideen vergleichen oder die Uebereinstimmung oder Nichtübereinstimmung zweier Ideen per-
cipiren, näher dahin formulirt hat, die Urtheile seien der
Ausdruck von nichts Anderem als von dem Prozesse des
Eintheilens und des Beziehens eines jeden Dinges auf seine
besondere Klasse: „Diese Theorie scheint mir ein merk-
würdiges Beispiel eines in der Logik häufig begangenen
Fehlers, des vom ὕστερον πρότερον, zu sein, wonach ein Ding
durch etwas erklärt wird, was es (das Ding) voraussetzt . . .
Wenn ich geurtheilt habe oder wenn ich dem Urtheile, Schnee
und noch verschiedene andere Dinge sind weiss, meine Zustimmung gegeben habe, so fange ich in der That allmählich
an, weisse Gegenstände als eine Schnee und jene anderen

Dinge einschliessende Klasse zu denken. Dies ist aber eine Vorstellung, welche jenen Urtheilen nicht vorausging, sondern folgte, und sie kann daher nicht als eine Erklärung derselben gegeben werden." „Wenn wir, heisst es in Lotzes Logik (S. 57), sagen: das Gold ist gelb, so ist es freilich unwidersprechlich, dass nach diesem Urtheile unsere Vorstellung des Goldes in dem Umfange unserer Vorstellung des Gelben liegt . . ., aber dies war es doch gewiss nicht, was man durch dies Urtheil auszusprechen beabsichtigte. Vom Golde selbst vielmehr wollte man sagen, dass das Gelb selbst ihm als Eigenschaft zukomme, und nur deshalb, weil man dieses sachliche Verhältniss . . . als bestehend schon voraussetzt, kann man es in einem Satze abbilden, in welchem die Vorstellung des Goldes von der des Gelben eingeschlossen wird."

§ 14.
Fortsetzung: Die Prädizirung.

1. Die Urtheile sind weder Vorstellungen (in dem oben festgesetzten Sinne dieses Wortes) noch Verbindungen von Vorstellungen; sie sind geistige Erzeugnisse, die sich überhaupt nicht in Vorstellungen oder in Bestandtheile, deren Natur man dadurch kennt, dass man die der Vorstellungen kennt, auflösen lassen. Es ist daher unmöglich, den Begriff des Urtheils lediglich durch den der Vorstellung zu erklären. Er lässt sich überhaupt nicht aus anderen Begriffen ableiten, ebenso wenig wie der der Vorstellung. Man kann ihn, gleich jenem, nur in einer Weise verdeutlichen, bei der man das Eigenthümliche seines Gegenstandes als gegeben voraussetzt.

Der Versuch einer solchen Verdeutlichung nun kann zunächst feststellen, dass jedes Urtheil, welches von einem bestimmten Dinge oder von den Dingen einer Klasse überhaupt ohne Einschränkung etwas bejaht, jedes Urtheil von der Form „S ist P" oder „Die S sind P", jedes allgemein bejahende Urtheil, auf seinen Gegenstand, den Gegenstand, dessen Vorstellung ihm zu Grunde liegt, eine Bestimmtheit bezieht, die zwar den Inhalt einer anderen, im Bewusstsein des Urtheilenden gegenwärtigen Vorstellung bilden kann, aber

nicht zu bilden braucht. Z. B. die Urtheile „Die Ellipse ist
ein Kegelschnitt", „Diese Blume ist eine Nelke", „Plato war
ein grosser Denker" setzen ausser der Vorstellung ihres
Gegenstandes eine andere Vorstellung voraus, der sie die
Bestimmtheit, welche sie prädiziren, entnehmen, und so wird
durch sie eine Verknüpfung zweier Vorstellungen herbeigeführt. Um dagegen denken zu können „Dieser Apfel ist
süss", „Blei ist schwer", „Die Planeten drehen sich um ihre
Achse", „Der Feind ging zum Angriff über" bedarf man nicht
der allgemeinen Vorstellungen der süssen, der schweren, der
sich um ihre Achse drehenden, der zum Angriff übergehenden
Dinge; die prädizirten Bestimmtheiten sind hier lediglich als
Bestimmtheiten, welche zu den die Inhalte der Subjektsvor-
stellungen bildenden hinzutreten, im Bewusstsein des Urtheilenden gegenwärtig.

2. Indem man auf einen Gegenstand eine Bestimmtheit
bezieht, stellt man ihn in dieser Bestimmtheit vor. Die in
einem allgemein bejahenden Urtheile prädizirte Bestimmtheit
gehört also stets zum Inhalte der Vorstellung, die der Urtheilende von dem Gegenstande seines Urtheils hat. Wenn
sie vor dem Urtheile in dieser Vorstellung noch fehlte, so wird
sie mit dem Urtheile und durch dasselbe in sie aufgenommen.
Gehört sie, mit anderen Worten, noch nicht zu der dem Urtheile zu Grunde liegenden, der als Subjekt auftretenden Vorstellung, so doch zu der in dem fertigen Urtheile enthaltenen.
Es ist z. B. zwar, damit ich von dem Apfel, den ich in der
Hand halte, denken könne, er sei süss, nicht nöthig, dass in
dem Inhalte der Vorstellung, die ich vor diesem Gedanken
von diesem Gegenstande habe, die Süssigkeit vorkomme, aber
unzweifelhaft befindet sich diese Bestimmtheit unter denjenigen.
in denen ich den Gegenstand meines Denkens setze oder vorstelle, indem ich denke, er sei süss.

Niemals dagegen gehört das Prädikat zu demjenigen
Theile des Inhaltes der dem Urtheile zu Grunde liegenden
Vorstellung, durch den der vorgestellte Gegenstand für den
Vorstellenden und Urtheilenden erst dieser bestimmte, von
allen anderen verschiedene Gegenstand ist, zu dem konstituirenden Inhalte, — niemals auch, wenn noch kein bestimmt abgegrenzter Theil des Inhaltes der Vorstellung die

Bedeutung des konstituirenden erhalten hat, zu denjenigen
Bestimmtheiten, denen der Vorstellende und Urtheilende in
Bezug auf sein Urtheil diese Bedeutung geben könnte.
Wäre z. B. in dem Urtheile „Die Insekten athmen durch
Tracheen" das Durch-Tracheen-athmen ein konstituirendes
Merkmal der Vorstellung der Insekten, verstände also der
Urtheilende unter Insekten gewisse durch Tracheen athmende
Thiere, etwa die heteronom segmentirten, so könnte diesem
Urtheile ohne Aenderung seines Sinnes der Ausdruck gegeben
werden „Die heteronom segmentirten durch Tracheen athmen-
den Thiere athmen durch Tracheen". Oder bestimmte man
die Vorstellung des Rechteckes dahin, dass alle Parallelogramme, deren Diagonalen gleich seien, und nur diese Figuren
ihren Gegenstand bilden sollten, so würde der Satz „Die
Rechtecke haben gleiche Diagonalen" nichts Anderes sagen
als „Die gleiche Diagonalen habenden Parallelogramme haben
gleiche Diagonalen". Aber die Sätze „Die heteronom segmentirten durch Tracheen athmenden Thiere athmen durch
Tracheen" und „Die gleiche Diagonalen habenden Parallelogramme haben gleiche Diagonalen" sind gar nicht der Ausdruck von Urtheilen. Versucht man Urtheile zu bilden, deren
adäquater Ausdruck sie wären, so wird man finden, dass man
gar nicht über die blossen Vorstellungen der Dinge, die in
ihnen als Subjekte auftreten, hinauskommt. Es giebt keine
Urtheile, die von einem Gegenstande die Bestimmtheit, durch
welche er für den Urtheilenden erst dieser Gegenstand und
kein anderer ist, oder einen Theil derselben bejahten, keine
tautologischen Urtheile, wenn so die der Formel „S ist S"
oder „Die P seienden S sind P" entsprechenden genannt
werden, — und, wie gleich hinzugefügt werden kann, ebenso
wenig enantiologische, d. i. der Formel „S ist nicht S"
oder „Die P seienden S sind nicht P" entsprechende. Alle
Urtheile sind heterologisch.

Wo in vernünftiger Rede Sätze vorkommen, deren Prädikat lediglich das Subjekt oder einen Theil desselben wiederholt, sind sie nicht der genaue Ausdruck dessen, was der
Redende meint. Ihr wahrer Sinn muss aus dem Zusammenhange verstanden werden. So könnte ein Richter zu einem
Diebe, der sich mit dem geringen Werthe des Gestohlenen

entschuldigen wollte, sagen: „Ei was, Diebstahl ist Diebstahl" und er würde dann etwa meinen, dass das Gesetz auf kleine Diebstähle so gut wie auf grosse Strafe setze. Oder mit den Urtheilen „Napoleon ist Napoleon", „Tadel ist Tadel" will man, nach Beneke (System der Logik, I, S. 36f.), sagen: „In welchem Momente seines Lebens ich auch Napoleon auf-fassen mag, er bleibt immer seinem allgemeinen Charakter gleich" und „Wie gut gemeint, wie sehr aus Wohlwollen hervorgegangen auch Dein jetzt über mich ausgesprochener Tadel sein mag, er thut dennoch wehe, wie jeder Tadel thut." Oder, ein Beispiel Leibnizens und Trendelenburgs (Log. Unters. 3. Aufl., II, S. 262), wenn Pilatus sagt „Was ich geschrieben habe, das habe ich geschrieben", so meint er etwa „Es hat bei dem, was ich geschrieben habe, sein Bewenden".

Es soll hiermit nicht geleugnet werden, dass es analy-tische Urtheile in dem von Kant angegebenen Sinne des Wortes giebt, Urtheile, die durch die blosse Betrachtung des Subjektsbegriffes oder, besser, durch die blosse Betrachtung ihres Gegenstandes, soweit man ihn durch den Subjektsbegriff vor Augen hat, gefunden werden können. Es wird nur be-hauptet, dass, wenn es analytische Urtheile giebt (was erst in dem von den Begriffen der Erkenntniss und der Wahrheit und von den Denkgesetzen handelnden Abschnitte zu unter-suchen sein wird), ihr Prädikat irgendwie von den konstitu-irenden Bestimmtheiten des Subjektsbegriffes verschieden sein muss.

3. Ebenso wenig wie das allgemein bejahende Urtheil sein Prädikat P in der Weise auf den Gegenstand S der ihm zu Grunde liegenden Vorstellung bezieht, dass es damit eine diesen Gegenstand in Beziehung auf diese Vorstellung kon-stituirende Bestimmtheit zu wiederholen meint, giebt es ihm offenbar die Bedeutung einer solchen, die sich mit dem kon-stituirenden Inhalte der Subjektsvorstellung in der Weise verbindet, dass sie mit ihm zusammen den konstituirenden Inhalt einer neuen, weniger allgemeinen Vorstellung ausmacht, die Bedeutung eines determinirenden Merkmals (§ 12,4). Denn das Prädikat wird im allgemein bejahenden Urtheile als Be-stimmtheit nicht eines Theiles der im Umfange der Subjekts-vorstellung befassten Dinge, sondern aller gedacht. Man setzt

z. B. mit dem Urtheile „Die Metalle leiten die Wärme gut" das gute Leiten der Wärme nicht als ein Merkmal, durch dessen Hinzufügung zu dem Inhalte des Begriffes des Metalles man den Begriff einer besonderen Art der Metalle erhalte, sondern als ein allen Metallen zukommendes.

4. In dem allgemein bejahenden Urtheile wird demnach das Prädikat als eine ergänzende Bestimmtheit des Gegenstandes der Subjektsvorstellung gedacht, und es kann daher die Erklärung aufgestellt werden: das allgemein bejahende Urtheil sei eine Beziehung einer Bestimmtheit auf einen Gegenstand, durch welche derselben die Bedeutung einer ergänzenden Bestimmtheit dieses Gegenstandes, d. i. einer zum Inhalte seiner vollständigen Vorstellung, aber nicht zu denjenigen Bestimmtheiten, die ihn für den Vorstellenden und Urtheilenden erst von allen anderen Dingen unterscheiden, gehörenden Bestimmtheit gegeben werde, — oder es sei die Verbindung einer Vorstellung mit dem Bewusstsein einer Bestimmtheit des vorgestellten Gegenstandes als einer ergänzenden.

§ 15.
Fortsetzung: Die Bejahung und die Verneinung.

1. Die oben aufgestellte Erklärung vom Wesen der allgemein bejahenden Urtheile würde sofort auch auf die allgemein verneinenden, die der Formel „S ist nicht P" oder „die S sind nicht P" entsprechenden, bezogen werden können, wenn der Unterschied dieser beiden Urtheilsarten die prädizirte Bestimmtheit und nur diese beträfe, also darin bestände, dass in den einen eine positive, in den anderen eine negative, d. i. eine die blosse Abwesenheit einer anderen, P, bedeutende Bestimmtheit non-P prädizirt würde. Allein die Annahme von negativen Bestimmtheiten, Bestimmtheiten, die in dem Nicht-Besitze einer anderen beständen, widerspricht sich (§ 12, 7).

2. Nach einer anderen Auffassung vom Unterschiede des bejahenden und des verneinenden Urtheils würde man mit der Erklärung, die oben von dem ersteren gegeben wurde, nur eine geringe Aenderung vorzunehmen brauchen, um eine

solche von dem letzteren zu erhalten. Wenn nämlich die
Verneinung statt, wie oben angenommen wurde, zu der prädizirten Bestimmtheit zur Prädizirung selbst, also zu dem,
wodurch das Subjekt und das Prädikat zum Urtheile verbunden werden, gehörte, wenn sie, nach einem scholastischen
Ausdrucke, die Kopula affizirte, so würden die allgemein bejahenden und die allgemein verneinenden Urtheile darin übereinstimmen, dass sie auf den Gegenstand S einer ihnen zu
Grunde liegenden Vorstellung eine Bestimmtheit P bezögen,
und sich nur dadurch unterscheiden, dass diese Beziehung in
den bejahenden eine positive, in den verneinenden eine negative wäre, d. h., dass sie in jenen der prädizirten Bestimmtheit die Bedeutung einer mit dem konstituirenden Inhalte
der Subjektsvorstellung verknüpften, also einer ergänzenden,
in diesen die einer davon getrennten, mithin weder konstituirenden noch ergänzenden noch determinirenden gäbe.

Es ist in der That nichts dagegen einzuwenden, wenn
von dem verneinenden Urtheile „S ist nicht P" gesagt wird,
es beziehe eine Bestimmtheit P auf einen Gegenstand S in
der Weise, dass es ihr die Bedeutung einer von der Vorstellung dieses Gegenstandes auszuschliessenden gebe. Aber
dieses negative Beziehen, wenn man es so nennen will, steht
nicht, sozusagen, auf gleicher Stufe mit demjenigen,
durch welches oben das bejahende Urtheil erklärt wurde; es
ist nicht dessen Gegensatz, sondern schliesst es ein. Es ist
eine Handlung, die sich aus dem positiven Beziehen, als
dessen Erzeugniss das bejahende Urtheil erkannt wurde, und
einer dieses Erzeugniss selbst zum Gegenstande habenden
Handlung, nämlich dem Ablehnen oder Verwerfen oder für
unwahr oder ungültig Erklären desselben, zusammensetzt.
Denn um eine Bestimmtheit P als eine von der Vorstellung
eines Gegenstandes S auszuschliessende zu denken, muss ich
sie zunächst in diese Vorstellung aufnehmen, und zwar in der
Weise, dass ich ihr die Bedeutung einer ergänzenden gebe,
also durch ein bejahendes Urtheil. Ich kann z. B. nicht die
Durchsichtigkeit von dem gemeinen Quarz verneinen, ohne
sie in derselben Weise wie in dem bejahenden Urtheile „Der
gemeine Quarz ist durchsichtig" als eine ergänzende Eigenschaft auf dieses Mineral zu beziehen. Das Ausschliessen

besteht dann darin, dass ich diesen Gedanken selbst zum
Gegenstande eines Urtheils mache, nämlich dass er unrichtig
sei, nicht mit seinem Gegenstande übereinstimme.

3. Gegen diese Erklärung könnte eingewandt werden:
indem sie von dem verneinenden Urtheile „S ist nicht P"
behaupte, dass sein eigentliches Subjekt das bejahende Urtheil „S ist P" sei, und dass es von diesem die Richtigkeit
verneine, gebe sie nur an, wovon in allen verneinenden
Urtheilen etwas verneint werde, und worin alle verneinten
Bestimmtheiten übereinstimmen; so setze sie das zu Er-
klärende voraus; dazu würde aus ihr die Ungereimtheit
folgen, dass jedes verneinende Urtheil aus einer unendlichen
Reihe bejahender bestehe, denn auch das verneinende Urtheil,
die Bejahung des P-seins von S sei nicht richtig, müsste wieder
aus einem bejahenden, nämlich dem Urtheile, die Bejahung
des P-seins von S sei richtig, und einem verneinenden,
nämlich dem die Richtigkeit jenes bejahenden verneinenden,
zusammengesetzt sein, und so fort in infinitum. Es braucht
indessen nicht zugegeben zu werden, dass das Urtheil, durch
welches ein Urtheil „S ist P" abgelehnt oder verworfen oder
für ungültig oder unrichtig erklärt wird, verneinend sei. Die
Richtigkeit oder Gültigkeit eines Urtheils besteht in der Uebereinstimmung, die Unrichtigkeit oder Ungültigkeit in dem Widerstreite mit seinem Gegenstande; das Verhältniss aber, in
welchem ein Urtheil zu seinem Gegenstande steht, indem es
ihm widerstreitet, ist ebenso wenig die blosse Abwesenheit
desjenigen der Uebereinstimmung, wie die Schiefwinkeligkeit
die blosse Abwesenheit der Rechtwinkeligkeit, das Ungerade-
sein die des Gerade-seins, das Unglücklich-sein die des
Glücklich-seins ist, und wenn es daher bemerkt wird, so ist
dieses Bemerken kein verneinendes, sondern ein bejahendes
Urtheil. Das von einem Gegenstande S eine Bestimmtheit P
verneinende Urtheil ist demnach die Verbindung der Bejahung
dieser Bestimmtheit von diesem Gegenstande mit der Bejahung
der Unrichtigkeit dieser Bejahung.

4. In derselben Weise wie eine Verwerfung oder Un-
gültigkeitserklärung kann sich mit einem Urtheile, welches
lediglich auf einen vorgestellten Gegenstand eine Bestimmtheit in der Weise bezieht, dass es ihr die Bedeutung einer

ergänzenden für den Vorstellenden und Urtheilenden giebt,
auch eine Bestätigung oder Gültigkeitserklärung verbinden.
Während die Verbindung eines bejahenden Urtheils „S ist P“
mit der Bejahung seiner Unrichtigkeit ein verneinendes
Urtheil über den Gegenstand S bildet (S ist nicht P), bildet
seine Verbindung mit der Bejahung seiner Richtigkeit
wieder ein bejahendes Urtheil (S ist P, S ist wirklich, in
der That P).

So gäbe es also zwei Arten bejahender Urtheile, erstens
diejenigen, welche lediglich eine Bestimmtheit als eine ergänzende auf einen vorgestellten Gegenstand beziehen, zweitens
die mit den verneinenden auf gleicher Stufe stehenden und
ihnen entgegengesetzten, welche eine solche Beziehung bestätigen oder für richtig oder gültig erklären. Es erscheint
indessen unangemessen, die den verneinenden entgegengesetzten
Urtheile, und diejenigen, auf welche sowohl die verneinenden
als auch die ihnen entgegengesetzten zurückweisen, mit demselben Worte zu bezeichnen. Hier soll daher fernerhin.
wenigstens in der Regel, nur den ersteren der Name der bejahenden gegeben, unter Bejahung also ebenso wie unter
Verneinung eine wirkliche Denkhandlung, nicht das blosse
Fehlen der Verneinung in einem Urtheile, verstanden werden.
Weiter wird es sich dann empfehlen, eine weitere und eine
engere Bedeutung des Wortes Urtheil in der Weise zu unterscheiden, dass Urtheile im engeren Sinne des Wortes die
bejahenden und die verneinenden genannt, zu den Urtheilen
im weiteren Sinne aber auch die weder bejahenden noch verneinenden Beziehungen einer Bestimmtheit auf einen Gegenstand gerechnet werden. Diese Beziehungen können auch
als blosse Prädizirungen von den Urtheilen im engeren Sinne
des Wortes unterschieden werden.

5. Das Ergebniss der bisherigen Untersuchung kann
folgendermaassen festgestellt werden. Jedes Urtheil im engeren
Sinne des Wortes, welches allgemein ist, d. i. von einem
bestimmten Dinge oder von allen Dingen einer Klasse eine
Bestimmtheit bejaht oder verneint, enthält erstens eine Vorstellung, d. i. die Setzung eines Gegenstandes, zweitens eine
Prädizirung, d. i. die Beziehung einer Bestimmtheit auf einen

vorgestellten Gegenstand, wodurch derselben die Bedeutung einer ergänzenden gegeben wird, drittens ein kritisches Verhalten zu dieser Prädizirung, eine Entscheidung über ihre Geltung. Das bejahende Urtheil entscheidet zu Gunsten, das verneinende zu Ungunsten der in ihm enthaltenen Prädizirung: jenes bestätigt eine Prädizirung oder erklärt sie für gültig, dieses verwirft eine solche oder erklärt sie für ungültig oder unrichtig.

Es darf nun sofort hinzugefügt werden, dass diese Erklärung nicht bloss für die allgemeinen, sondern für alle Urtheile gilt. Denn als ein Denkerzeugniss, von dem das Wahr-sein oder das Unwahr-sein ausgesagt werden kann, ist jedes Urtheil entweder bejahend in dem weiteren Sinne, in welchem dieses Wort im Anfange dieser Untersuchung gebraucht wurde, oder verneinend. Die Verneinung aber ist die Verwerfung der Beziehung einer Bestimmtheit auf einen Gegenstand, mit Einem Worte einer Prädizirung, und die Bejahung im weiteren Sinne des Wortes ist entweder die Bestätigung oder das blosse Nicht-verneint-sein einer Prädizirung. Zu jedem Urtheile gehört also eine Prädizirung, die ihrerseits die Vorstellung eines Gegenstandes voraussetzt, und zu den Urtheilen im engeren Sinne des Wortes, den verneinenden und denjenigen bejahenden, bei denen die Bejahung nicht in der blossen Abwesenheit der Verneinung besteht. weiter eine Entscheidung über die Geltung dieser Prädizirung. Da ferner die angegebene Erklärung sich nur auf die Bejahungen und die Verneinungen bezieht, so bedarf sie auch keines Zusatzes, um Erklärung nur des Urtheils und nicht einer umfassenderen Klasse von Denkerzeugnissen zu sein.

Ihre Probe wird die hiermit aufgestellte allgemeine Bestimmung und Erklärung des Begriffes des Urtheils in der Ableitung der besonderen Urtheilsformen aus ihr finden müssen. Zuvor bedarf sie jedoch noch einer Ergänzung. Dieselbe betrifft das Verhältniss der allgemeinen Urtheilsform zu der Setzung des Gegenstandes als eines existirenden.

§ 16.
Fortsetzung: Der Inhalt des Urtheils und die Existenz.

1. Alles, was wir vorstellen, stellen wir vor als ein in der Welt unseres Ich Enthaltenes oder Enthalten-gewesenes oder Enthalten-sein-werdendes, also als ein Existirendes oder Existirt-habendes oder Existiren-werdendes, gleichviel ob wir an seine Existenz glauben oder sie bezweifeln oder von seiner Nicht-Existenz überzeugt sind (§ 8). Dies gilt auch von der Subjektsvorstellung jedes Urtheils. Man kann von keinem Gegenstande eine Bestimmtheit prädiziren oder bejahen oder verneinen, ohne ihn als einen existirenden, der Welt angehörenden zu setzen. Es ist aber näher in jedem Urtheile die Existenz in der Weise enthalten, dass die Beziehung der prädizirten Bestimmtheit auf den Gegenstand S nicht die Existenz dieses Gegenstandes bei Seite lässt, sondern Beziehung auf den als existirend gesetzten Gegenstand ist. Denn ein Ding, welches gar nicht wäre, könnte auch mit den Bestimmtheiten, die den konstituirenden Inhalt seiner Vorstellung bildeten, keine weiteren verknüpfen, noch könnte ihm eine der nicht zum konstituirenden Inhalte seiner Vorstellung gehörenden Bestimmtheiten fehlen; und es wäre daher ungereimt, von einem Dinge zu sagen, dass es zwar ein bloss eingebildetes oder erdachtes Ding sei, aber doch eine gewisse ergänzende Bestimmtheit besitze oder nicht besitze. Jedes Urtheil setzt also die Existenz seines Gegenstandes voraus. Angenommen auch, in der blossen Vorstellung eines Dinges könnte die Existenz fehlen, so könnte man doch nichts von einem Dinge bejahen oder verneinen oder ohne Bejahung und Verneinung von ihm prädiziren, ohne es eben damit als ein existirendes zu setzen.

Sagt man dem sprachlichen Ausdrucke nach von einem Dinge S, von dem man weiss, dass es nicht existirt, eine Bestimmtheit P aus, so sagt man dem Sinne nach entweder von der Vorstellung dieses Dinges etwas aus, etwa, sie sei die Vorstellung eines P-seienden Dinges, oder von dem diese Vorstellung bezeichnenden Worte, oder man denkt von dem Verhältnisse der beiden Urtheile „S existirt" und „S ist P", dass aus dem ersteren in Verbindung mit gewissen Wahrheiten das zweite folgen würde („Wenn S existirt, so ist es P"). In dieser Weise sind die Beispiele zu deuten, mit denen hervorragende Logiker geglaubt haben beweisen zu können, dass die eine Bestimmtheit aussagenden Urtheile die Existenz ihres Gegenstandes dahin gestellt sein liessen. In dem Urtheile „Gott ist allmächtig" heisst es in Kants Schrift von dem einzig möglichen Beweisgrunde zu einer Demonstration des Daseins Gottes (Werke, Ros., 1, S. 174) werde nur die Allmacht als ein Merkmal Gottes gedacht; ob Gott existire, das sei darin gar nicht enthalten; daher werde auch dieses Sein (die Kopula) ganz richtig selbst bei den Beziehungen gebraucht, die Undinge gegeneinander haben, z. B. wenn von dem Gotte Spinozas gesagt werde, er sei unaufhörlichen Veränderungen unterworfen. Obwohl es, meinte Fichte (Werk I. S. 93), keinen von zwei geraden Linien eingeschlossenen Raum gebe, könne man von demselben doch mit Recht aussagen, er sei ein solcher Raum. Herbart führt das Urtheil „Der viereckige Zirkel ist unmöglich" an (Werke I, S. 93), Stuart Mill den Satz „Ein Centaur ist eine Erfindung der Poeten" (Logik, übers. von Schiel, 1, S. 94). Allein nicht der Gott Spinozas, der von zwei geraden Linien eingeschlossene Raum, der viereckige Zirkel, die Centauren, sondern die Begriffe dieser Dinge bilden die eigentlichen Gegenstände dieser Urtheile. Das erstere will von dem in der Lehre Spinozas enthaltenen Begriffe Gottes sagen, er sei der Begriff eines unaufhörlichen Veränderungen unterworfenen Wesens, das zweite vom Begriffe des von zwei geraden Linien eingeschlossenen Raumes, dass er sich selbst gleich sei, das dritte vom Begriffe des Zirkels, dass er das Merkmal der Viereckigkeit ausschliesse, das vierte vom Begriffe des Centauren, dass er eine Erfindung der Poeten sei.

2. Die Urtheile, welche die Existenz eines Dinges bejahen oder verneinen, haben, wie früher (§ 8, 4) gezeigt wurde, zum Gegenstande die Welt. Von der Welt bejahen oder verneinen sie, dass sie ein gewisses Ding in sich fasse. Auch für sie trifft also die oben entwickelte Auffassung vom Wesen des Urtheils zu, und auch sie setzen die Existenz ihres Gegenstandes, der Welt, voraus.

§ 17.
Die Formen der Urtheile (Qualität, Quantität, Modalität).

1. Die Untersuchung über das Wesen des Urtheils setzte die Unterscheidung zweier Arten von Urtheilen, der bejahenden und der verneinenden, voraus. Umgekehrt kann nun ihrem Ergebnisse unmittelbar wieder diese Eintheilung, die sogenannte Eintheilung nach der Qualität, entnommen werden. Die Entscheidung über die Geltung einer Prädizirung fällt entweder zu Gunsten oder zu Ungunsten dieser Prädizirung aus. Im ersten Falle ist das Urtheil bejahend, im anderen verneinend. Das bejahende Urtheil bestätigt die in ihm enthaltene Prädizirung, erklärt sie für gültig, richtig. wahr, das verneinende verwirft die in ihm enthaltene, erklärt sie für ungültig, unrichtig, unwahr.

2. Auf den Ausfall der Entscheidung können nun noch zwei weitere Eintheilungen gegründet werden. Die Entscheidung ist nämlich entweder vollendet oder unvollendet, und zwar findet dieser Gegensatz in zwiefacher Hinsicht Anwendung auf sie, in objektiver und in subjektiver. In objektiver Hinsicht vollendet ist eine Entscheidung dann, wenn sie sich auf das Ganze, unvollendet, wenn sie sich nur auf einen Theil dessen, was in Frage steht, erstreckt. In subjektiver Hinsicht vollendet ist eine Entscheidung dann, wenn sie Gewissheit für sich in Anspruch nimmt, sozusagen eine entschiedene Entscheidung ist, unvollendet im entgegengesetzten Falle.

Jeder dieser beiden Eintheilungen muss jedoch eine Unterscheidung vorhergeschickt werden, die sich nicht auf den Ausfall der Entscheidung bezieht, von denen sich vielmehr die eine bezieht auf den Gegenstand der Prädizirung. über deren Geltung entschieden wird, also auf die dem Urtheile zu Grunde liegende Vorstellung (die Subjektsvorstellung), die andere auf die Weise des Entscheidens.

3. Der Eintheilung zunächst mittels des Gegensatzes des objektiv vollendeten und des objektiv unvollendeten Entscheidens muss vorausgeschickt werden die Unterscheidung

derjenigen Urtheile, in welchen von einem bestimmten einzelnen Dinge, und derjenigen, in welchen von einer Klasse
von Dingen eine Bestimmtheit prädizirt wird, also derjenigen,
denen eine singuläre, und derjenigen, denen eine allgemeine
Vorstellung zu Grunde liegt, — der singulären und der nicht-
singulären. Denn nur auf die letzteren kann jener Gegensatz
Anwendung finden. Eine Prädizirung nämlich, deren Subjektsvorstellung eine allgemeine ist, kann in zwiefacher Hinsicht
bestätigt oder verworfen werden, erstens dem ganzen reellen
Umfange und zweitens nur einem Theile des reellen Umfanges
nach, und im ersten Falle giebt das Urtheil eine vollendete,
im zweiten eine unvollendete Entscheidung. Ist dagegen die
Subjektsvorstellung eine singuläre, so lässt sie ihrer Natur
nach eine Einschränkung der Entscheidung hinsichtlich des
Umfangs nicht zu. Die Eintheilung in objektiv vollendete
und in objektiv unvollendete Entscheidungen muss also zunächst auf die nicht-singulären Urtheile bezogen werden.
Hernach kann ihr dann eine allgemeinere Bedeutung gegeben
werden, indem die singulären Urtheile den vollendeten Entscheidungen zugerechnet werden.

Diejenigen Urtheile, welche eine Prädizirung ohne Einschränkung hinsichtlich des Umfanges der Subjektsvorstellung,
also in Beziehung auf alle zum reellen Umfange der Subjektsvorstellung gehörenden (alle durch die Subjektsvorstellung
vorgestellten existirenden) Dinge für gültig oder für ungültig
erklären, pflegen allgemeine oder universale, diejenigen,
welche ihre Entscheidung auf einen Theil des reellen Umfangs
der Subjektsvorstellung einschränken, indem sie es bezüglich
des anderen Theils dahingestellt sein lassen, ob ihnen die
prädizirte Bestimmtheit zukomme oder nicht, besondere
oder partikuläre genannt zu werden. Die herkömmlichen
Formeln der ersteren sind: Alle S sind P, kein S ist P, —
die der letzteren: Einige S sind P, Einige S sind nicht P.
Zu den allgemeinen kann man nach dem oben Bemerkten
auch die singulären oder Einzel-Urtheile zählen. Diese
Eintheilung wird als die nach der Quantität bezeichnet.

4. Auch der Eintheilung zweitens mittels des Gegensatzes des subjektiv vollendeten und des subjektiv unvollendeten Entscheidens muss eine Unterscheidung voraus-

geschickt werden, aus der sich erst die Möglichkeit dieses
Gegensatzes verstehen lässt. Dieselbe kann, wenn sie auch
nicht, wie diejenige der singulären und der nicht-singulären
Urtheile, schon in den bisherigen Untersuchungen über die
Vorstellungen und die allgemeine Urtheilsform lag, doch ohne
weitere Vorbereitung aufgestellt werden. Es ist die Unterscheidung derjenigen Urtheile, welche von der Prädizirung,
um deren Geltung es sich handelt, sagen, wie sie sich zu
ihrem Gegenstande, dem Wirklichen, verhalte, ob sie damit
übereinstimme oder ihm widerstreite, welche also die Gültigkeit oder Ungültigkeit der in ihnen enthaltenen Prädizirung
als eine thatsächliche hinstellen, und derjenigen, welche über
die Geltung einer Prädizirung in der Weise entscheiden, dass
sie sie vergleichen mit dem, was man schon von ihrem Gegenstande weiss oder zu wissen glaubt. Die ersteren, die assertorischen, wie sie genannt zu werden pflegen, bestätigen oder
verwerfen ihrer Natur nach mit voller Entschiedenheit, schliessen
also die Eintheilung in solche, die eine subjektiv vollendete,
und solche, die eine subjektiv unvollendete Entscheidung
geben, aus. Auf die nicht-assertorischen Urtheile dagegen
findet dieser Gegensatz Anwendung. Sind sie nämlich bejahend, so sagen sie von der in ihnen enthaltenen Prädizirung
aus entweder, dass sie eine Konsequenz dessen sei, was man
schon von dem Gegenstande wisse, oder bloss, dass sie mit
diesem Wissen verträglich sei; und sind sie verneinend, so
stellen sie die in ihnen enthaltene Prädizirung entweder als
dem vorausgesetzten Wissen widerstreitend, mit ihm unverträglich, oder bloss als unverbürgt durch dasselbe hin. Diejenigen bejahenden aber, die eine Prädizirung für eine Konsequenz dessen, was man schon weiss, und diejenigen verneinenden, die eine Prädizirung für unverträglich mit dem,
was man schon weiss, erklären, entscheiden in subjektiv voll-
endeter, die anderen, die eine Prädizirung nur für verträglich
mit dem bereits Erkannten oder für unverbürgt durch dasselbe erklären, in subjektiv unvollendeter Weise. Nachdem
die Eintheilung mittels des Gegensatzes des Subjektiv-voll-
endet-seins und des Subjektiv-unvollendet-seins für die nicht-
assertorischen Urtheile aufgestellt ist, können auch die assertorischen in sie hineingezogen werden; und zwar sind sie

dann in analoger Weise, wie die singulären den allgemeinen, denen, die eine in subjektiver Hinsicht vollendete Entscheidung geben, zuzurechnen.

Es ist die sogenannte Eintheilung nach der Modalität, die hiermit aufgestellt ist. Diejenigen subjektiv vollendeten Entscheidungen, die nicht assertorisch sind, werden apodiktische, die subjektiv unvollendeten problematische Urtheile genannt. Die ersteren entsprechen (wenn angenommen wird, dass sie ein bestimmtes einzelnes Ding zum Gegenstande haben) den Formeln: S ist nothwendig P, muss P sein, S ist unmöglich P, kann nicht P sein, — die anderen den Formeln: S ist vielleicht, möglicherweise P, S ist vielleicht, möglicherweise nicht P. Den Begriff des apodiktischen Urtheils kann man, wie schon angedeutet, dahin erweitern, dass er auch die assertorischen unter sich befasst.

5. Die Eintheilungen nach der Quantität und nach der Modalität sind nicht derjenigen nach der Qualität nebengeordnet, sondern jede von ihnen dient dazu, diese, die unmittelbar mit dem Begriffe des Urtheils als einer Entscheidung über die Geltung einer Prädizirung gegeben ist, fortzusetzen. Es giebt demnach zwei Haupteintheilungen der Urtheile, jede mit vier Gliedern. Nach ihrer Qualitäts-Quantitäts-Bestimmtheit zerfallen die Urtheile in allgemein bejahende, besonders bejahende, allgemein verneinende und besonders verneinende, nach ihrer Qualitäts-Modalitätsbestimmtheit in apodiktisch bejahende, problematisch bejahende, apodiktisch verneinende und problematisch verneinende.

6. Der Eintheilung der Urtheile nach der Quantität sind einige Anmerkungen hinzuzufügen.

Die Formeln „Alle S sind P, Kein S ist P, Einige S sind P, Einige S sind nicht P" sind insofern unangemessen, als im Allgemeinen das grammatikalische Subjekt und Prädikat der Sätze, die ihnen entsprechen, nicht das logische Subjekt und Prädikat der Urtheile bezeichnen, denen diese Sätze zum Ausdrucke dienen. Ein Satz von der Gestalt „Alle S sind P" hat im Allgemeinen den Sinn: die Bejahung des P-seins von den S gilt für alle S, gilt ohne Einschränkung. Der Redende erklärt durch ihn, dass er der uneingeschränkten Bejahung des P-seins von den S als einer uneingeschränkten

seine Zustimmung gebe, dass er die Uneingeschränktheit oder
Allgemeinheit dieser Bejahung gegen den Zweifel aufrecht
erhalte. Nicht die Klasse der S, sondern die Bejahung des
P-seins von den S ist also das Subjekt, und nicht P, sondern
die uneingeschränkte Gültigkeit jener Bejahung das Prädikat.
Z. B. „Alle Rosen haben Dornen", „Alle Insekten sind
bilateral symmetrisch gebaut" heisst: „Die Bejahung des
Dornen-habens von den Rosen gilt ohne Ausnahme", „Die
Bejahung der bilateral symmetrischen Gestalt trifft für alle
Insekten zu". Sage ich „Meine Kinder sind alle gut beanlagt", so liegt darin freilich die allgemeine Bejahung des
Beanlagt-seins von meinen Kindern, aber weiter hat der Gedanke, den ich ausspreche, die Bejahung des Beanlagt-seins
von meinen Kindern zum Gegenstande; dass sie gut beanlagt
sind, meine ich, kann ich von allen meinen Kindern sagen.
In analoger Weise sind meistens die der Formel „Kein S
ist P" entsprechenden Sätze zu deuten. Um z. B. lediglich
ohne Einschränkung die Heiligkeit von den Menschen zu
verneinen, wird man nicht sagen „Kein Mensch ist heilig",
sondern „Die Menschen sind nicht heilig"; der Ausdruck
„Kein Mensch ist heilig" besagt so viel wie „Dass die
Menschen der Heiligkeit ermangeln, gilt ohne Ausnahme",
„Die Verneinung der Heiligkeit von den Menschen lässt
keine Ausnahme zu". Mit einem Satze ferner von der Form
„Einige S sind P" will man im Allgemeinen von der Bejahung
des P-seins von den S sagen entweder, sie gelte jedenfalls
in eingeschränkter Weise, oder, sie gelte nicht in uncin-
geschränkter Weise, entweder, sie gelte mindestens, oder sie
gelte nur für einige, gelte nicht für alle S, und analog mit
einem Satze von der Form „Einige S sind nicht P" entweder,
die Verneinung des P-seins von den S gelte mindestens, oder
sie gelte nur für einige S.

Die Zahl der S, denen das P-sein zukomme oder nicht
zukomme, lässt das partikuläre Urtheil ganz dahin gestellt.
Ein solches Urtheil ist also auch dann wahr, wenn nur ein
einziges S P ist. bezw. nicht P ist. Eine Bestimmung über
das Maass der Einschränkung, wie sie in Sätzen von der
Gestalt „Mehrere, Viele, Wenige, Die meisten, Zehn S sind P,
Ein S ist P" auftritt, kann nur in einem Urtheile, nicht über

die S selbst, sondern über die Bejahung oder die Verneinung
des P-seins von den S gedacht werden. Z. B. „Die meisten
philosophischen Systeme lehren das Dasein Gottes" heisst
so viel wie „Diejenigen Systeme, die das Dasein Gottes
lehren, sind die meisten", und dieses so viel wie „Die Behauptung, dass die philosophischen Systeme das Dasein Gottes
lehren, trifft für die meisten Systeme zu".

Eine dritte Bemerkung betrifft den Sinn der allgemeinen
Urtheile. Das allgemeine Urtheil setzt wie das besondere
die Existenz der Dinge, von denen es etwas bejaht oder verneint, voraus. Von den existirenden S sagt es, dass sie P
seien, bezw. nicht seien. Es behauptet ferner nicht, dass
jedem existirenden S dass P-sein, vermöge des konstituirenden
Inhaltes der allgemeinen Vorstellung der S, also vermöge
der Beschaffenheit, durch welche die Klasse der S diese bestimmte, sich von allen anderen Klassen von Dingen unterscheidende Klasse ist, vermöge der allgemeinen S-Natur, zukomme, bezw. dass vermöge dieser Beschaffenheit von jedem S
das P-sein ausgeschlossen sei; vielmehr lässt es die Möglichkeit offen, dass die S nur zufällig in dem P-sein, bezw. dem
Nicht-P-sein übereinstimmen, ja dass jedem einzelnen S
das P-sein aus einem anderen Grunde zukomme bezw. fehle.
Angenommen z. B., allen Planeten sei es zufällig gemein,
dass sie Kupfer enthielten, so wäre die Bejahung dieser
Eigenschaft von allen Planeten nicht minder wahr, als wenn
kein Weltkörper ein Planet sein könnte, ohne Kupfer zu
enthalten. Die Urtheile, die behaupten, dass die Dinge einer
gewissen Art als solche oder, was dasselbe ist, dass alle
möglichen den Charakter einer gewissen Art habenden Dinge
eine gewisse Bestimmtheit haben bezw. nicht haben (z. B.
das Urtheil „Die Quadrate haben als solche, zufolge ihres
Quadrat-seins, gleiche Diagonalen"), haben zum Gegenstande
nicht diese Dinge, sondern den Begriff der Art, der sie angehören, oder die Prädizirung der betreffenden Bestimmtheit
von ihnen. Sie schreiben diesem Begriffe die Beschaffenheit
zu, dass er einen konstituirenden Inhalt habe, von dem eine
gewisse Bestimmtheit untrennbar, bezw. mit dem eine gewisse
Bestimmtheit unvereinbar sei, oder dieser Prädizirung die
Beschaffenheit, dass sie eine Folge des Artcharakters der
ihren Gegenstand bildenden Dinge sei.

§ 18.
Urtheile logischen Inhalts, insbesondere die hypothetischen und die disjunktiven.

1. Die Eintheilungen der Urtheile nach der Qualität, der Quantität und der Modalität, sowie auch die von den beiden letzteren vorausgesetzten Unterscheidungen der singulären und der nicht singulären, der assertorischen und der nicht assertorischen Urtheile sehen völlig ab von den Unterschieden der Dinge, über die geurtheilt werden kann, und der Bestimmtheiten, die zu Prädikaten dienen können. Sie betreffen lediglich die Form der Urtheile. Weitere Eintheilungen derselben Art sind nicht möglich. Alle weiteren Eintheilungen können sich nur an den Inhalt, d. i. die beurtheilten Gegenstände und die prädizirten Bestimmtheiten halten. Einige Klassen von Urtheilen, deren Eigenthümlichkeiten dieser letzteren Art sind, werden jetzt noch ins Auge gefasst werden müssen, theils, weil es scheinen könnte, dass für sie die oben entwickelte Auffassung vom Wesen des Urtheils nicht zutreffe, theils, weil sie für den Zweck des Erkennens von hervorragender Bedeutung sind. Es pflegt zwar gesagt zu werden, dass die Logik es nur mit der Form der Gedanken zu thun habe, allein diese Bestimmung erleidet, wie bereits in der Einleitung bemerkt wurde (§ 1, 3), eine Ausnahme, denn offenbar steht es der Logik zu, solche Besonderheiten des Inhaltes in den Kreis ihrer Betrachtungen zu ziehen, die sie aus ihren Lehren über die Form herzuleiten vermag, solche Besonderheiten, die selbst logischer Art sind.

2. Auf einige Arten von Urtheilen logischen Inhaltes musste schon in der Untersuchung des allgemeinen Wesens der Urtheile hingewiesen werden, nämlich auf diejenigen, die von einer Vorstellung A aussagen, wie sie sich hinsichtlich ihres Umfanges oder Inhaltes zu einer anderen Vorstellung B verhalten, oder, was auf dasselbe hinauskommt, von dem Umfangs- oder dem Inhaltsverhältnisse zweier Vorstellungen A und B, worin es bestehe. Eine andere Art inhaltlich eigenthümlicher Urtheile musste sodann bei der näheren Erörterung

der Quantitätsunterschiede berücksichtigt werden, nämlich
diejenigen, die von einer Bejahung oder Verneinung aussagen, wie sich ihre Gültigkeit zum Umfange ihrer Subjektsvorstellung verhalte (die S sind sämmtlich, mindestens zum
Theil, nur zum Theil, meistens, in wenigen Fällen, in zehn
Fällen u. s. w. P). An diese schliessen sich nun zunächst
zwei weitere Arten, die ebenfalls eine Bestimmung über die
Gültigkeit einer Bejahung oder Verneinung enthalten.

Die einen werden durch die Formel „Ein S ist (nicht) P,
wenn (im Falle dass) es Q (non-Q) ist" dargestellt und
sollen hier als determinative bezeichnet werden. Sie bestimmen die Gültigkeit einer Bejahung oder Verneinung in der
Weise, dass sie dieselbe in objektiver Hinsicht einschränken
und zugleich ein den einigen S, für die sie gültig sein soll, gemeinsames und sie von allen anderen unterscheidendes, also
ein sie kennzeichnendes Merkmal Q angeben. Daher enthalten sie ein partikuläres Urtheil „Einige S sind P bezw.
sind nicht P". Z. B. das Urtheil „Eine Substanz hat keinen
Schmelzpunkt, wenn sie amorph ist" fügt zu der partikulären
Verneinung „Einige Substanzen haben keinen Schmelzpunkt"
die Angabe des Merkmals Amorph hinzu, durch dessen Verbindung mit dem Begriffe der Substanz man einen Begriff
erhält, von dessen Gegenstand jene Verneinung ohne Einschränkung gilt; daher kann jenes Urtheil auch durch „Diejenigen Substanzen, die amorph sind, haben keinen Schmelzpunkt" ersetzt werden.

Die anderen werden durch die Formel „S ist (nicht) P,
wenn (vorausgesetzt, dass) A B ist" dargestellt und sollen
hier als konditionale bezeichnet werden. Sie bestimmen
die Gültigkeit einer Bejahung oder Verneinung in der Weise,
dass sie dieselbe in subjektiver Hinsicht (hinsichtlich der
Gewissheit) einschränken und zugleich eine Annahme oder
Voraussetzung angeben, unter der die Einschränkung weg-
fallen darf. Daher enthalten sie ein problematisches
Urtheil „S ist vielleicht P". Z. B. das Urtheil „Wir werden
ein gutes Weinjahr haben, vorausgesetzt, dass der September
warm bleibt" fügt zu der problematischen Bejahung „Vielleicht
werden wir ein gutes Weinjahr haben" eine Annahme, unter
der sie durch eine assertorische ersetzt werden dürfte.

3. An die determinativen und die konditionalen Urtheile schliessen sich weiter diejenigen, die mit ihnen unter dem Namen der hypothetischen zusammengefasst und vorzugsweise so bezeichnet zu werden pflegen. Dieselben haben zum Gegenstande eine Beziehung zwischen zwei Bejahungen oder zwei Verneinungen oder einer Bejahung und einer Verneinung, wie sie einem determinativen oder einem konditionalen Urtheile entnommen werden kann.

Die einen, welche (wenn der Einfachheit halber vorausgesetzt wird, dass beide Beziehungsglieder Bejahungen sind) durch die Formel „In allen (einigen) Fällen, wenn (wenn nicht) ein S Q ist, ist (ist nicht) es P" dargestellt und determinativ-hypothetische genannt werden können, bestimmen die Beziehung zwischen zwei Bejahungen (oder zwei Verneinungen oder einer Bejahung und einer Verneinung), die für sich nur partikulär gelten bezw. nicht gelten würden, dahin, dass die eine allgemein oder zwar wiederum nur partikulär, aber unter geringerer Einschränkung, gelte bezw. nicht gelte in den Fällen, in denen die andere gelte bezw. nicht gelte. Es wird in ihnen also ein Verhältniss gedacht, in welchem zwei Klassen von Urtheilen, nämlich diejenigen, die von irgend einem Dinge der Klasse der S das Q-sein, und diejenigen, die von demselben nicht näher bestimmten Dinge das P-sein aussagen, hinsichtlich der Wahrheit oder Unwahrheit zueinander stehen. Beispiele solcher Urtheile: Wenn eine Substanz amorph ist, hat sie keinen Schmelzpunkt; Wenn in einem Vierecke die Summe zweier einander gegenüber liegender Winkel zwei Rechte beträgt. ist es einem Kreise einschreibbar; Wenn ein Mensch nicht im Besitze seiner Vernunft ist, ist er nicht für seine Thaten verantwortlich; Niemals ist eine Zahl durch Drei theilbar. wenn es ihre Quersumme nicht ist; Meistens (in der Regel) ist eine Anordnung, wenn sie den Beifall der Thoren findet. nicht weise.

Die anderen, die der Formel „Nothwendig (vielleicht), wenn (nicht) A B ist, ist (nicht) S P" entsprechen und als konditional-hypothetische bezeichnet werden mögen, bestimmen die Beziehung zwischen zwei Entscheidungen, deren jede für sich nur problematisch gelten bezw. nicht gelten

würde (A ist vielleicht B, S ist vielleicht P), dahin, dass die
zweite apodiktisch oder zwar wiederum nur problematisch,
aber mit geringerer Einschränkung hinsichtlich der Gewissheit, also mit grösserer Wahrscheinlichkeit gültig bezw. ungültig sei unter der Annahme der apodiktischen Gültigkeit
bezw. Ungültigkeit der ersten. Während also in den determinativ-hypothetischen Urtheilen ein Verhältniss, in welchem
zwei Klassen von Urtheilen hinsichtlich der Wahrheit oder
der Unwahrheit stehen, gedacht wird, wird in dem konditional-
hypothetischen ein solches zwischen zwei bestimmten Urtheilen
„A ist B" und „S ist P" bestehendes Verhältniss gedacht.
Beispiele solcher Urtheile: Wenn der September warm bleibt,
werden wir vielleicht ein gutes Weinjahr haben; Wenn die
Erde sich um ihre Achse dreht, nimmt in der Richtung nach
dem Aequator zu die Schwingungsdauer eines Pendels zu;
Wenn du über den Halys gehst, wirst du ein grosses Reich
zerstören; Wenn eine vollkommene Gerechtigkeit da ist, so
wird der beharrlich Böse bestraft (Beispiel Kants).

Dasselbige, was in den oben beschriebenen Urtheilen
von einer Beziehung zwischen zwei Bejahungen oder Verneinungen bejaht wird, nämlich dass die eine uneingeschränkt
von den Dingen gelte bezw. nicht gelte, von denen die andere
gelte bezw. nicht gelte, oder dass die eine apodiktisch gelte
bezw. nicht gelte unter der Voraussetzung, dass die andere gelte
bezw. nicht gelte, kann auch von einer solchen Beziehung
verneint werden. Dem bejahenden determinativ-hypothetischen
Urtheil „Wenn ein S Q ist, ist es P" steht aber als verneinendes gegenüber nicht etwa „Wenn ein S Q ist, ist nicht
es P", welches vielmehr ebenfalls bejahend ist (es bejaht von
der Beziehung, in der ein Urtheil S Q zu einem Urtheile S P
steht, die Beschaffenheit, dass es für diejenigen S gelte, für
die das letztere nicht gelte), sondern „Wenn ein S Q ist,
braucht es darum nicht P zu sein, ist es doch möglicherweise nicht P", und ebenso dem bejahenden konditional-
hypothetischen „Wenn A B ist, ist S P" als verneinendes
nicht „Wenn A B ist, ist nicht S P", sondern „Wenn A B
ist, braucht darum nicht S P zu sein".

4. Es giebt noch eine zweite Art von Urtheilen, die eine
Beziehung zwischen Bejahungen oder Verneinungen zum Gegen-

stande haben, — die sogenannten disjunktiven. Je nachdem
die Glieder der durch sie bestimmten Beziehungen für sich
partikulär oder problematisch gelten, sollen diese Urtheile
hier partitiv-disjunktive, kürzer partitive, oder alter-
nativ-disjunktive, kürzer alternative, genannt werden. Ein
partitives Urtheil wird (wenn vorausgesetzt wird, dass die
Glieder der seinen Gegenstand bildenden Beziehung sämmtlich
Bejahungen sind) dargestellt durch die Formel „Ein S ist
entweder P_1 oder P_2 oder . . ." oder „Die S sind theils P_1
theils P_2 theils . . .", ein alternatives durch die Formel „Entweder ist S_1 P_1 oder S_2 P_2 oder . . ." Z. B. das partitive
Urtheil „Ein Dreieck ist entweder rechtwinkelig oder spitzwinkelig oder stumpfwinkelig" enthält die partikulären „Einige
Dreiecke sind rechtwinkelig, einige spitzwinkelig, einige stumpf-
winkelig", das alternative „Entweder sagt der Zeuge die
Wahrheit oder der Angeklagte ist schuldig" die problematischen
„Vielleicht sagt der Zeuge die Wahrheit, vielleicht ist der
Angeklagte schuldig". Um noch ein paar Beispiele hinzuzu-
fügen, so sind partitiv die Urtheile „Ein aus Sauerstoff und
Wasserstoff zusammengesetztes Molekül enthält entweder eben-
so viel Atome Wasserstoff wie Sauerstoff oder doppelt so viel".
„Eine Dampfmaschine ist entweder eine Hochdruck- oder eine
Niederdruckmaschine", während „Dieser Weg führt entweder
zum See oder zum Schlosse oder ins Dorf", „Die Welt ist
entweder durch einen blinden Zufall da oder durch innere
Nothwendigkeit oder durch eine äussere Ursache" (Beispiel
Kants) alternativ sind. Der Sinn dieser beiden Arten von
Urtheilen und ihr Unterschied von den hypothetischen bedarf
keiner weiteren Erläuterung.

Von den partitiven sind die sogenannten divisiven
Urtheile zu unterscheiden, die ebenfalls durch Sätze von
der Form „Ein S ist entweder P_1 oder P_2 . . ." oder „Die
S sind theils P_1 theils P_2 theils . . ." ausgedrückt werden,
wo dann aber P_1, P_2 . . . nicht Bestimmtheiten, sondern Arten
von Dingen bedeuten. Die divisiven Urtheile, z. B. „Die
Pflanzen sind theils Kryptogamen, theils Phanerogamen", „Die
Dreiecke sind theils rechtwinkelige, theils spitzwinkelige.
theils stumpfwinkelige". „Die Parallelogramme sind theils
Quadrate, theils ungleichseitige Rechtecke. theils Rhomben,

theils Rhomboide", haben zum Gegenstande nicht eine Beziehung zwischen Bejahungen oder Verneinungen, sondern
einen allgemeinen Begriff. Sie bestimmen den Umfang eines
allgemeinen Begriffes, indem sie eine vollständige Reihe ihm
untergeordneter einander nebengeordneter Begriffe angeben.
5. Nach Kant sind die Eigenthümlichkeiten des hypothetischen und des disjunktiven, oder genauer, da er die determinativ-hypothetischen und die partitiv-disjunktiven nicht
beachtet hat, der konditional-hypothetischen und der alternativ-disjunktiven, solche der Form. Zusammen mit einer
dritten Art, den kategorischen, sollen sie die Glieder einer
die Form der Urtheile betreffenden Eintheilung bilden, der
Eintheilung nach der Relation. „Alle Verhältnisse des Denkens,
meint er (Kr. d. r. V., Ros. S. 73f.) sind die: a) des Prädikats
zum Subjekt, b) des Grundes zur Folge, c) der eingetheilten
Erkenntniss und der gesammelten Glieder der Eintheilung zueinander. In der ersteren Art der Urtheile [den kategorischen]
sind nur zwei Begriffe, in der zweiten [den hypothetischen]
zwei Urtheile, in der dritten [den disjunktiven] mehrere
Urtheile im Verhältniss gegeneinander betrachtet." Die
Auffassung, dass im disjunktiven Urtheile das Verhältniss der
Glieder einer Eintheilung untereinander und zu der eingetheilten Erkenntniss gedacht werde, erläutert er dahin, dass
die Sphären der in Beziehung zueinander gesetzten Urtheile
einerseits sich ausschlössen, andererseits die Sphäre der eigentlichen Erkenntniss ausfüllten. „Z. E. Die Welt ist entweder
durch blinden Zufall da, oder durch innere Nothwendigkeit,
oder durch eine äussere Ursache. Jeder dieser Sätze nimmt
einen Theil der Sphäre des möglichen Erkenntnisses über
das Dasein der Welt überhaupt ein, alle zusammen die ganze
Sphäre." Die Erklärung vom Wesen des Urtheils, auf die
Kant seine Eintheilung der Urtheile nach der Relation gründet,
ist die, dass das Urtheil sei die Vorstellung eines Verhältnisses, nicht allgemein zwischen zwei Begriffen, sondern
zwischen zwei oder mehreren Vorstellungen, das Wort Vorstellung in dem weiten Sinne von Denk- oder Bewusstseins-
erzeugniss, also in einem Sinne, in welchem auch die Urtheile
Vorstellungen sind, genommen, — und näher eine solche
Vorstellung eines Verhältnisses von Vorstellungen, dadurch

die letzteren zur objektiven Einheit des Bewusstseins gebracht,
oder, wie es in seiner Logik heisst (§ 23), eine der anderen
zur Einheit des Bewusstseins untergeordnet werden. Wer
dieser Erklärung nicht zustimmt, vielmehr der Ansicht ist,
dass keineswegs alle Urtheile Vorstellungen zum Gegenstande
haben, dass es auch Urtheile über nicht Vorstellungen seiende
Dinge gebe, kann natürlich die in Rede stehende Eintheilung
nicht für eine die Form betreffende gelten lassen, wird vielmehr in ihr die Eintheilung einer durch ihre Materie, ihren
Inhalt, eigenthümlichen Klasse von Urtheilen erblicken. Aber
auch so aufgefasst erscheint sie mangelhaft. Denn es leuchtet
doch gewiss nicht ohne Weiteres ein, dass das Verhältniss des
Subjektes zum Prädikate, d. i., nach Kant, eines Begriffes zu
einem ihm übergeordneten, und die davon sehr verschiedenen
Verhältnisse, in denen zwei oder mehrere Urtheile hinsichtlich
ihrer Geltung stehen (diejenigen des Grundes zur Folge und
einer möglichen Erkenntniss zu einer Reihe von Erkenntnissen, die zusammen die Sphäre jener ausmachen), — dass
diese Verhältnisse Arten des allgemeinen Verhältnisses der
Einheit des Bewusstseins in verschiedenen Vorstellungen seien,
und dass es weiter keine Arten dieses Verhältnisses gebe.
Dagegen lassen sich, wie oben gezeigt worden ist, die hypothetischen und die disjunktiven Urtheile vollkommen verstehen,
wenn man davon ausgeht, dass in jedem Urtheile von einem
Subjekt ein Prädikat bejaht oder verneint werde.

Zweiter Abschnitt.

Das Erkennen.

§ 19.
Die Begriffe der Wahrheit und der Erkenntniss.

1. Damit ein Gedanke Erkenntniss sei, muss er wahr sein. Doch genügt dies nicht; es gehört dazu noch, dass der ihn Denkende sich auf gewisse Weise zu ihm verhalte, nämlich, dass er ihm auch Wahrheit beimesse und eine Bürgschaft seiner Wahrheit zu besitzen glaube und sich hierin nicht täusche. Angenommen z. B., es gebe auf dem Monde eine Vegetation, so würde zwar der Gedanke, dass es sich so verhalte, unter allen Umständen wahr sein, aber eine Erkenntniss würde an ihm doch derjenige nicht besitzen, der ihn für unwahr hielte oder auch nur an seiner Wahrheit zweifelte, noch auch derjenige, der ihn zwar für wahr hielte, aber durch eine Täuschung dazu bewogen wäre, etwa weil er sich hätte überreden lassen, ein ihm vorgezeigtes, Pflanzenspuren enthaltenes Stück Materie sei aus dem Monde gefallen. Oder, nach einem Beispiele Platos, der Richter, der, durch ein falsches Zeugniss bewogen, einen Schuldigen verurtheilte, dächte, indem er den Angeklagten für schuldig hielte, Wahres, ohne doch eine Erkenntniss von der Sache zu haben. Es wird nicht überflüssig sein, zu bemerken, dass die Bestimmung, der einen wahren Gedanken Denkende müsse der Wahrheit desselben gewiss sein, um eine Erkenntniss an ihm zu besitzen, keinesweges die problematischen Urtheile aus dem Gebiete des Erkennens verweist. Denn wenn auch jedes problematische Urtheil einer Ungewissheit Ausdruck giebt, so nimmt es doch für das, was es aussagt, nämlich dass eine gewisse Prädizirung vielleicht richtig, d. h. mit dem bereits Erkannten verträglich sei, volle Gewissheit in Anspruch.

2. Wahr nun heisst ein Gedanke, wenn er mit seinem
Gegenstande übereinstimmt, wenn, mit anderen Worten, der
gedachte Gegenstand ein solcher ist, als welcher er gedacht
wird, unwahr im entgegengesetzten Falle. Aus dieser alten
Erklärung folgt, dass die Begriffe der Wahrheit und der
Unwahrheit näher nur auf Prädizirungen Anwendung finden
können, denn nur von einem Gedanken, der auf einen Gegenstand eine Bestimmtheit in der Weise bezieht, dass er ihr
die Bedeutung einer mit denen, durch die der Gegenstand
erst für den Denkenden dieser eigenthümliche Gegenstand ist,
verknüpften, die Bedeutung einer ergänzenden giebt, kann
gesagt werden, dass er mit seinem Gegenstande übereinstimme oder solcher Uebereinstimmung ermangele, dass sein
Gegenstand ein solcher, wie er durch ihn gedacht werde,
oder kein solcher sei. Allerdings fallen auch die Urtheile
im engeren Sinne des Wortes, die Entscheidungen über die
Geltung einer Prädizirung, unter den Gegensatz von Wahrheit und Unwahrheit, aber nur darum, weil sie, indem sie
auf eine Prädizirung die Bestimmtheit des Wahr-seins oder
Unwahr-seins beziehen, selbst Prädizirungen, nämlich eine
Prädizirung zum Gegenstande habende, sind. Sie sind wahr,
wenn sie eine Prädizirung insoweit bestätigen, als sie wahr,
oder insoweit verwerfen, als sie unwahr ist, so dass z. B.
ein allgemein verneinendes Urtheil wahr ist, wenn die in
ihm enthaltene Prädizirung mit keinem der Dinge, die den
reellen Umfang ihrer Subjektsvorstellung ausmachen, übereinstimmt. Was die blossen Vorstellungen betrifft, so liegen
sie ganz ausserhalb der Sphäre der Begriffe der Wahrheit
und der Unwahrheit. „Wo sich das Wahre und das Falsche
findet, sagt schon Aristoteles, da ist schon eine Zusammensetzung der Begriffe als solcher, welche eins seien. Denn
auf dem Gebiete der Zusammensetzung und der Trennung
hat das Wahre und das Falsche statt. Die Subjekts- und
die Prädikatsbezeichnungen gleichen daher für sich allein
dem Begriffe ohne Zusammensetzung und Trennung, z. B.
Mensch oder Weiss, wenn nichts hinzugesetzt wird; denn es
ist weder Falsches noch Wahres irgendwie. Der also denkt
wahr, der das Getrennte für getrennt und das Zusammengesetzte für zusammengesetzt hält; der aber falsch, dessen

Gedanken sich entgegengesetzt verhalten als die Dinge
(Trendelenburg, Erläuterungen zu d. Elementen d. arist.
Logik, S. 1).

3. Nach dem vorigen Abschnitte (§§ 8, 16) setzt jedes
Urtheil die Existenz seines Gegenstandes voraus. Zur Wahrheit eines Urtheils gehört also, dass sein Gegenstand
existire bezw., wenn es sich auf die Vergangenheit oder die
Zukunft bezieht, existirt habe oder existiren werde. Und
auf den Namen von Erkenntnissen können nur die Urtheile
über solche Gegenstände Anspruch machen, deren Existenz
dem Urtheilenden verbürgt ist. Ueberhaupt verbürgt nun
kann uns die Existenz eines Gegenstandes unseres Denkens nur
dann sein, wenn uns die mindestens Eines Dinges unmittelbar verbürgt ist. Unmittelbar verbürgt aber ist uns die
Existenz eines Dinges nur dann, wenn wir es in seiner wirklichen Existenz erfassen, d. i. so anschauen oder wahrnehmen,
dass zu dem, was wir von ihm anschauen oder wahrnehmen,
seine Existenz gehört, dass, mit anderen Worten, seine Existenz
eine Thatsache für uns ist. Die Möglichkeit der Erkenntniss
überhaupt hängt also davon ab, dass mindestens Ein nicht
bloss zu sein Scheinendes, sondern wirklich Seiendes unserem
Wahrnehmen zugänglich ist.

Es ist eine Aufgabe nicht der Logik, sondern der Metaphysik, zu untersuchen, ob überhaupt und inwieweit uns
unser Wahrnehmungsvermögen mit dem An-sich-seienden bekannt mache. Aber auch ohne tiefer in die Metaphysik ein-
zudringen, durch eine kurze und einfache Ueberlegung, kann
man sich davon überzeugen, dass die oben angegebene Bedingung für die Möglichkeit der Erkenntniss überhaupt erfüllt
ist. Die Annahme nämlich, dass Alles, was ich wahrnehme,
oder, was dasselbe ist, was mir zu sein scheint, nicht wirklich
sei, sondern eben nur zu sein scheine, widerspricht sich
selbst. Denn es liegt in ihr das Zugeständniss, dass wirklich
Mancherlei mir zu sein scheine, Mancherlei von mir wahrgenommen werde, also das Zugeständniss, dass ich selbst,
das bewusste Subjekt, wirklich existire und alle die Wahrnehmungen und überhaupt die Bewusstseinsthätigkeiten, die
ich zu irgend einer Zeit in mir antreffe, zu dieser Zeit wirklich
habe. Die Körperwelt sammt dem Raume mag ein blosses

Phänomen meines wahrnehmenden Bewusstseins sein, desgleichen Alles, was ich, ausser meinem Bewusstsein selbst, in mir wahrnehme, so ist doch das sicher (und auch Kant, der lehrte, dass alle Objekte und Inhalte unseres Anschauens und Erfahrens blosse Erscheinungen seien, setzt es in der Begründung und der Ausführung dieser Lehre durchgehend voraus), dass uns wirklich eine Körperwelt und vom Wahrnehmen selbst verschiedene Verhaltungsweisen unseres Ich zu sein scheinen, dass wir also wirklich eine Körperwelt und solche Verhaltungsweisen wahrnehmen, und weiter, dass wir uns wirklich mit dem Wahrgenommenen in mannigfacher Weise geistig beschäftigen, mithin, dass wir, indem wir uns unseres Wahrnehmens und unserer weiteren Bewusstseinsthätigkeiten bewusst sind, ein wirklich, an sich, Seiendes und nicht bloss zu sein Scheinendes erfassen. Es kann hier noch daran erinnert werden, dass wir nichts als existirend denken können, ohne die Existenz unseres selbstbewussten Ich als selbstbewussten vorauszusetzen (§ 8, 5), dass wir also uns selbst widersprechen würden, wenn wir zwar zugäben, dass überhaupt etwas existire, unser Ich aber und unser Ich-Bewusstsein nur für ein Phänomen wollten gelten lassen.

4. Die Behauptung, dass Erkenntnisse und Wahrheiten nur solche Urtheile sein können, die wirklich existirende Dinge zu Gegenständen haben, schliesst keineswegs die blossen Erscheinungen oder auch nur die erdichteten Dinge durchaus von dem Gebiete des Erkennbaren aus. Erscheinungen und erdichtete Dinge können nur nicht eigentlich Gegenstände richtiger Urtheile, Gegenstände in dem Sinne, in welchem dieser Ausdruck in diesen Untersuchungen bisher gebraucht worden ist, sein. Die sich auf Dinge, die in Wirklichkeit nicht existiren, beziehenden Urtheile, deren Wahrheit nicht bezweifelt werden kann, z. B. dass Juno die Gemahlin Jupiters gewesen sei, dass die vollkommen kugelförmigen Körper gewisse geometrische Eigenschaften haben, dass das Ding, welches ich hier im Spiegel sehe, sich bewege, haben zum Gegenstande nicht eigentlich diese Dinge, sondern etwa die Begriffe derselben, oder das Verhältniss der Annahme, ein gewisses Ding existire, zu der Behauptung, dieses Ding habe eine gewisse Bestimmtheit, oder das urtheilende Subjekt

hinsichtlich dessen, was es wahrnehme oder was ihm zu sein scheine. So würde es sich mit allen Aussagen über Körper verhalten, wenn die räumlich-materielle Welt nur eine Schein-welt oder, wie Kant zu sagen vorzog, nur eine Erscheinungs-welt sein sollte. Alle auf Körper bezüglichen Sätze, denen wir auf dem Standpunkte der natürlichen Weltansicht Wahr-heit beimessen, insbesondere alle der Naturwissenschaft an-gehörenden, würde der Idealist nur im Sinne von Urtheilen über die wahrnehmenden Subjekte hinsichtlich des Zusammen-hanges ihrer Wahrnehmungen oder, was dasselbe ist, über Erscheinungen als solche zu nehmen brauchen, um ihnen beistimmen zu können. Nur das müsste ihm gewiss sein, dass er selbst, das wahrnehmende Subjekt wirklich, an sich, existire und wirklich, an sich, solche Wahrnehmungen habe, wie sie in jenen Sätzen vorausgesetzt würden. Wenn uns, wie Kant lehrte, auch die Wahrnehmung unser selbst und unserer geistigen Thätigkeiten, insbesondere unseres Wahr-nehmens, nur Erscheinungen lieferte, wenn wir also gar nicht wirklich wahrnähmen, sondern uns nur schienen wahr-zunehmen, wenn, mit anderen Worten, die Erscheinungen, die wir wahrzunehmen meinen, gar nicht einmal wirkliche Er-scheinungen wären, so könnte es weder von den Dingen der Aussenwelt noch von dem eigenen Ich richtige Urtheile und Erkenntnisse geben.

5. Zur Erörterung des Begriffes der Wahrheit gehört noch die Bemerkung, dass die Wahrheit eines Gedankens gänzlich unabhängig davon ist, welches denkenden Wesens Gedanke er ist, sowie auch davon, zu welcher Zeit er gedacht wird. Es ist nicht möglich, dass derselbe Gedanke für den Einen wahr, für den Anderen unwahr wäre, oder dass ein wahrer Gedanke seine Wahrheit infolge der Veränderung seines Gegenstandes verlöre. Jede Wahrheit, mit Einem Worte, ist allgemeingültig und unwandelbar. Denn ob ein Gedanke wahr ist oder nicht, hängt, nach dem Begriffe der Wahrheit, nur davon ab, ob zu der in ihm gedachten Zeit sein Gegenstand existirt und die ihm zugeschriebene Bestimmt-heit hat oder nicht. Wer durch Beispiele nachweisen zu können meint, dass es Gedanken von bloss individueller oder subjektiver oder von bloss zeitweiliger Gültigkeit gebe, hält

inhaltlich verschiedene Gedanken, weil sie durch denselben
Satz ausgedrückt werden, für identisch. So können freilich,
nach dem Platonischen Beispiele, ein Gesunder, der von
einem Weine sagt, er schmecke süss, und ein Kranker, der
denselben Wein bitter findet, beide Recht haben; aber dass
der Wein dem Kranken bitter schmecke, würde doch auch
der Gesunde, und dass er dem Gesunden süss schmecke,
würde auch der Kranke anerkennen müssen, wenn Jeder die
Geschmacksempfindung des Anderen wahrnehmen könnte. Und
wenn ein Wein, der gestern klar war, heute trübe ist, so
hat doch mein gestriges Urtheil, der Wein sei klar, nämlich
an dem Tage, den ich gestern als den heutigen bezeichnete
und heute als den gestrigen bezeichnen muss, heute nichts
von seiner Wahrheit eingebüsst.

§ 20.
Analytische und synthetische Urtheile.
Die Prinzipien der Identität und des Widerspruches.

1. Eine Erkenntniss, wurde gesagt, besitzt an einem
wahren Gedanken der ihn Denkende nur dann, wenn dieser
selbst ihm Wahrheit beimisst und eine Bürgschaft seiner
Wahrheit zu besitzen glaubt und sich hierin nicht täuscht.
Wird nun gefragt, wodurch einem die Wahrheit eines Ge-
dankens verbürgt werden könne, so kann dies zwar seine
Vergleichung mit einem anderen Gedanken sein, von dessen
Wahrheit man überzeugt ist, oder mit einer Verbindung solcher
Gedanken, aber dann muss man eine Bürgschaft der Wahrheit dieses anderen Gedankens bezw. dieser Verbindung von
Gedanken besitzen; und so sieht man leicht, dass die letzte
Grundlage der Gewissheit nicht wieder von anderen Gedanken entlehnt, sondern nur eine unmittelbare, aus der Vergleichung eines Gedankens mit seinem Gegenstande ent-
springende sein kann.
2. Bezüglich der unmittelbaren Vergleichung eines Gedankens, bestimmter eines Urtheils, mit seinem Gegenstande
aber sind zwei Fälle zu unterscheiden. Entweder braucht
man, um das Urtheil als wahr oder unwahr zu erkennen, den

Gegenstand nur insoweit zur Vergleichung heranzuziehen, als man ihn durch die dem Urtheile zu Grunde liegende, auf ihren konstituirenden Inhalt beschränkte Vorstellung, durch den Subjektsbegriff des Urtheils, vor Augen hat, ist also die prädizirte Bestimmtheit, obwohl sie keinen Bestandtheil des konstituirenden Inhaltes des Subjektsbegriffes bildet (denn das ist niemals der Fall, § 14, 2), doch auf irgend eine Weise in diesem enthalten, oder man muss von dem Gegenstande etwas ins Auge fassen, was nicht schon durch seinen blossen, dem Urtheile zu Grunde liegenden Begriff gesetzt ist, muss, mit anderen Worten, die Anschauung des Gegenstandes weiter, als sie in den blossen Subjektsbegriff eingetreten ist, zu Hülfe nehmen. Um z. B. die Wahrheit des Satzes $2 + 3 = 4 + 1$ durch blosse Vergleichung mit seinem Gegenstande zu erkennen, braucht man diesen Gegenstand nur insoweit zu berücksichtigen, als er die Bestimmtheit hat, durch die ihn der Subjektsbegriff jenes Satzes von allen anderen Gegenständen unterscheidet. Angenommen, die Summe von 2 und 3 hätte noch andere Eigenschaften als diejenigen, welche in der, diese Summe zu sein, auf irgend eine Weise enthalten sind, so könnte man dieselben doch völlig ausser Acht lassen. Und in derselben Weise kann man sich von der Unwahrheit des Satzes „Die Summe von 2 und 3 ist nicht gleich der Summe von 4 und 1" überzeugen. Dagegen um die Sätze „Dieser Apfel ist süss", „Dieser Apfel ist nicht süss" durch unmittelbare Vergleichung mit ihrem Gegenstande auf ihre Wahrheit zu prüfen, genügt es nicht, an dem Gegenstande das zu betrachten, was von ihm durch die Bezeichnung „Dieser Apfel" angegeben wird, also die Eigenschaften, wegen derer ich überhaupt ein Ding einen Apfel nenne, und die Beziehung zu mir, die das Wort Dieser ausdrückt, sondern ich muss seinen Geschmack hinzunehmen, also ein Merkmal, welches weder allen Aepfeln gemeinsam noch in der durch das Wort Dieser ausgedrückten Beziehung enthalten ist.

Diejenigen Urtheile, deren Wahrheit oder Unwahrheit durch eine Vergleichung mit ihrem Gegenstande ermittelt werden kann, die den letzteren nur insoweit herbeizieht, als er die den konstituirenden Inhalt der Subjektsvorstellung bildende Bestimmtheit hat, diejenigen also, die, wenn sie wahr

sind, durch blosse Betrachtung dessen, was durch ihre Subjektsvorstellung von ihrem Gegenstande vorgestellt wird, als Erkenntnisse d. i. mit der Einsicht in ihre Wahrheit gewonnen
werden können, sollen analytische, die anderen synthetische genannt werden. Zu den analytischen sollen
weiter auch alle Urtheile gerechnet werden, die durch
blosse Vergleichung mit solchen, welche analytisch in dem
eben angegebenen Sinne des Wortes sind, als wahr oder
falsch erkannt werden können, zu den synthetischen diejenigen,
die nicht so beschaffen sind. Sind demnach z. B. die geometrischen Grundsätze analytisch, so auch die Lehrsätze, die
aus ihnen bewiesen werden können. Ein analytisches Urtheil
soll ferner identisch heissen, wenn es von seinem Gegenstande eine Bestimmtheit bejaht, die dem konstituirenden
Inhalte seines Subjektsbegriffs entnommen werden kann, oder
eine Bestimmtheit, die mit einer solchen unvereinbar ist und
aus ihr selbst als unvereinbar erkannt werden kann, verneint,
— widersprechend, wenn es umgekehrt eine in dem konstituirenden Inhalte seiner Subjektsvorstellung enthaltene
Bestimmtheit verneint oder eine, deren Unvereinbarkeit mit
einer solchen durch blosse Vergleichung beider erkannt werden
kann, bejaht.

3. Aus diesen Begriffsbestimmungen folgt, dass jedes
identische Urtheil, dessen Gegenstand wirklich existirt, wahr,
jedes sich widersprechende unwahr ist. Wahr heisst ja ein
Urtheil, wenn sein Gegenstand ein solcher ist, wie er in ihm
gedacht wird, unwahr, wenn er es nicht ist; und die identischen Urtheile denken, ihrem Begriffe nach, ihren Gegenstand so, wie er ist, die widersprechenden so, wie er nicht
ist. Die Identität ist demnach ein Kennzeichen oder Kriterium
der Wahrheit derjenigen Urtheile, von denen man schon weiss,
dass ihr Gegenstand existirt, der Widerspruch ein Kriterium
der Unwahrheit. Selbstverständlich kann ein Urtheil, auch
ein solches, dessen Gegenstand wirklich existirt, wahr sein,
ohne identisch, und unwahr, ohne widersprechend zu sein,
denn Identität und Widerspruch finden sich nur in den analytischen, nicht auch in den synthetischen Urtheilen. Aber
ist ein Urtheil über einen existirenden Gegenstand identisch,
so ist es wahr, und ist es widersprechend, so ist es unwahr.

Man kann jedes identische Urtheil, welches von einem Gegenstande S eine Bestimmtheit P bejaht oder verneint, ersetzen durch ein solches, welches von der Vorstellung des Gegenstandes S bejaht oder verneint, dass die Bestimmtheit P in ihrem konstituirenden Inhalte enthalten sei, z. B. „Jede dreiseitige Figur ist dreiwinkelig" durch „Der Begriff der dreiseitigen Figur enthält die Dreiwinkeligkeit" oder, was dasselbe ist (§ 17,$_6$) „Die dreiseitigen Figuren sind als solche, oder alle möglichen dreiseitigen Figuren sind dreiwinkelig". Würde nun bestimmt, dass nur derartige Urtheile über Vorstellungen oder Begriffe identisch heissen sollten, so gälte ohne Einschränkung von allen identischen Urtheilen, dass sie wahr seien; denn dass die Vorstellung, die den Gegenstand eines solchen Urtheils bildet, wirklich existirt, ist selbstverständlich, da man eine Vorstellung, indem man über sie urtheilt, ins Dasein ruft.

Dass jedes identische Urtheil, dessen Gegenstand wirklich existirt, wahr sei, ist der Sinn des unter dem Namen des Prinzips der Identität (principium identitatis) überlieferten Satzes „Jedes Ding ist das, was es ist, oder A ist A". — dass jedes sich widersprechende Urtheil unwahr sei, der Sinn des als Prinzip des Widerspruchs (principium contradictionis) bezeichneten Satzes „Kein Ding ist das, was es nicht ist, oder A ist nicht non-A". (Als Prinzip des Widerspruchs wird übrigens vielfach auch ein Satz, von dem später die Rede sein wird, bezeichnet, der in dem Prinzipe „Was Wahrem widerspricht, ist unwahr" enthaltene Satz, dass ein Urtheil, welches das, was ein wahres Urtheil von gewissen Dingen bejaht, von denselben Dingen verneint, oder das, was ein wahres Urtheil von gewissen Dingen verneint, von denselben Dingen bejaht, unwahr sei.)

4. Die hier vorgetragene Auffassung vom Satze des Widerspruchs stimmt mit der Kantischen überein. Kant gab ihm den Ausdruck „Keinem Dinge kommt ein Prädikat zu, welches ihm widerspricht". Den Satz der Identität, den man auf die Form bringen kann „Jedem existirenden Dinge kommt jedes Prädikat zu, welches im konstituirenden Inhalte seines Begriffes enthalten ist", liess er bei Seite. Der Satz des Widerspruchs, erklärt er, sei der oberste Grundsatz aller analytischen

Urtheile, wobei er unter den analytischen Urtheilen nicht die
identischen und die sich widersprechenden, sondern nur die
ersteren versteht. Denn nach diesem Prinzipe werde nicht
bloss die Unwahrheit der sich widersprechenden, sondern auch
die Wahrheit der analytischen (identischen) Urtheile erkannt.
„Man kann von demselben, sagt er (Kr. d. r. V., Ros. S. 133f.),
einen positiven Gebrauch machen, d. i. nicht bloss, um Falsch-
heit und Irrthum (sofern er auf dem Widerspruch beruht) zu
verbannen, sondern auch, Wahrheit zu erkennen. Denn, wenn
das Urtheil analytisch ist, es mag nun verneinend oder bejahend
sein, so muss dessen Wahrheit jederzeit nach dem Satze des
Widerspruchs hinreichend können erkannt werden. Denn von
dem, was in der Erkenntniss des Objekts schon als Begriff
liegt und gedacht wird, wird das Widerspiel jederzeit richtig
verneint, der Begriff selber aber nothwendig von ihm bejaht
werden müssen, darum, weil das Gegentheil desselben dem
Objekte widersprechen würde. Daher müssen wir auch den
Satz des Widerspruchs als das allgemeine und völlig hin-
reichende Principium aller analytischen Erkenntniss gelten
lassen." Offenbar könnte man indessen mit demselben Rechte
sagen, nach dem Satze der Identität werde nicht bloss die
Wahrheit der analytischen (identischen), sondern auch die
Unwahrheit der sich widersprechenden Urtheile erkannt. Und
mit grösserem Rechte als dem Satze, der die sich widersprechenden Urtheile verbannt, wird man demjenigen, der die
identischen für richtig erklärt, den Rang des obersten Grundsatzes der analytischen Erkenntniss zuerkennen.

§ 21.
Heterologischer Charakter der analytischen Urtheile.

1. Die Annahme, dass analytische Urtheile möglich seien,
welche die Voraussetzung der vorstehenden Ueberlegungen
bildeten, scheint mit der früher (§ 14,2) entwickelten Auffassung
vom Wesen des Urtheils in Widerspruch zu stehen; denn
nach der Begriffsbestimmung des analytischen Urtheils scheinen
diejenigen analytischen Urtheile, die identische genannt wurden,
mit den oben als tautologisch, diejenigen, die sich wider-

sprechen, mit den oben als enantiologisch bezeichneten zu-
sammenzufallen, während die Untersuchung über das Wesen
des Urtheils weder tautologische noch enantiologische Urtheile
zulassen wollte.

2. Kant hielt es zwar für selbstverständlich, dass die
analytischen Urtheile die Erkenntniss nicht erweiterten, also
nicht heterologisch wären, aber sie sollten doch auch nicht
einerlei mit den tautologischen sein. Analytische Urtheile
sind nach der Kritik der reinen Vernunft, „wenn nur die
bejahenden erwogen werden", diejenigen, deren Prädikat B
zum Subjekte A gehört als etwas, was in diesem Begriffe A
versteckterweise enthalten ist, synthetische diejenigen, deren
Prädikat B ganz ausser dem Subjekte A liegt, ob es zwar
mit demselben in Verknüpfung steht. In den analytischen
Urtheilen werde also die Verknüpfung des Prädikats mit dem
Subjekte durch Identität, in den synthetischen ohne Identität
gedacht. „Die ersteren könnte man auch Erläuterungs-, die
anderen Erweiterungs-Urtheile heissen, weil jene durch das
Prädikat nichts zum Begriff des Subjekts hinzuthun, sondern
diesen nur durch Zergliederung in seine Theilbegriffe zerfällen,
die in selbigem schon (obgleich verworren) gedacht waren:
dahingegen die letzteren zu dem Begriffe des Subjekts ein
Prädikat hinzuthun, welches in jenem gar nicht gedacht war,
und durch keine Zergliederung hätte können herausgezogen
werden. Z. B. wenn ich sage: Alle Körper sind ausgedehnt,
so ist dies ein analytisches Urtheil. Denn ich darf nicht
über den Begriff, den ich mit dem Körper verbinde, hinausgehen, um die Ausdehnung, als mit demselben verknüpft, zu
finden, d. i. des Mannigfaltigen, welches ich jederzeit in ihm
denke, mir nur bewusst werden, um dieses Prädikat darin
anzutreffen: es ist also ein analytisches Urtheil. Dagegen,
wenn ich sage: Alle Körper sind schwer, so ist das Prädikat
etwas ganz Anderes als das, was ich in dem blossen Begriff
eines Körpers überhaupt denke. Die Hinzufügung eines
solchen Prädikats giebt also ein synthetisches Urtheil"
(Kr. d. r. V., Ros. S. 21 f.). Hiernach wird man im Sinne
Kants das Verhältniss der analytischen (identischen) und der
tautologischen Urtheile dahin bestimmen müssen, dass beide
Arten im Prädikate nur den konstituirenden Inhalt des Sub-

jektsbegriffes oder eines Theiles desselben wiederholen und
daher über den Gegenstand dieses Begriffes gar nichts
lehren, dass aber die ersteren das Bewusstsein um die Identität
des Prädikats mit dem konstituirenden Inhalte des Subjektsbegriffes erst hervorbringen, während es den letzteren vorher-
geht, dass jene daher den Subjektsbegriff erläutern oder klar
machen, diese dagegen auch nicht einmal in dieser Weise
die Erkenntniss fördern. Hiermit übereinstimmend (nur dass
sie die tautologischen Urtheile zu einer Art der analytischen
macht) erklärt die Logik (§ 37): „Die Identität der Begriffe
im analytischen Urtheile kann entweder eine ausdrückliche
(explicita) oder eine nicht-ausdrückliche (implicita) sein. Im
ersteren Falle sind die analytischen Sätze tautologisch. Tautologische Sätze sind virtualiter leer oder folgeleer; denn sie
sind ohne Nutzen und Gebrauch . . . Implicite identische
Sätze sind dagegen nicht folge- oder fruchtleer; denn sie
machen das Prädikat, welches im Begriffe des Subjekts un-
entwickelt (implicite) lag, durch Entwickelung (explicatio)
klar."

Nach der Art, wie Kant die analytischen Urtheile von
den synthetischen unterscheidet, ist es wesentlich für sie,
zum Gegenstande eine Vorstellung zu haben, gleichviel, ob
man mit ihm der Ansicht ist, dass dies zum Wesen des Urtheils überhaupt gehöre, oder gegen ihn, dass es auch Urtheile
über Dinge, die nicht Vorstellungen seien, gebe. Sie sagen
nach seiner Beschreibung von einer Vorstellung aus, dass
sie Dinge von einer gewissen Beschaffenheit als so be-
schaffene zum Gegenstande habe, z. B. von der Vorstellung
der Körper, dass zu den Bestimmtheiten, in denen für den
Vorstellenden der Unterschied der durch sie vorgestellten
Dinge von allen anderen bestehe, die Ausdehnung gehöre.
Wollte man eine Bestimmtheit, die zu denjenigen gehörte,
durch welche ein vorgestellter Gegenstand sich für den Vorstellenden von allen anderen unterschiede, von diesem Gegenstande selbst aussagen, so erhielte man eine Tautologie.
Z. B. der Satz „Alle Körper sind ausgedehnt", würde, wenn
er ein analytisches Urtheil über die Körper selbst ausdrücken
sollte, gleichbedeutend sein mit „Alle ausgedehnten Dinge
sind ausgedehnt", denn Körper wäre dann nur ein anderes

Wort für ausgedehnte Dinge. Es ist jedoch keineswegs unmittelbar einleuchtend, dass solche Urtheile über Vorstellungen einerseits analytisch, andererseits nicht tautologisch seien. Es könnte dagegen eingewandt werden: wenn z. B. von der Vorstellung der Körper gesagt werde, sie sei die Vorstellung oder eine Vorstellung ausgedehnter Dinge, so heisse „Vorstellung der Körper" entweder so viel wie „Vorstellung ausgedehnter Dinge" oder wie „Vorstellung, deren Gegenstand durch das Wort Körper bezeichnet wird", im ersten Falle aber sei der Satz tautologisch, denn er wäre gleichbedeutend mit „Die Vorstellung der ausgedehnten Dinge ist die Vorstellung der ausgedehnten Dinge", und im zweiten Falle sei er synthetisch, denn dass die Vorstellung, deren Gegenstand durch das Wort Körper bezeichnet werde, die Vorstellung der ausgedehnten Dinge sei, könnte man ebenso wenig aus dem Begriffe der Vorstellung, deren Gegenstand durch das Wort Körper bezeichnet werde, erkennen, wie aus dem Begriffe des Wortes Körper, dass dieses Wort gleichbedeutend sei mit Ausgedehntes Ding. Zugegeben indessen, ein Urtheil, das von einer Vorstellung aussage, das durch sie Vorgestellte seien Dinge von einer gewissen Beschaffenheit, könne näher einen solchen Sinn haben, dass es ein analytisches und doch nicht tautologisches Urtheil sei, so müsste es heterologisch sein, denn gehört die Bestimmtheit, die von einem Gegenstande in einem richtigen Urtheile bejaht wird, nicht zum konstituirenden Inhalte seines Begriffes, so bleibt nur übrig, dass sie als eine ergänzende zu demselben hinzukommt. Und so stände man wieder vor dem Probleme, wie analytische Urtheile heterologisch sein, die Erkenntniss erweitern können.

3. Wenn die analytischen, bestimmter die identischen Urtheile einerseits, wie die tautologischen, ihr Prädikat dem konstituirenden Inhalte ihres Subjektsbegriffes entnehmen sollen, andererseits aber doch, wie die heterologischen, weder den ganzen konstituirenden Inhalt des Subjektsbegriffes noch einen Theil desselben zum Prädikate haben dürfen, sondern zu den konstituirenden eine ergänzende Bestimmtheit hinzufügen, also die Erkenntniss erweitern sollen, so hängt ihre Möglichkeit davon ab, ob in dem konstituirenden Inhalte

eines Begriffes eine Bestimmtheit enthalten sein könne, die
doch keinen Bestandtheil desselben bilde, ob man, mit anderen
Worten, durch blosse Betrachtung eines auf seinen konstituirenden Inhalt beschränkten Begriffes eine von den diesen Inhalt
bildenden verschiedene, eine neue Bestimmtheit finden könne.

Auf den ersten Blick scheint diese Frage unbedingt verneint werden zu müssen. In einem auf seinen konstituirenden
Inhalt beschränkten Begriffe liegen eben keine anderen Bestimmtheiten als diejenigen, welche diesen Inhalt ausmachen,
und andere Bestimmtheiten kann man doch in einem Begriffe
nicht finden als diejenigen, die in ihm liegen. Wenn man
dieses Argument dahin versteht, dass jede Bestimmtheit, die
man durch blosse Betrachtung eines Begriffes finden könne,
an sich, objektiv, der Sache nach, mit einer den Inhalt dieses
Begriffes bildenden einerlei sein müsse, so ist es in der That
unwiderleglich. Es können aber auch zwei Bestimmtheiten,
die an sich oder objektiv oder der Sache nach identisch sind,
sich für den Vorstellenden oder subjektiv oder der Auffassung
nach unterscheiden; und wenn das Prädikat eines Urtheils
zu dem konstituirenden Inhalte seines Subjektsbegriffes in
diesem Verhältnisse steht, so kann es, obwohl es für den
Urtheilenden eine neue Bestimmtheit ist, durch blosse Betrachtung des Subjektsbegriffes gefunden werden. Und dann
ist das Urtheil einerseits ein Erweiterungsurtheil, heterologisch,
andererseits analytisch.

4. Zur Erläuterung dieser Lösung des Problems, wie
analytische Erweiterungsurtheile möglich seien, oder wie ein
heterologisches Urtheil analytisch sein könne, werden einige
Beispiele erforderlich sein.

Das Prädikat des Satzes „Die vom Punkte a zum Punkte b
führende Linie führt vom Punkte b zum Punkte a" ist mit
einer konstituirenden Bestimmtheit seines Subjektsbegriffes
der Sache nach identisch, denn in der Linie a b selbst ist
zwischen dem von a nach b und dem von b nach a Führen
gar kein Unterschied. Man fasst die Linie nur anders auf,
wenn man sie als von b nach a führend, als wenn man sie
als von a nach b führend auffasst. Um daher von der Art,
wie die Linie durch den Subjektsbegriff vorgestellt wird, zu
der, wie sie durch den Prädikatsbegriff vorgestellt wird, zu

gelangen, braucht man sie nur hinsichtlich dessen, was man durch den Subjektsbegriff von ihr vor Augen hat, zu betrachten; man braucht nicht über das, was man von ihr im Bewusstsein hat, indem man sie als von a nach b führend vorstellt, hinauszugehen. Jener Satz drückt also ein analytisches Erweiterungsurtheil aus.

Dasselbe gilt, wie ohne Weiteres einleuchtet, von dem Satze „Das durch die Formel a > b ausgedrückte Grössenverhältniss ist einerlei mit dem durch Formel b < a ausgedrückten".

Dass 1 + 1 = 2 ist, scheint (vorausgesetzt, dass diese Formel nicht die Bedeutung des Wortes oder Zeichens 2 angeben, sondern über die Summe von 1 und 1 etwas aussagen soll) eine Tautologie zu sein, denn 2 bedeutet die auf 1 folgende Zahl oder die Zahl, die um 1 grösser ist als 1, also 1 + 1. Allein man fasst dieselbe Grösse doch anders auf, wenn man sie als 1 + 1, und wenn man sie als 2 auffasst. Denn das Hinzufügen von 1 zu 1 ist eine Aufgabe, die durch Anschauen gelöst werden muss, und die Lösung wird durch das Urtheil 1 + 1 = 2 angegeben. Die Zahl 2 kann allerdings definirt werden als diejenige, die um 1 grösser sei als 1 oder als die Summe von 1 und 1, aber der Satz 1 + 1 = 2 setzt die Summe von 1 und 1 nicht der bloss so definirten Zahl 2, sondern der ihrer Definition gemäss in der Anschauung konstruirten und damit als möglich erkannten Zahl 2 gleich. Dass andererseits der in Rede stehende Satz, obwohl er die Erkenntniss erweitert, doch durch die blosse Betrachtung seines Subjektsbegriffes gewonnen wird, also analytisch und nicht synthetisch ist, erhellt daraus, dass sein Gegenstand objektiv, der Sache nach, nichts weiter als die Summe von 1 und 1 ist, ganz in dem 1 + 1 - sein aufgeht, und mithin die von ihm ausgesagte Bestimmtheit, das 2 - sein, objektiv oder der Sache nach mit dem konstituirenden Inhalte des Subjektsbegriffes einerlei ist und sich nur der Auffassung nach davon unterscheidet. Man bedarf freilich, um diese Einerleiheit zu erkennen oder, was dasselbe ist, um von der Art, wie der Gegenstand durch den Subjektsbegriff, zu derjenigen, wie er durch das Prädikat vorgestellt wird, überzugehen, der Anschauung, ebenso wie man ihrer

bedarf, um zu sehen, dass die von a nach b führende Linie
von b nach a führt, oder dass das Grössenverhältniss a > b
das Grössenverhältniss b < a sei, aber wenn Kant hierin
einen Beweis für den synthetischen Charakter der arithmetischen Sätze erblickte, so ist dagegen zu bemerken, dass
der Begriff des analytischen Urtheils, auch nach Kants Bestimmung, nichts enthält, was dazu nöthigte, die sich auf
Anschauung gründenden Urtheile allgemein von den analytischen auszuschliessen. Die Anschauung, auf die sich ein
analytisches Urtheil gründet, darf nur nicht über das hinausgehen, was der Gegenstand dadurch ist, dass er der Gegenstand des Subjektsbegriffes ist, und insofern ist, als er dieser
Gegenstand ist.

Ist die Gleichung $1 + 1 = 2$ ein analytisches Urtheil,
so sind es alle richtigen Zahlengleichungen, denn alle lassen
sich auf jene zurückführen. Dass z. B. der Satz $3 + 2 = 5$
analytisch ist, erhellt daraus, dass man $3 + 2$ durch $3 + 1 + 1$,
und dieses, da $3 + 1$ so viel heisst wie 4, durch $4 + 1$ ersetzen kann, $4 + 1$ aber so viel wie 5 heisst.

Das letzte Beispiel sei das Urtheil, welches dem Schlusse
„Alle A sind B, alle B sind C, folglich sind alle A C" entnommen werden kann: dass, wer das Enthalten-sein des Umfangs von A in dem von B und des Umfangs von B in dem
von C bejaht, damit auch, wenngleich ohne es zu bemerken,
das Enthalten-sein des Umfangs von A in dem von C bejaht.
oder dass die Verbindung der beiden ersten Bejahungen die
letzte enthalte. Man findet, wie Niemand bestreiten wird,
das Prädikat dieses Urtheils, welches so gewiss einen Fortgang in der Erkenntniss bedeutet, als es der Schluss thut,
dem es entnommen ist, durch blosse Betrachtung seines Subjektsbegriffes. Und dass dies möglich ist, hat seinen Grund
darin, dass das Prädikat zwar der Auffassung nach von dem
konstituirenden Inhalte des Subjektsbegriffes verschieden, der
Sache nach aber mit einem Theile oder einer Seite desselben
identisch ist. Jedem Schlusse kann in dieser Weise ein
analytisches Erweiterungsurtheil entnommen werden. Mit der
Möglichkeit der Urtheile dieser Art würde man also die der
Schlüsse leugnen.

§ 22.
Apriorität der analytischen Urtheile.

Man bedarf, um zu identischen Erkenntnissen zu gelangen, keiner über den konstituirenden Inhalt ihres Subjektsbegriffes hinausgehenden Betrachtung ihres Gegenstandes. Sie sind also unabhängig von der Erfahrung, Erzeugnisse, die das Erkenntnissvermögen (die Vernunft oder der Verstand) aus blossen Begriffen hervorbringt, — nicht, nach Kants Terminologie, empirische Erkenntnisse, Erkenntnisse a posteriori, sondern solche aus reiner Vernunft, a priori.

Es lässt sich weiter zeigen, dass auch, zwar nicht alle Begriffe, aus denen identische Erkenntnisse entspringen, wohl aber diejenigen von ihnen, die man erhält, wenn man aus den übrigen Alles weglässt, was für ihre Bedeutung, Quellen identischer Erkenntnisse zu sein, gleichgültig ist, unabhängig sind von allem zufälligen Inhalte des denkenden Bewusstseins, d. i. von allem Inhalte, den das denkende Bewusstsein nicht schon insofern hat, als es überhaupt denkendes Bewusstsein ist, — dass auch sie also Erzeugnisse des blossen Erkenntnissvermögens sind und daher reine Begriffe, Begriffe a priori genannt werden können, — z. B. zwar nicht der Begriff der Summe von 7 Thalern und 5 Thalern, aus dem das identische Urtheil „7 Thaler + 5 Thaler = 12 Thaler" entspringt, wohl aber der der Summe von 7 und 5 Dingen überhaupt.

Zunächst nämlich ist gewiss, dass das Prädikat P eines identischen Urtheils, dessen Subjektsbegriff die eben geforderte Allgemeinheit besitzt, ein Vorstellungsinhalt, den das denkende Bewusstsein durch sich selbst, durch sein blosses Denk- oder Vorstellungsvermögen hervorbringt, wenigstens insoweit ist, als es sich von dem konstituirenden Inhalte des Subjektsbegriffes oder dem Bestandtheile desselben, mit dem es der Sache nach identisch ist, unterscheidet (z. B. die Bestimmtheit der von irgend einem Punkte a zu irgend einem Punkte b führenden Linie, dass sie von b nach a führt, insoweit, als sie sich von dem von a nach b Führen unterscheidet, oder das 4 + 1-sein insoweit, als es sich von dem 3 + 2-sein unterscheidet). Denn dasjenige, wodurch sich die Bestimmt-

heit P' von dem konstituirenden Inhalte des Subjektsbegriffes
unterscheidet, kommt durch das identische Urtheil zu dem
Subjektsbegriffe hinzu, und dasjenige, was das identische
Urtheil mehr enthält als sein Subjektsbegriff, stammt, da das
identische Urtheil ein Urtheil a priori ist, aus dem blossen
Denkvermögen.

Erwägt man nun, dass die Bestimmtheit P objektiv oder
der Sache nach mit dem konstituirenden Inhalte der Subjektsvorstellung oder einem Theile desselben identisch ist und sich
nur subjektiv oder der Auffassung nach davon unterscheidet,
so leuchtet weiter ein, dass das, wodurch sich P von dem
konstituirenden Inhalte der Subjektsvorstellung unterscheidet,
nicht ein Erzeugniss des blossen Vorstellungsvermögens
sein kann, ohne dass auch das ihr mit dem konstituirenden
Inhalte der Subjektsvorstellung Gemeinsame es ist, — dass
z. B. das Führen von b nach a nicht bloss insoweit, als es
sich von dem Führen von a nach b unterscheidet, ein aus
dem Vorstellungsvermögen stammender Inhalt sein kann, sondern entweder ganz oder gar nicht diesen Ursprung hat.
Denn die Weise der Auffassung, dadurch allein P sich von
dem konstituirenden Inhalte der Subjektsvorstellung unterscheidet, ist von dem, was es mit diesem Inhalte gemeinsam
hat, unabtrennbar. Indem, mit anderen Worten, das denkende
Bewusstsein eine eigenthümliche Auffassung einer gewissen
Bestimmtheit P hervorbringt, bringt es diese Bestimmtheit
selbst in sich (als seinen Inhalt) hervor. Mithin ist die Bestimmtheit P ganz und gar ein reiner Vorstellungsinhalt.
Oder, was dasselbe ist, der Begriff, der diese Bestimmtheit
zum konstituirenden Inhalte hat, der Begriff des P-seienden,
ist ein von allem zufälligen Bewusstseinsinhalte unabhängiger
Begriff, ein Begriff a priori.

Dann ist aber, drittens, auch der Begriff des Gegenstandes S, der Subjektsbegriff des Urtheils, von derselben Art.
Offenbar gilt dies zunächst dann, wenn das P-sein nicht bloss
mit einem Theile oder einer Seite des S-seins, sondern mit
dem ganzen S-sein der Sache nach identisch ist, ein Verhältniss, welches z. B. zwischen dem Prädikate und dem Subjekte des Urtheils „Die von a nach b führende Linie führt
von b nach a" oder des Urtheils $2 + 3 = 4 + 1$ besteht.

Denn alsdann kann man ebenso, wie vom Begriffe von S zum
Begriffe von P, umgekehrt vom Begriffe von P zu dem von
S durch die blosse Thätigkeit des Denkvermögens gelangen,
und hieraus folgt, dass, wenn der eine a priori ist, es auch
der andere ist. Ebenso aber wird es sich verhalten müssen
auch in dem anderen Falle, dass das S-sein mehr enthält als
das P-sein, jedoch nach der Voraussetzung nur solches, was
aus ihm nicht weggelassen werden könnte, ohne dass es auf-
hörte, versteckterweise das P-sein in sich zu fassen, wie
z. B. das zusammengesetzte Grössenverhältniss $a > b > c$ das
einfache $a > c$ einschliesst. Ein empirischer Bestandtheil des
S-seins könnte nichts dazu beitragen, dass in dem S-sein
implicite ein reiner Vorstellungsinhalt, das P-sein, läge.

§ 23.
Ermittelung der Wahrheit oder Unwahrheit eines Urtheils durch Vergleichung mit anerkannt Wahrem oder Unwahrem. Die erweiterten Prinzipien der Identität und des Widerspruchs.

An die Untersuchung derjenigen Urtheile, deren Wahrheit
oder Unwahrheit durch Vergleichung ihres Prädikats mit dem
konstituirenden Inhalte ihres Subjektsbegriffes erkannt werden
kann, der analytischen, lässt sich gleich das Wenige an-
schliessen, was über die Ermittelung der Wahrheit oder Unwahrheit eines Urtheils durch die Vergleichung seines Inhaltes
mit dem eines anderen oder einer Verbindung anderer oder
durch die Vergleichung des Inhaltes eines anderen oder einer
Verbindung anderer mit dem seinigen gesagt werden muss.

1. Soll die Wahrheit eines Urtheils B durch die blosse
Vergleichung seines Inhaltes mit dem eines anderen A, dessen
Wahrheit ausgemacht ist, oder einer Verbindung anerkannt
wahrer Urtheile A_1, A_2.. erkennbar sein, so muss das Ganze,
was durch B gedacht wird, mit etwas, was durch A bezw.
die Verbindung von A_1, A_2.. gedacht wird, der Sache nach
identisch sein. Denn wenn das Ganze, was durch A gedacht
wird, mit seinem Gegenstande übereinstimmt, so stimmt auch
Alles, was in diesem Ganzen enthalten ist, mit seinem Gegen-

stande überein; und ist daher das Ganze, was durch B gedacht
wird, der Sache nach einerlei, sei es mit dem Ganzen, das
durch A gedacht wird, sei es mit einem Theile davon.
so stimmt auch das, was durch B gedacht wird, mit seinem
Gegenstande überein, ist also B wahr. Wenn dagegen der
Inhalt von B weder mit dem ganzen Inhalte von A noch mit
einem Theile davon der Sache nach identisch ist, so enthält
A nichts, wodurch es die Wahrheit von B verbürgen könnte.
(Doch kann, wie in der Lehre von den Folgerungen gezeigt
werden wird, eine sich nicht lediglich auf die Inhalte beziehende Vergleichung zweier Urtheile auch dann, wenn der
den Inhalt des einen bildende Sachverhalt nicht mit dem den
Inhalt des anderen bildenden oder einem Theile davon identisch
ist, die Gewissheit geben, dass, wenn das eine wahr ist, es
auch das andere ist, z. B. die Vergleichung der inhaltlich
gänzlich verschiedenen Urtheile „S ist P" und „Das Urtheil
»S ist P« ist wahr".)

Damit ein Urtheil B durch solche Vergleichung als unwahr erkannt werden könne, muss etwas, was durch B bejaht wird, mit etwas, was durch A oder die Verbindung
von A₁, A₂ . . verneint wird, oder etwas, was durch B
verneint wird, mit etwas, was durch A oder die Verbindung von A₁, A₂ . . bejaht wird, der Sache nach identisch sein.

Im ersten Falle soll das Verhältniss von B zu A oder
der Verbindung von A₁, A₂ . . mit den Worten bezeichnet
werden, dass B aus A bezw. A₁, A₂ . . folge, im zweiten
Falle mit den Worten, dass B A widerspreche. Z. B.
„Einige S sind P" folgt aus „Alle S sind P" und steht in
Widerspruch zu „Nicht sind einige S P" oder „Kein S ist P";
aus „Alle S sind M und alle M sind P" folgt „Alle S sind P",
während „Kein S ist P" und „Einige S sind nicht P" dieser
Urtheilsverbindung widersprechen. Hiernach erhalten die
eben aufgestellten Regeln für die Ermittelung der Wahrheit
oder Unwahrheit eines Urtheils durch seine blosse Vergleichung mit einem bereits als wahr anerkannten oder einer
Verbindung bereits als wahr anerkannter den Ausdruck:
1) Was aus Wahrem folgt ist wahr, 2) Was Wahrem widerspricht, ist unwahr. Den ersten dieser beiden Sätze kann

man in das Prinzip der Identität, den zweiten in das des Widerspruchs aufnehmen.

Es ist wichtig, zu bemerken, dass ein Urtheil B zu einem anderen A in dem als Folgen bezeichneten Verhältnisse in zwei Weisen stehen kann, deren eine dem Verhältnisse des Prädikates zum Subjekte in den identischen Urtheilen entspricht, deren andere diesem Verhältnisse in den tautologischen Urtheilen entsprechen würde, wenn es deren gäbe. Entweder nämlich ist das, was in B gedacht wird, bloss der Sache nach, oder sowohl der Sache als auch der Auffassung nach mit etwas, was in A gedacht wird, identisch. Oder, was dasselbe ist, entweder ist die Identität eine nicht ausdrückliche, versteckte (implicita), oder eine ausdrückliche, offene (explicita). In dem einen Falle ist der Fortgang von A zu B, gleich dem von der Subjektsvorstellung eines identischen Urtheils zu diesem Urtheile, ein Fortschritt in der Erkenntniss, in dem anderen nicht. Vergleicht man z. B. die Urtheile „Alle S sind P" und „Einige S sind P", so wiederholt das zweite lediglich einen Theil des ersten; das in dem zweiten Gedachte ist daher mit etwas in dem ersten Gedachten sowohl der Sache als auch der Auffassung nach identisch. Dagegen wird der in „Kein S ist ein P" gedachte Sachverhalt in „Kein P ist ein S" von einer anderen Seite aufgefasst. Oder in dem Urtheile „Die Eichen haben Blätter" wird ein Theil desselben Sachverhaltes wie in dem anderen „Die Eichen haben buchtige Blätter" in derselben Auffassung gedacht, während a > b und b < a denselben Sachverhalt unter verschiedenen Gesichtspunkten auffassen. Dieselbe Unterscheidung gilt, wie nicht weiter ausgeführt zu werden braucht, auch für das Verhältniss des Widerspruchs zwischen zwei Urtheilen.

2. Wie man ein Urtheil B mit einem als wahr anerkannten A vergleichen kann, ob es etwa aus ihm folge oder ihm widerspreche, so zweitens auch umgekehrt ein als wahr anerkanntes Urtheil A mit ihm. Eine solche Vergleichung nun führt, wie man leicht sieht, nur in dem Einen Falle zum Ziele, dass A zu B in dem Verhältnisse des Widerspruchs steht; nicht auch in dem anderen, dass A aus B folgt, denn es kann z. B. das Urtheil „Einige S sind P" wahr sein,

während das Urtheil „Alle S sind P", aus dem es folgt, unwahr ist. Alle Vergleichungen dieser Art stehen also unter
der Regel: Wem Wahres widerspricht, ist unwahr.

Streng genommen kann man indessen nicht sagen, dass
die Unwahrheit eines Urtheils durch blosse Vergleichung
eines als wahr anerkannten mit ihm ermittelt werden könne.
Es liegt in der Natur der Sache, dass man vielmehr immer
das zu prüfende Urtheil B mit dem als wahr anerkannten A
vergleichen muss. Findet man durch eine umgekehrte Vergleichung, dass A dem B widerspricht, so erkennt man damit
die Unwahrheit von B nur darum, weil man sofort sieht, dass
auch umgekehrt B dem A widerspricht. Es liege z. B. zur
Prüfung vor das Urtheil „Alle S sind P", und es werde bemerkt, dass das als wahr anerkannte Urtheil „Kein S ist P"
das Gegentheil sage, so wird auch sofort bemerkt, dass umgekehrt das zu prüfende Urtheil das Gegentheil von dem als
wahr anerkannten behauptet, und erst hiermit wird das zu
prüfende als unwahr erkannt.

3. Drittens kann ein erst als Hypothese aufgestelltes
Urtheil B mit einem Urtheile A, von dem man weiss, dass
es unwahr ist, verglichen werden. Auf diesem Wege lässt
sich jedoch die Wahrheit oder Unwahrheit von B nicht feststellen. B kann aus dem als unwahr bekannten A folgen
und doch selbst wahr sein, und es kann dem als unwahr
bekannten A widersprechen und dabei selbst unwahr sein.
Z. B. wenn das Urtheil „Alle S sind P" unwahr ist, so
hindert dies nicht, dass das aus ihm folgende „Einige S
sind P" wahr, und dass das ihm widersprechende „Kein S
ist P" ebenfalls unwahr sei.

4. Viertens endlich kann umgekehrt mit dem zu prüfenden
Urtheile B das als unwahr bekannte A verglichen werden.
Folgt das unwahre A aus B, so ist auch B unwahr. Ist z. B.
„Einige S sind P" unwahr, so auch „Alle S sind P". Es
gilt also die Regel: Woraus Unwahres folgt, ist unwahr.
Steht A zu B in dem Verhältnisse des Widerspruchs, so kann
B sowohl wahr als unwahr sein.

5. Es lassen sich demnach vier allgemeine Regeln für
die Ermittelung der Wahrheit oder Unwahrheit eines Urtheils
durch blosse Vergleichung von Urtheilen aufstellen. Zwei

davon können in das Prinzip der Identität, zwei in das des Widerspruchs aufgenommen werden. Alsdann lautet

das Prinzip der Identität: a) Jedes identische Urtheil über einen existirenden Gegenstand ist wahr; b) Was aus Wahrem folgt, ist wahr; c) Woraus Unwahres folgt, ist unwahr;

das Prinzip des Widerspruchs: a) Jedes sich widersprechende Urtheil ist unwahr; b) Was Wahrem widerspricht, ist unwahr; c) Wem Wahres widerspricht, ist unwahr.

§ 24.
Fortsetzung: Besondere Regeln der Vergleichung.

Aus den Prinzipien der Identität und des Widerspruchs lassen sich besondere Regeln dadurch herleiten, dass man sie auf Urtheilskombinationen besonderer Art anwendet. Es sollen hier von ihnen nur diejenigen aufgestellt werden, welche die Wahrheitsbeziehung zweier apodiktischer (assertorischer), sich nur durch ihre Qualitäts-Quantitäts-Bestimmtheit unterscheidender, also dasselbe Subjekt und dasselbe Prädikat habender Urtheile betreffen, da die übrigen, soweit es ein Interesse hat, sie zu formuliren, aus der Lehre von den Folgerungen und Schlüssen entnommen werden können.

Es giebt sechs Arten des Verhältnisses zwischen zwei sich nur durch ihre Qualitäts-Quantitäts-Bestimmtheit unterscheidenden Urtheilen: die Verhältnisse zwischen 1) einem allgemein bejahenden und dem entsprechenden besonders bejahenden, 2) einem allgemein verneinenden und dem entsprechenden besonders verneinenden, 3) einem allgemein bejahenden und dem entsprechenden besonders verneinenden, 4) einem allgemein verneinenden und dem entsprechenden besonders bejahenden, 5) einem allgemein bejahenden und dem entsprechenden allgemein verneinenden, 6) einem besonders bejahenden und dem entsprechenden besonders verneinenden Urtheile. Die beiden ersten Verhältnisse werden unter dem Namen der Subalternation, das dritte und vierte unter dem des kontradiktorischen Gegensatzes zusammengefasst. Das fünfte wird als konträrer, das sechste als subkonträrer Gegen-

satz bezeichnet. Jedoch wird das Verhältniss eines singulär
bejahenden und des entsprechenden verneinenden Urtheils
(S ist P, S ist nicht P) nicht zum konträren Gegensatze
gerechnet, obwohl, wenn man die Urtheile in allgemeine und
besondere eintheilt, die singulären zu den ersteren gehören,
sondern zum kontradiktorischen Gegensatze, was sich dadurch
rechtfertigt, dass die Wahrheitsbeziehung zweier sich nur
durch ihre Qualität unterscheidender singulärer Urtheile dieselbe ist, wie sie sich beim kontradiktorischen Gegensatze
findet. Bezeichnet man, wie es herkömmlich ist, das allgemein
bejahende Urtheil mit dem Buchstaben a, das besonders bejahende mit i, das allgemein verneinende mit e, das besonders
verneinende mit o (a und i kommen in Affirmo, e und o in
Nego vor), so giebt folgende Figur eine übersichtliche Zu-
sammenstellung der in Rede stehenden sechs bezw. vier Verhältnisse:

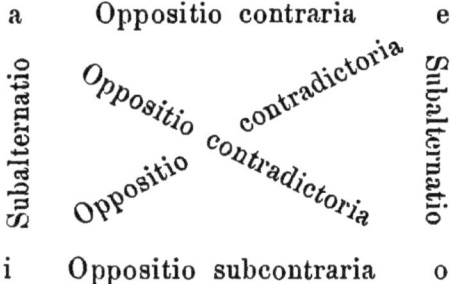

a   Oppositio contraria   e

i   Oppositio subcontraria   o

    Wendet man nun die erweiterten Prinzipien der Identität
und des Widerspruchs auf diese Verhältnisse an, so ergeben
sich folgende Regeln:

    1. Das sogenannte Dictum de omni et de nullo: Ist
ein allgemeines Urtheil wahr, so auch das entsprechende
besondere (das zu ihm im Verhältnisse der Subalternation
stehende); und ist ein besonderes Urtheil unwahr, so auch
das ihm entsprechende allgemeine. Nach alter Fassung: Quidquid de omnibus valet, valet etiam de quibusdam et singulis;
quidquid de nullo valet, nec de quibusdam nec de singulis
valet.

    2. Das Prinzip des ausgeschlossenen Dritten (Prin-
cipium exclusi tertii sive medii): Zwei kontradiktorisch entgegengesetzte Urtheile über ein existirendes Ding bezw. eine

existirende Klasse von Dingen können weder beide wahr noch
beide unwahr sein, sondern nothwendig ist das eine wahr,
das andere unwahr. Nach alter Fassung: A ist entweder B
oder ist es nicht. In diesem Prinzipe sind vier Sätze enthalten: a) Ist ein bejahendes Urtheil wahr, so ist das kontradiktorisch entgegengesetzte verneinende unwahr (Wenn A B
ist, so ist nicht A nicht B), b) Ist ein bejahendes Urtheil
unwahr, so ist das kontradiktorisch entgegengesetzte verneinende wahr (Wenn nicht A B ist, so ist A nicht B),
c) Ist ein verneinendes Urtheil wahr, so ist das kontradiktorisch entgegengesetzte bejahende unwahr (Wenn A nicht
B ist, so ist nicht A B), d) Ist ein verneinendes Urtheil unwahr, so ist das kontradiktorisch entgegengesetzte bejahende
wahr (Wenn nicht A nicht B ist, so ist A B). Der letzte
von diesen Sätzen wird der Grundsatz der doppelten
Verneinung genannt.

3. Zwei konträr entgegengesetzte Urtheile können nicht
beide wahr, wohl aber beide unwahr sein. Wenn nämlich
einige S P sind und einige es nicht sind, so sind die Urtheile „Alle S sind P" und „Kein S ist P" beide unwahr.

4. Zwei subkonträr entgegengesetzte Urtheile können
nicht beide unwahr, wohl aber beide wahr sein.

§ 25.
Aposteriorität der synthetischen Urtheile.

1. Die Regeln, die sich aus den Prinzipien der Identität
und des Widerspruches für die Ermittelung der Wahrheit
oder Unwahrheit eines Urtheils durch seine Vergleichung
mit anerkannt Wahrem oder Unwahrem ableiten lassen, gelten
in Beziehung auf alle, nicht bloss auf die analytischen, sondern auch auf die synthetischen Urtheile. Je nachdem das
Urtheil, das man nach ihnen prüfen will, analytisch oder
synthetisch ist, muss auch das als wahr bekannte Urtheil,
mit dem man es vergleicht, analytisch oder synthetisch sein.
Es ist unmöglich, ein analytisches Urtheil durch Vergleichung
mit synthetischen, und ebenso, ein synthetisches durch Vergleichung mit analytischen als wahr oder als unwahr zu er-

kennen. Alle analytischen Urtheile von vermittelter Gewissheit setzen daher unmittelbar gewisse analytische, alle
synthetischen von vermittelter Gewissheit unmittelbar gewisse
synthetische voraus.

Zu einer Erkenntniss von unmittelbarer Gewissheit nun
kann man auf keinem anderen Wege gelangen, als indem
man sie mit ihrem Gegenstande vergleicht, denn in der
Uebereinstimmung mit seinem Gegenstande besteht die Wahrheit eines Urtheils. Um ein analytisches (identisches) Urtheil
als wahr zu erkennen, braucht man den Gegenstand nur insoweit zur Vergleichung heranzuziehen, als er die den konstituirenden Inhalt des Subjektsbegriffes bildende Bestimmtheit
hat, als man ihn also durch den Subjektsbegriff vor Augen
hat (§ 20, 2). Die analytischen Urtheile sind daher a priori,
Erzeugnisse der reinen Vernunft (§ 22). Um dagegen ein
synthetisches Urtheil durch Vergleichung mit seinem Gegenstande als wahr zu erkennen, muss man in der Betrachtung
des Gegenstandes über dasjenige hinausgehen, was man von
ihm durch den auf seinen konstituirenden Inhalt beschränkten
Subjektsbegriff vorstellt; man muss damit Bestimmtheiten
verbinden, in denen er durch die Erfahrung gegeben ist. Die
synthetischen Urtheile sind daher empirisch, a posteriori.
Ein synthetischer Satz a priori wäre ein solcher, der un-
beschadet der Denkgesetze unwahr sein könnte und dessen
Wahrheit auch nicht durch die Erfahrung verbürgt wäre.
Wie sollte aber ein Satz, dessen Bestreitung man weder
durch Berufung auf die logischen Gesetze noch durch Hin-
weis auf Thatsachen abzuwehren vermöchte, ein Urtheil in
dem Sinne sein können, in welchem dieses Wort gebraucht
wird, wenn von der Möglichkeit synthetischer Urtheile
a priori die Rede ist, nämlich ein mit der Einsicht in seine
Wahrheit gedachtes Urtheil, eine Erkenntniss? Wer möchte
wohl zugeben, dass ihm eine Behauptung streng widerlegt
sei, solange ihm weder, dass sie einer ausgemachten Wahrheit, noch dass sie sich selbst, noch dass sie den Thatsachen
der Erfahrung widerstreite, nachgewiesen wäre?

2. Dass alle analytischen Erkenntnisse a priori, alle
synthetischen a posteriori seien, und umgekehrt, war die Ansicht aller Denker vor Kant, bei denen sich diese beiden

Unterscheidungen, zwar nicht dem Namen, aber der Sache nach, finden, insbesondere Lockes, Leibnizens, Humes. Alle vérités de raison, lehrte Leibniz, sind wahr nach dem Satze des Widerspruchs, kraft dessen wir das für falsch halten, was einen Widerspruch einschliesst, und das für wahr, was einem Falschen kontradiktorisch entgegengesetzt ist. Alle vérités de fait stammen aus der Erfahrung. Die Erfahrung und das Denkgesetz des Widerspruchs sind die einzigen ursprünglichen Prinzipien.

Kant dagegen glaubte die Entdeckung gemacht zu haben, dass es synthetische Erkenntnisse a priori gebe. Alle Sätze der Geometrie und der Arithmetik und gewisse Sätze, welche die Naturwissenschaft voraussetzt, wie das Kausalitätsgesetz und das Gesetz von der Beharrlichkeit der Substanz, sollen von dieser Art sein. Den Beweis dafür, dass diese Wahrheiten Erkenntnisse a priori seien, findet Kant darin, dass wir sie nicht denken können, ohne ihnen unbedingte Nothwendigkeit und strenge Allgemeinheit zuzugestehen. Denn „Erfahrung lehrt uns zwar, dass etwas so oder so beschaffen sei, aber nicht, dass es nicht anders sein könne"; und „Erfahrung giebt niemals ihren Urtheilen wahre oder strenge, sondern nur angenommene und komparative Allgemeinheit (durch Induktion), so dass es eigentlich heissen muss: soviel wir bisher wahrgenommen haben, findet sich von dieser oder jener Regel keine Ausnahme". Dass zweitens die mathematischen Wahrheiten und die Grundsätze der Naturwissenschaft synthetisch seien, sucht Kant an den Beispielen „7 + 5 = 12", „Die gerade Linie zwischen zwei Punkten ist die kürzeste", „In allen Veränderungen der Natur bleibt die Quantität der Materie unverändert" zu zeigen. Der Begriff der Summe von Sieben und Fünf enthalte nichts weiter als die Vereinigung beider Zahlen in eine einzige, wodurch ganz und gar nicht gedacht werde, welches diese einzige Zahl sei, die beide zusammenfasse; durch blosse Zergliederung des Begriffs einer solchen Summe könne man daher die Zahl Zwölf nicht in ihm antreffen, sondern man müsse über ihn hinausgehen, indem man die Anschauung zu Hülfe nehme, die einem von beiden korrespondire, etwa seine fünf Finger oder fünf Punkte, und so nach und nach die Einheiten der in der An-

schauung gegebenen Fünf zu dem Begriffe der Sieben hinzuthun. Der Begriff vom Geraden sodann enthalte nichts von
Grösse, sondern nur eine Qualität; der Begriff vom Kürzesten
komme also gänzlich hinzu und könne durch keine Zergliederung aus dem Begriffe der geraden Linie gezogen werden;
Anschauung müsse zu Hülfe genommen werden, vermittels
deren allein die Synthesis möglich sei. In dem Begriffe der
Materie endlich werde nicht die Beharrlichkeit, sondern bloss
die Gegenwart im Raume durch die Erfüllung desselben
gedacht, also gebe man, wenn man von der Materie die Beharrlichkeit aussage, über ihren Begriff hinaus und fälle ein
synthetisches Urtheil.

3. Es soll hier zugegeben werden, dass unsere Ueberzeugung von der Wahrheit der in Rede stehenden Sätze nicht,
oder doch nicht allein, daraus entspringt, dass wir, wie oft
auch immer, ihre Uebereinstimmung mit der Erfahrung bemerkt
haben, sondern aus einem inneren Zwange unseres Vorstellungsvermögens stammt, dass sie also Urtheile a priori sind, wenn
man alle nicht aus der Erfahrung stammenden Urtheile, mögen
sie Erkenntnisse sein oder nicht, so nennen will. Angenommen
nun weiter, sie seien auch synthetisch, so müsste doch be-
stritten werden, dass sie synthetische Erkenntnisse a priori
seien. Sie wären dann gar nicht Erkenntnisse, sondern
Glaubenssätze. Dazu, Erkenntnisse zu sein, fehlte ihnen eine
zum Begriffe der Erkenntniss gehörende Eigenschaft, nämlich,
dass der sie für wahr Haltende nicht bloss zufällig das Richtige
träfe, sondern eine Bürgschaft ihrer Wahrheit besässe. Eine
Bürgschaft ihrer Wahrheit besässen wir, da sie nicht aus
anderen abgeleitete, sondern primitive Erkenntnisse sein
sollen, nur dann, wenn wir sie mit ihrem Gegenstande verglichen hätten und so ihrer Uebereinstimmung mit demselben
innegeworden wären. Aber dann müsste einer von den beiden
oben unterschiedenen Fällen vorliegen: entweder brauchten
wir den Gegenstand nur insoweit, als er durch den auf seinen
konstituirenden Inhalt beschränkten Subjektsbegriff vorgestellt
wird, zur Vergleichung heranzuziehen, oder wir müssten die
Vergleichung auf solche Bestimmtheiten ausdehnen, mit denen
der Gegenstand uns nicht schon durch den blossen Subjekts-

begriff vor Augen stände. Und dann wäre das Urtheil im ersten Falle nicht synthetisch, im zweiten nicht a priori.

4. Es ist, wie hier indessen nicht ausgeführt werden kann (des Verfassers Geschichte der Philosophie geht näher darauf ein), Kant völlig misslungen, die Möglichkeit synthetischer Erkenntnisse a priori nachzuweisen. Er hat weder gezeigt, wie wir zur Einsicht in die Wahrheit eines primitiven synthetischen Urtheils anders gelangen können als dadurch, dass wir es mit seinem in der Anschauung oder Wahrnehmung gegebenen Gegenstande vergleichen, noch, wie ein Urtheil, das uns auf diesem Wege gewiss wird, ein Urtheil a priori sein könne. Mag immerhin, wie er lehrte, die Anschauung des Raumes, die uns den Inhalt unserer geometrischen Begriffe liefert, eine reine Anschauung sein, mögen unsere Zahlbegriffe ihren Inhalt aus der Anschauung der Zeit nehmen und mag auch diese eine reine Anschauung sein, mögen endlich die Begriffe, die in den Grundsätzen der Naturwissenschaft vorkommen, z. B. die der Kausalität und der Substanz, aus dem reinen Verstande stammen, so bleibt es doch dabei, dass die Urtheile über die Gegenstände dieser Begriffe, wenn sie synthetisch sind, zu ihrer Rechtfertigung einer solchen Vergleichung mit diesen Gegenständen bedürfen, die sich an das halten muss, was dieselben sind, nicht vermöge der konstituirenden Inhalte ihrer Begriffe, sondern thatsächlich, nach dem Zeugnisse der Beobachtung dessen, was den reinen Inhalt dieses Vorstellens bildet, dem Zeugnisse der Erfahrung über die Natur des a priori angeschauten Raumes, der a priori angeschauten Zeit und dessen, was wir durch die reinen Verstandesbegriffe vorstellen.

5. Wären also die von Kant für synthetische Erkenntnisse a priori gehaltenen Urtheile wirklich synthetisch und a priori, so wären sie keine Erkenntnisse. Aber sie sind in Wirklichkeit nicht synthetisch. Von den arithmetischen Sätzen wurde oben (§ 21, 4) gezeigt, dass sie analytisch sind, obwohl man ihr Prädikat nicht durch blosse Zerlegung ihres Subjektsbegriffs in seine Theilbegriffe finden kann (wie dies bei den tautologischen Urtheilen der Fall sein würde) und, um ihre Bedeutung und ihre Wahrheit einzusehen, die Anschauung zu Hülfe nehmen muss. Dass auch die geometrischen

Urtheile analytisch sind, erhellt daraus, dass man den Gegenstand eines solchen Urtheils durch den Subjektsbegriff vollständig, in allen seinen Bestimmtheiten vorstellt, das Prädikat
sich also nicht der Sache, sondern nur der Auffassung nach,
nicht objektiv, sondern nur subjektiv von dem konstituirenden
Inhalte des Subjektsbegriffes unterscheiden kann. Z. B. während die Vorstellung der Berlin mit Magdeburg verbindenden
Eisenbahn nichts davon zu enthalten braucht, dass diese Bahn
Potsdam und Brandenburg berührt, durch Kiefernwälder geht,
keine merkliche Steigerung hat u. s. w., ist die Vorstellung
der geometrischen, zwei bestimmte Punkte a und b verbindenden geraden Linie die Vorstellung dieser Linie in allen
ihren Bestimmtheiten; diese Linie hat offenbar keine Eigenschaft, die sie nicht insofern hätte, als sie diese Linie ist:
alle ihre Eigenschaften, wie dass sie ins Unendliche theilbar
und dass sie die kürzeste Entfernung der Punkte a und b ist,
müssen daher sämmtlich durch eine Betrachtung gefunden
werden können, die nicht über dasjenige hinausgeht, was man
durch jene Vorstellung vor Augen hat. Und ebenso stellt
man durch die allgemeine Vorstellung der geraden Linie Alles,
was allen geraden Linien gemeinsam ist, vor. Es muss daher
möglich sein, alle die geraden Linien zum Gegenstande
habenden Sätze, die, wie der von Kant als Beispiel gebrauchte,
nicht primitive identische Urtheile sind, d. h. deren identischer
Charakter nicht unmittelbar evident ist (wie es z. B. der des
Satzes ist, dass die vom Punkte a zum Punkte b führende Linie
auch von b nach a führe) — alle diese Sätze aus primitiven
herzuleiten und zu beweisen. Was endlich die Urtheile an-
belangt, die Kant unter dem Titel der reinen Naturwissenschaft zusammenfasst, so können ernstlich nur die beiden
schon erwähnten, die Gesetze der Kausalität und der Beharrlichkeit der Substanz, in Betracht kommen. Von dem zweiten
dieser beiden aber darf wohl angenommen werden, dass es
sich werde aus dem ersten ableiten lassen, und dessen analytischer Charakter wird sich aus der Erwägung, die im Folgenden noch über die Wahrheit und die Unwahrheit der synthetischen Urtheile angestellt werden muss, ergeben.

§ 26.
Nochmals der Begriff der Wahrheit.

1. Die Untersuchung muss jetzt noch einmal zu dem allgemeinen Begriffe der Wahrheit, der sowohl auf die analytischen als auch auf die synthetischen Urtheile Anwendung findet, zurückkehren.

Die Bestimmungen darüber, worin die Wahrheit der verschiedenen Arten von Urtheilen, des allgemein-bejahenden, des allgemein-verneinenden u. s. w., bestehe, ergeben sich von selbst, sobald man den Begriff der Wahrheit in Beziehung auf diejenigen blossen Prädizirungen, die ein bestimmtes einzelnes Ding zum Gegenstande haben, die singulären, festgestellt hat. Denn die Wahrheit einer allgemeinen blossen Prädizirung besteht darin, dass alle singulären, die sie zusammenfasst, wahr sind (z. B. die Bewegung in elliptischer Bahn wird den Planeten überhaupt mit Recht zugeschrieben, wenn sie jedem einzelnen mit Recht zugeschrieben wird); ein assertorisch und allgemein bejahendes Urtheil ist wahr, wenn die Prädizirung, die es ohne Einschränkung hinsichtlich des Umfanges ihrer Subjektsvorstellung bestätigt, wahr ist; ein assertorisch und allgemein verneinendes ist wahr, wenn die ihm zu Grunde liegende Prädizirung unwahr ist; u. s. w.

Auf die Frage nun, was unter der Wahrheit einer singulären blossen Prädizirung zu verstehen sei, kann geantwortet werden: eine solche Prädizirung heisst wahr, wenn das ihren Gegenstand bildende Ding S die von ihm prädizirte Bestimmtheit P in der Zeit, für die sie ihm zugeschrieben wird, wirklich hat bezw. hatte oder haben wird (§ 19, 2). Bei dieser Erklärung kann man indessen nicht stehen bleiben. Denn dass ein gewisses Ding S eine gewisse Bestimmtheit P habe, kann doch nur heissen, dass ein gewisses Verhältniss zwischen dieser Bestimmtheit und derjenigen Beschaffenheit, die das Ding S zu diesem bestimmten, von allen anderen verschiedenen Dinge macht, oder dem, was das Ding S insofern ist, als es eben das Ding S ist, mit einem Worte der Wesenheit (οὐσία, essentia) von S, bestehe; und es erhebt sich daher die Frage, was dies für ein Verhältniss sei.

2. Es ist aber unmittelbar einleuchtend, dass von einem
Dinge nur das mit Wahrheit prädizirt werden kann, was in
demjenigen enthalten ist, wodurch es dieses besondere, sich
von allen anderen unterscheidende Ding ist, in seiner individuellen Wesenheit. Dass P eine Bestimmtheit des Dinges S
sei bezw. gewesen sei oder sein werde, heisst gar nichts Anderes,
als dass das P-sein bezw. P-gewesen-sein oder P-sein-werden
zwar nicht der Auffassung, aber der Sache nach in dem vollständigen S-sein enthalten sei. Eine Bestimmtheit, die nicht
der Sache nach ein Bestandtheil dessen, was S insofern ist,
als es eben S ist, sondern damit verbunden wäre, wäre,
welcher Art auch immer und von welcher Innigkeit und
Festigkeit diese Verbindung sein möchte, doch nicht eine
Bestimmtheit von S. Jedem Dinge kommt also jede Bestimmtheit, die ihm zukommt, da sie ihm vermöge dessen,
wodurch es dieses besondere Ding ist, zukommt, nicht zufällig, sondern nothwendig zu; und nothwendig kam ihm jede
zu, die ihm zukam und nicht mehr zukommt, und wird ihm
zukommen jede, die ihm zukommen wird und noch nicht zukommt. Ein Verstand, der die Wesenheit eines Dinges vollständig erfasst hätte (wozu jedoch, da jedes Ding das, was
es ist, nur im Zusammenhange mit anderen ist, gehören
würde, dass er auch die Wesenheiten anderer Dinge erfasst
hätte), müsste daraus alle bleibenden Bestimmtheiten desselben und seine ganze Vergangenheit und Zukunft zu erkennen im Stande sein.

Auch für die in Existentialsätzen enthaltenen Prädizirungen
gilt diese Begriffsbestimmung der Wahrheit. Dass ein Ding
existire oder existirt habe oder existiren werde, d. i. (§ 8),
dass die Welt dieses Ding in sich fasse bezw. in sich gefasst
habe oder in sich fassen werde, ist dann und nur dann wahr,
wenn in dem, wodurch die Welt eben die Welt ist, in der
Wesenheit der Welt, das Befasst-sein dieses Dinges in ihr
bezw. das Befasst-gewesen-sein oder das Befasst-sein-werden
liegt, so dass ein die Wesenheit der Welt durchschauender
Verstand daraus die gegenwärtige oder die vergangene oder
die zukünftige Existenz dieses Dinges zu erkennen vermöchte.

Von den allgemeinen Prädizirungen dagegen wäre es
unrichtig, allgemein zu behaupten, dass ihr Prädikat in dem,

wodurch die ihren Gegenstand bildende Klasse von Dingen diese besondere sich von allen anderen unterscheidende Klasse von Dingen sei, in der Wesenheit dieser Klasse, enthalten sein müsse. Die Dinge einer Klasse (Gattung, Art) können noch in anderen Bestimmtheiten als denen, die offen oder versteckt in der Wesenheit dieser Klasse liegen, übereinstimmen; es ist, mit anderen Worten, möglich, dass die Dinge einer Klasse in einer gewissen Bestimmtheit zufällig übereinstimmen. Es könnten z. B. zufällig alle Mitglieder einer Versammlung blond sein oder Röcke von derselben Farbe tragen oder denselben Vornamen haben, alle Planeten Eisen enthalten, alle Päpste von mittlerer Statur gewesen sein.

3. Nach zwei Seiten hin bedarf diese Antwort einer Vertheidigung. Zunächst gegen einen von der Veränderlichkeit der Dinge hergenommenen Einwurf.

Angenommen, dasjenige, wodurch ein Ding dieses bestimmte, von allen anderen verschiedene Ding ist, seine individuelle Wesenheit, bestehe lediglich in solchen Bestimmtheiten, die ihm in jedem Augenblicke seines Daseins zukommen, es gehöre dazu in keiner Weise, dass das Ding etwas Gewisses gewesen sei, was es nicht mehr sei, oder etwas Gewisses sein werde, was es noch nicht sei, so wären auch alle Bestimmtheiten, die in seiner individuellen Natur lägen, bleibende. Und aus der Behauptung, dass alle Bestimmtheiten, die einem Dinge zu irgend einer Zeit zukommen (auch die in dem Augenblicke, da es vorgestellt und zum Gegenstande eines Urtheils gemacht wird, bereits vergangenen, sowie die erst zu erwartenden), in Verbindung mit der zu ihnen gehörenden Zeitbestimmung in der individuellen Natur des Dinges enthalten seien, würde dann folgen, dass es keinen Wechsel der Bestimmtheiten geben könne. Diese Annahme ist nun allerdings, wie in einem früheren Abschnitte (§ 9, 2) gezeigt wurde, unrichtig. Die individuelle Wesenheit eines veränderlichen Dinges (wir stellen aber alle Dinge, die wir vorstellen, als veränderliche vor, indem wir sie als in der Zeit seiend vorstellen) kann nicht lediglich in solchen Bestimmtheiten bestehen, die ihm in jedem Augenblicke seines Daseins zukommen, sondern es gehören dazu noch solche, die es nur vorübergehend hat bezw. hatte oder haben wird, und zwar

als zu gewisser Zeit auftretende (als gegenwärtig seiende
oder zu gewisser Zeit gewesene oder zu gewisser Zeit sein
werdende), denn seine bleibenden Bestimmtheiten können
einem Dinge mit anderen gemeinsam sein, indem es sich von
denselben in jedem Augenblicke nur durch seinen augen-
blicklichen Zustand unterschiede. Allein die Schwierigkeit
bleibt dieselbe. Denn man habe ein Ding von allen anderen
dadurch unterschieden, seine individuelle Wesenheit dadurch
bestimmt, dass man festgestellt habe, es besitze in einem
gewissen Zeitpunkte, etwa gegenwärtig, ausser den ihm
dauernd zukommenden Bestimmtheiten gewisse erst in diesem
Zeitpunkte auftretende (z. B. ein Blatt Papier durch die Angabe, es sei dasjenige, welches man in diesem Augenblicke
zum Schreiben benutze), so erhebt sich wiederum die Frage,
wie in einer aus bleibenden Bestimmtheiten eines Dinges und
solchen, die ihm vorübergehend in einem gewissen Zeitpunkte
zukommen, zusammengesetzten Gruppe nicht bloss wiederum
bleibende und in dem angegebenen Zeitpunkte vorübergehend
ihm zukommende, sondern auch in früheren und späteren
Zeitpunkten sich einstellende Bestimmtheiten (natürlich als
in diesen Zeitpunkten sich einstellende) enthalten sein können.

Wenn hiernach gegen den Satz, dass alle Bestimmtheiten
eines Dinges in derjenigen, durch die es erst dieses bestimmte
Ding ist, enthalten seien, die vergangenen als vergangene,
die gegenwärtigen als gegenwärtige, die zukünftigen als zukünftige, der Einwurf gemacht werden kann, dass er die
Möglichkeit veränderlicher Dinge ausschliesse, so kann er
sich gegen denselben mit dem Nachweise behaupten, dass
man vielmehr die Möglichkeit veränderlicher Dinge nicht
annehmen könne, ohne ihn zuzugeben. In der That, scheint
es einerseits, dass ein mit sich identisch Bleibendes sich nicht
verändern könnte, wenn alle Bestimmtheiten, die ihm jemals
zukommen, als auf die Zeit, zu der sie ihm zukommen, bezogene, in dem Ganzen der Bestimmtheiten, die es zu diesem
besonderen Dinge machen, enthalten wären, so ist es andererseits evident, dass, wenn dem nicht so wäre, ein sich Ver-
änderndes nicht in der Veränderung mit sich identisch, nicht
dasselbe von allen anderen sich unterscheidende Ding bleiben
könnte, dass wir uns also zu der Behauptung entschliessen

müssten, überall, wo wir ein in der Veränderung mit sich identisch bleibendes Ding anzutreffen meinen, trete in Wahrheit in jedem Augenblicke ein neues Ding auf und verschwinde zugleich wieder, um einem anderen, wenn auch nur unendlich wenig von ihm verschiedenen, Platz zu machen. Denn eine Bestimmtheit P, die zu irgend einer Zeit an dem Dinge S neu auftritt, wäre nicht eine Bestimmtheit desselben Dinges S, dem sie in früherer Zeit fehlte, wenn nicht in dieser früheren Zeit das Urtheil „S wird P sein" wahr gewesen wäre, dieses Urtheil aber war nur dann wahr, wenn das P-sein-werden mit dem, wodurch S eben S und nicht irgend ein anderes Ding ist, objektiv, der Sache nach, identisch war.

Es kann hier nicht unternommen werden, den Begriff des in der Veränderung mit sich identisch bleibenden Dinges völlig klar zu machen und alle aus ihm entspringenden Schwierigkeiten zu beseitigen. Diese Aufgabe muss die Logik der Metaphysik überlassen. Um dem dargelegten Widerspruche zu entgehen, wird indessen eine kurze Bemerkung genügen. Der Schein, dass ein Ding, dessen sämmtliche Bestimmtheiten in denjenigen enthalten wären, die seine besondere Natur ausmachen, sich nicht verändern könnte, besteht nur so lange, als man nicht beachtet, dass das Sich-verändern selbst eine Bestimmtheit ist. Denn in einer individuellen Wesenheit, die lediglich aus ruhigen Bestimmtheiten bestände, könnte freilich kein Gewesen-sein nicht mehr seiender und kein Sein-werden noch nicht seiender Bestimmtheiten liegen; dagegen wird man solches begreiflich finden, wenn man annimmt, dass zu der individuellen Wesenheit eines Dinges ein bleibendes Sich-verändern, eine andauernde Bewegung im weitesten Sinne des Wortes, und dazu eine auf einen bestimmten Zeitpunkt bezogene bestimmte Weise dieses Sich-veränderns gehöre. Die Ausführung dieses Gedankens ist, wie gesagt, Sache der Metaphysik.

4. Zweitens könnte gegen die oben aufgestellte Begriffsbestimmung der Wahrheit eingewandt werden, dass ihr zufolge alle wahren singulären Prädizirungen und, wie sich dann weiter zeigen liesse, überhaupt alle wahren Urtheile analytisch (identisch) sein würden. Denn das, was ein bestimmtes

Ding S für den, der es als ein bestimmtes Ding gegen die
Gesammtheit alles Uebrigen abgrenze, zu diesem bestimmten
Dinge mache, seine besondere Natur, seine individuelle
Wesenheit, das S-sein, sei einerlei mit dem konstituirenden
Inhalte der Vorstellung, die den Urtheilen über dieses Ding
zu Grunde liege, und mithin die Behauptung, dass jede Bestimmtheit eines Dinges der Sache nach in seiner besonderen
Natur oder Wesenheit liege, einerlei mit der, dass jede wahre
singuläre Prädizirung zum Prädikate eine der Sache nach in
dem konstituirenden Inhalte ihrer Subjektsvorstellung enthaltene Bestimmtheit habe, also analytisch sei.

Diesem Einwande ist folgende Ueberlegung entgegenzu-
halten. Es ist möglich, dass die in dem konstituirenden Inhalte einer singulären Vorstellung vereinigten Bestimmtheiten
nicht hinreichen, zusammen ein Gegenstand einer singulären
Vorstellung, ein Ding zu sein, dass also das vorgestellte
Ding noch weitere Bestimmtheiten als die offen oder versteckt
in dem konstituirenden Inhalte enthaltenen haben muss, um
überhaupt ein Ding zu sein. Denn muss man auch selbstverständlich, um irgend ein Ding vorzustellen, eine Vereinigung
von Bestimmtheiten denken, zu denen keine mehr hinzu-
zukommen brauche, damit sie zusammen ein Ding ausmachen,
so braucht man doch nicht alle zu dieser Vereinigung gehörenden Bestimmtheiten zu kennen, sondern es genügt,
dass man so viele kenne, als erforderlich sind, das im Uebrigen
unbekannte Ding von allen anderen zu unterscheiden. Eine
in dieser Weise unvollständige Vorstellung ist z. B. die des
gegenwärtigen Kaisers von China, denn obwohl nicht mehrere
Dinge darin übereinstimmen können, der gegenwärtige Kaiser
von China zu sein, so ist es doch unmöglich, dass die Beschaffenheit eines Dinges ganz darin aufgehe, der gegenwärtige Kaiser von China zu sein, — oder die des Apfels,
den ich vor mir sehe, denn die den konstituirenden Inhalt
derselben ausmachenden Bestimmtheiten, nämlich das Apfel-
sein und das Von-mir-gesehen-werden, können nur in Gemeinschaft mit anderen, die in ihnen weder offen noch versteckt enthalten sind, einer Farbe, einer Temperatur, einem
Gewichte u. s. w., ein selbständig Existirendes, ein Ding
bilden. Versteht man daher unter der Wesenheit des Gegen-

standes einer singulären Vorstellung das, wodurch er dieser
besondere, sich von allen anderen unterscheidende vollständige
Gegenstand ist, also das, wovon in allen Urtheilen, die diese
Vorstellung zum Subjekte haben, etwas ausgesagt wird, so
gehört zwar Alles, was zum konstituirenden Inhalte einer
singulären Vorstellung gehört, auch zur Wesenheit ihres
Gegenstandes, man darf aber nicht auch umgekehrt behaupten,
dass Alles, was zur Wesenheit des Gegenstandes einer singulären Vorstellung gehöre, auch in dem konstituirenden Inhalte
dieser Vorstellung enthalten sein müsse. Der konstituirende
Inhalt der Vorstellung eines Dinges braucht von dessen
Wesenheit nur so viel zu enthalten, als erforderlich ist, es
von allen anderen vorstellbaren Dingen zu unterscheiden.

Eine analoge Bemerkung gilt von den allgemeinen
Vorstellungen. Versteht man unter der Wesenheit des
Gegenstandes einer allgemeinen Vorstellung, also der Wesenheit einer Klasse von Dingen, das, wodurch er dieser besondere, sich von allen anderen unterscheidende Gegenstand
(diese besondere Klasse von Dingen) ist, also das, wovon in
allen Urtheilen, die diese Vorstellung zum Subjekte haben,
etwas ausgesagt wird, so sind allgemeine Vorstellungen
möglich, deren konstituirender Inhalt nur ein Theil der
Wesenheit ihres Gegenstandes ist. Eine Vorstellung dieser
Art ist z. B. die der Körper, deren konstituirenden Inhalt
die Ausdehnung bildet, denn Dinge, die bloss in bestimmter
Weise ausgedehnt wären, sind unmöglich; die Wesenheit der
Körper überhaupt besteht nicht in der blossen Ausdehnung,
sondern in einer einfachen oder zusammengesetzten Bestimmtheit, die uns insoweit, als sie mehr als Ausdehnung ist, verborgen ist, derjenigen Bestimmtheit, die wir die Substanz
oder die Materie der Körper nennen (§ 7, 3); die geometrischen
Körper sind nicht wirkliche, sondern nur fingirte Dinge.

Die Behauptung, dass Alles, was von einem Dinge ausgesagt werden dürfe, in dessen Wesenheit enthalten sei, das
schon Vergangene als schon Vergangenes, das erst zu Er-
wartende als erst zu Erwartendes, thut demnach der Unterscheidung analytischer und synthetischer Urtheile keinen Ein-
trag. Ist der konstituirende Inhalt einer singulären Vorstellung nur ein Theil der Wesenheit des vorgestellten Dinges,

indem sie ein im Uebrigen Unbekanntes setzt, das sich durch
die ihren konstituirenden Inhalt ausmachenden Bestimmtheiten
von allem anderen Vorstellbaren unterscheide, so kommen
ihrem Gegenstande Bestimmtheiten zu, die, obwohl in der
Wesenheit desselben, doch nicht in ihrem konstituirenden
Inhalte enthalten sind, und kann sie mithin Subjekt synthetischer Urtheile sein. Und auch Urtheile, die von dem Gegenstande einer allgemeinen Vorstellung etwas aussagen, können
nicht bloss dann synthetisch sein, wenn die der vorgestellten
Klasse angehörenden Dinge zufällig in der prädizirten Bestimmtheit übereinstimmen, sondern auch dann, wenn die
prädizirte Bestimmtheit in der Wesenheit der vorgestellten
Klasse liegt, also den Dingen dieser Klasse als solchen zukommt. Vorausgesetzt z. B., dass es den Körpern nicht zufällig gemeinsam ist, schwer zu sein, ist doch das Urtheil
„Alle Körper sind schwer“ synthetisch, da wir die allgemeine
Wesenheit der Körper, sofern sie mehr als Ausdehnung ist,
nicht kennen.

§ 27.
Der Satz des zureichenden Grundes.

1. Der Satz, der den Gegenstand der vorstehenden Erörterungen bildete, ist zuerst von Leibniz aufgestellt worden,
der ihm den Namen Prinzip des zureichenden Grundes (principium rationis sufficientis) gab. „Für jede Wahrheit, so
formulirt er ihn in dem Aufsatze De scientia universali, die
nicht unmittelbar oder identisch ist, muss sich ein Grund
finden lassen, d. h. das Prädikat ist immer in dem Begriffe
des Subjekts offen oder versteckt (vel expresse vel implicite)
enthalten, und das nicht weniger bei äusseren als bei inneren
Merkmalen, nicht weniger in den zufälligen [d. i. den empirischen und synthetischen] als in den nothwendigen [d. i.
den reinen und analytischen] Wahrheiten.“ „Der Subjektsbegriff, heisst es hiermit übereinstimmend in dem Discours
de métaphysique (8 und 13), muss immer den Prädikatsbegriff
einschliessen, so dass derjenige, der eine vollkommene Einsicht in den Begriff des Subjektes hätte, auch urtheilen müsste,
dass das Prädikat ihm angehöre.“ Ferner daselbst: „Der

Begriff einer individuellen Substanz schliesst ein- für allemal
Alles ein, was ihr jemals begegnen kann, und wenn man
diesen Begriff betrachtet, kann man darin Alles sehen, was
sich mit Wahrheit von ihr wird aussagen lassen, so wie wir
in der Natur des Kreises alle Wahrheiten sehen können, die
man aus derselben ableiten kann." In dem zehnten der von
Grotefend herausgegebenen Briefe fügt Leibniz eine Einschränkung hinzu, indem er sagt: „In jedem bejahenden
wahren Urtheile, mag es nothwendig oder zufällig, allgemein
oder einzeln sein, ist der Begriff des Prädikats auf irgend
eine Weise in dem des Subjekts befasst; praedicatum inest
in subjecto, oder ich weiss nicht, was Wahrheit heisst."
Diese Einschränkung geht jedoch nicht weit genug; wie die
verneinenden muss auch ein Theil der allgemeinen Urtheile
ausgeschlossen werden; denn dass alle S P seien, kann auch
wahr sein, ohne dass das P-sein in dem allgemeinen Begriffe
der S liegt, es genügt, dass es in allen Begriffen, die ein
einzelnes S zum Gegenstande haben, enthalten sei (§ 26,2).
Eine andere den Satz vom zureichenden Grunde betreffende
Stelle desselben Briefes lautet: „Es muss immer eine Grundlage (fondement) der Verknüpfung der Glieder eines Urtheils
geben, die sich in deren Begriffen finden muss. Dies ist mein
grosses Prinzip, von dem ich glaube, dass sich in seiner
Anerkennung alle Philosophen vereinigen müssen, und zu dem
sich das gewöhnliche Prinzip, dass nichts ohne Grund geschieht,
warum die Sache sich vielmehr so als anders zugetragen hat,
als ein Zusatz verhält." Die Monadologie (32) giebt ihm den
Ausdruck: „Es kann keine wirkliche Thatsache, kein wahres
Urtheil geben, ohne dass es einen zureichenden Grund dafür
gäbe, warum es sich so und nicht anders verhalte, obwohl
uns meistens die Gründe nicht bekannt sein können." Die
Theodicee (44) erklärt: „Nichts geschieht jemals, ohne dass
es eine Ursache oder wenigstens einen bestimmenden Grund
dafür gäbe, d. i. etwas, was dazu dienen kann, a priori Auskunft darüber zu geben, warum es so und nicht in anderer
Weise dasei." In dem fünften Briefe an Clarke (125) endlich
findet sich die Fassung: „Es bedarf eines zureichenden Grundes
dafür, dass ein Ding existire, ein Ereigniss stattfinde, eine
Wahrheit bestehe."

2. Sofern der Satz des Grundes sagt, dass alle Bestimmtheiten eines Dinges in dessen besonderer Natur enthalten
seien (die vergangenen als vergangene, die gegenwärtigen als
gegenwärtige, die zukünftigen als zukünftige), oder, was dasselbe ist, sofern er erklärt, was das heisse, dass eine gewisse Bestimmtheit einem gewissen Dinge zukomme, ist er metaphysisch.
Er kann insofern als das erweiterte Gesetz der Kausalität bezeichnet werden, denn er behauptet dasjenige von allen Bestimmtheiten der Dinge, was dieses nur von den in Veränderungen bestehenden behauptet. Sofern er dagegen, sich
mit der Begriffserklärung der Wahrheit einer singulären Prädizirung, dass nämlich diese Wahrheit in der Uebereinstimmung
mit dem Gegenstande der Prädizirung bestehe, verbindend,
bestimmt, eine singuläre Prädizirung sei dann und nur dann
wahr, wenn das Prädikat in der Wesenheit des Gegenstandes
enthalten sei, gehört er der Logik an. Eine Darstellung der
Logik, der eine Darstellung der Metaphysik vorangegangen
wäre, würde dieser die Erklärung des Verhältnisses, in
welchem die Bestimmtheiten eines Dinges zu seiner Wesenheit stehen, entnehmen können, um mittels derselben von dem
zuerst aufgestellten Begriffe der Wahrheit zu einem befrie-
digenderen fortzuschreiten.

3. Zu dem Prinzipe der Identität verhält sich der Satz
des Grundes so, dass er es, soweit es sich auf singuläre Prädizirungen bezieht, in sich fasst. Denn was er von den singulären Prädizirungen, deren Prädikat in der Wesenheit des
Gegenstandes enthalten ist, überhaupt sagt, nämlich dass sie
wahr seien, sagt das Prinzip der Identität von denen, deren
Prädikat in der Wesenheit des Gegenstandes durch blosse
Betrachtung des konstituirenden Inhaltes der Subjektsvorstellung gefunden werden kann, d. i. den identischen. Und
analog, wie sich das Prinzip der Identität zum Satze des
Grundes verhält, verhält sich das des Widerspruchs zu dem
dem Satze des Grundes korrespondirenden und aus ihm folgenden Satze über die Unwahrheit, dass nämlich jede singuläre Prädizirung unwahr sei, deren Prädikat nicht in der
Wesenheit des Gegenstandes enthalten sei.

Obwohl der Satz des Grundes und der ihm korrespon-
dirende Satz über die Unwahrheit die Prinzipien der Identität

und des Widerspruchs einschliessen, bilden sie doch keine
umfassenderen Normen des Denkens oder, was dasselbe ist,
liefern sie keine allgemeineren Kriterien der Wahrheit und
der Unwahrheit als diese. Die Bedeutung von Normen des
Denkens, Kriterien der Wahrheit und der Unwahrheit, haben
sie eben nur insoweit, als sie die Prinzipien der Identität
und des Widerspruchs enthalten. Es muss dabei bleiben, dass
wir ein Urtheil in keiner anderen Weise auf seine Wahrheit
oder Unwahrheit prüfen können, als indem wir es vergleichen
entweder mit anderen Urtheilen, deren Wahrheit oder Unwahrheit schon ausgemacht ist, oder mit dem Gegenstande,
soweit wir ihn durch den konstituirenden Inhalt der Subjektsvorstellung vor Augen haben, oder mit dem Gegenstande,
soweit er Bestimmtheiten hat, die nicht in dem konstituirenden Inhalte der Subjektsvorstellung enthalten sind, dass mithin allein die Denkgesetze der Identität und des Widerspruchs
und die Erfahrung es sind, was uns ein wahres Urtheil als
wahr, ein unwahres als unwahr zu erkennen und also zu wirklichen Erkenntnissen zu gelangen ermöglicht. Der Satz des
Grundes und die Prinzipien der Identität und des Widerspruchs selbst sind wahr nach dem Prinzipe der Identität,
denn sie sind, wie gezeigt worden ist, identische Sätze.

4. In den neueren Darstellungen der Logik wird die Be-
zeichnung Satz des zureichenden Grundes oder, kürzer, des
Grundes meistens in einem anderen als dem ihr von ihrem
Urheber gegebenen Sinne gebraucht. Es wird darunter
meistens die zur Begriffserklärung der Erkenntniss gehörende
Bestimmung verstanden, dass ein wahres Urtheil nur dann
eine Erkenntniss sei, wenn der es Denkende und für wahr
Haltende eine Bürgschaft seiner Wahrheit zu besitzen glaube
und sich hierin nicht täusche (§ 19, 1). So sagt Drobisch
(Neue Darstellung der Logik, 3. Aufl., § 57): „Die allgemeinee
Forderung, dass jedes auf Gültigkeit Anspruch machende
Urtheil einer logischen Rechtfertigung, eines (unmittelbaren
oder mittelbaren) Nachweises, warum es gültig ist, bedarf,
heisst der Satz vom zureichenden Grunde." Kant, von dem
diese Terminologie herrührt, unterscheidet („Ueber eine Entdeckung etc.", Ros., I, S. 409 f.) das logische oder formale
Prinzip „Ein jeder Satz muss einen Grund haben" und das

transscendentale oder materiale „Ein jedes Ding muss seinen Grund haben". Während kein Mensch das letztere jemals aus dem Prinzipe des Widerspruchs und überhaupt aus blossen Begriffen, ohne Beziehung auf sinnliche Anschauung, bewiesen habe oder beweisen werde, sei das erstere dem Prinzipe des Widerspruchs nicht beigesellt, sondern untergeordnet. Zum Beweise des zweiten Theils dieser Behauptung bemerkt er: „Ein assertorisches Urtheil ist ein Satz. Die Logiker thun gar nicht recht daran, dass sie einen Satz durch ein mit Worten ausgedrücktes Urtheil definiren; denn wir müssen uns auch zu Urtheilen, die wir nicht für Sätze ausgeben, in Gedanken der Worte bedienen . . . . Das assertorische Urtheil »Ein jeder Körper ist theilbar« sagt mehr als das bloss problematische (man denke sich, ein jeder Körper sei theilbar etc.) und steht unter dem allgemeinen logischen Prinzip der Sätze, nämlich ein jeder Satz muss gegründet (nicht ein bloss mögliches Urtheil) sein, welches aus dem Satze des Widerspruchs folgt, weil jener sonst kein Satz sein würde." Offenbar nennt Kant einen Satz das, was hier Erkenntniss genannt worden ist; und unter dem logischen Prinzip des Grundes versteht er mithin nichts Anderes als eine in der Definition, welche die Bedeutung des Wortes Erkenntniss feststellt, enthaltene Bestimmung. In der von Jaesche herausgegebenen Logik (Ros. III, S. 316) bezeichnet er jedoch als Satz des Grundes den Satz: A ratione ad rationatum, a negatione rationati ad negationem rationis valet consequentia (Was aus Wahrem folgt, ist wahr; woraus Unwahres folgt, ist unwahr; vergl. v. § 23,5).

Zweiter Theil.
Der Fortschritt im Erkennen.

~~~~~~

Erster Abschnitt.
Die Erweiterung der Erkenntnisse durch Denken.

§ 28.
Die Folgerungen und Schlüsse überhaupt.

1. Ist es, wie im vorigen Abschnitte (§ 23) gezeigt wurde, möglich, ein Urtheil B durch blosse Vergleichung seines Inhaltes mit dem eines anderen A, dessen Wahrheit schon ausgemacht ist, oder einer Verbindung solcher als wahr zu erkennen, so auch, durch die blosse Betrachtung des Inhaltes eines als wahr bekannten Urtheils A oder der Verbindung zweier, A_1 und A_2, oder mehrerer zu einem neuen Urtheile B zu gelangen, dessen Wahrheit einem durch die Wahrheit des Urtheils A bezw. der Urtheile A_1, A_2 .. verbürgt wird. Der Inhalt eines so gewonnenen Urtheils ist stets mit demjenigen des Urtheils, aus dem es abgeleitet wurde, bezw. der Urtheilsverbindung, aus der es hervorging, oder einem Theile davon objektiv, der Sache nach, identisch, welches Verhältniss oben mit dem Worte Folgen bezeichnet wurde. Er kann dabei aber, wie ebenfalls schon gezeigt wurde (§ 23, 1), subjektiv, der Auffassung nach, davon verschieden sein, so dass der Fortgang von A bezw. $A_1 + A_2 + ..$ zu B eine Erweiterung der Erkenntniss bedeutet.

Im Allgemeinen nennen die Logiker jeden Fortgang von einem Urtheile oder einer Urtheilsverbindung zu einem Urtheile, welches daraus folgt, wenn er mit dem Bewusstsein dieses Verhältnisses gemacht wird, eine Folgerung oder einen

Schluss. Hier sollen jedoch, mehr in Uebereinstimmung mit
dem gewöhnlichen Sprachgebrauche, nur diejenigen Ableitungen so genannt werden, welche die Erkenntniss erweitern oder doch erweitern würden, wenn die als wahr
angenommenen Urtheile, aus denen abgeleitet wurde, wirklich
wahr wären. Es ist demnach kein Schluss, wenn ich einem
allgemein bejahenden Urtheile das entsprechende besonders
bejahende, oder wenn ich dem Urtheile „Die Eichen haben
buchtige Blätter" das unbestimmtere „Die Eichen haben
Blätter" entnehme, denn hier wiederholt lediglich das zweite
Urtheil einen Theil des ersten; dagegen bilden die Urtheile
„Kein S ist P" und „Kein P ist S", oder a > b und b < a
einen wirklichen Schluss, denn hier wird zwar in beiden Urtheilen derselbe Sachverhalt gedacht, aber in dem zweiten
wird er von einer anderen Seite, unter einem anderen Gesichtspunkte aufgefasst als in dem ersten. Stets liegt ein
wirklicher Schluss da vor, wo aus der Verbindung zweier
oder mehrerer Urtheile ein neues abgeleitet wird, z. B. „Alle
S sind P" aus „Alle S sind M" und „Alle M sind P"; denn
wäre der Inhalt eines Urtheils, das aus einer Verbindung
mehrerer abgeleitet ist, nicht bloss der Sache, sondern auch
der Auffassung nach mit etwas, was durch diese Verbindung
gedacht wird, identisch, so müsste er mit demjenigen eines
einzelnen Gliedes oder einem Theile davon identisch sein,
und dann wäre nicht aus der Verbindung, sondern aus diesem
Gliede abgeleitet.

2. Die aufgestellte Erklärung des Begriffes des Schlusses
oder der Folgerung verlangt nicht, dass die Urtheile, aus
denen geschlossen wird, die Vordersätze (propositiones
praemissae), wahr seien, noch auch, dass das erschlossene, der
Schlusssatz (conclusio), es sei. Der Schliessende nimmt die
Prämissen als wahr an, betrachtet sie als wahr, braucht sie aber
nicht wirklich für wahr zu halten; und wenn er sie für wahr
hält, während sie in Wirklichkeit unwahr sind, irrt er zwar,
aber nicht als Schliessender, sein Schluss wird dadurch nicht
unrichtig. Es pflegt zwar unterschieden zu werden zwischen
der materialen Unrichtigkeit eines Schlusses, die in der Unrichtigkeit der Prämissen oder eines Theiles derselben, und
der formalen, die darin, dass die Conclusio nicht aus den

Prämissen folgt, bestehen soll, aber genau gesprochen giebt es keine andere Unrichtigkeit der Schlüsse als die im fehlerhaften Schliessen ihren Grund habende, die sogenannte formale.

3. Nach der Erklärung, dass der Schluss der Fortgang von einem Urtheile oder einer Verbindung von Urtheilen zu einem daraus folgenden inhaltlich neuen Urtheile als einem daraus folgenden sei, sind die Schlüsse nicht von den Urtheilen überhaupt verschiedene Erzeugnisse des Denkens, sondern eine Art von Urtheilen, deren Eigenthümlichkeit in ihrem Inhalte (dem durch sie gedachten Sachverhalte) liegt. Jeder Schluss ist ein Urtheil, welches von einem Urtheile B mit Wahrheit aussagt, dass es aus einem Urtheile A oder einer Verbindung zweier Urtheile $A_1 + A_2$ oder mehrerer folge, oder, was auf dasselbe hinauskommt, von dem Verhältnisse, in welchem ein Urtheil A oder eine Verbindung von Urtheilen und ein Urtheil B zueinander stehen, es bestehe darin, dass B aus A bezw. $A_1 + A_2 + ..$ folge, d. h., dass der Inhalt von B (der durch B gedachte Sachverhalt) mit dem von A bezw. $A_1 + A_2 + ..$ oder einem Theile davon objektiv, der Sache nach, identisch sei. Die Schlüsse gehören demnach näher zu denjenigen Urtheilen, die das Verhältniss zweier Urtheile dahin bestimmen, dass das zweite, B, unter der Annahme der Wahrheit des ersten, A bezw. $A_1 + A_2 + ..$, wahr sei, d. i. zu den konditional-hypothetischen (§ 18, 3). In der gewöhnlichen Weise konditional-hypothetischer Urtheile ausgedrückt, werden sie dargestellt durch die Formel: Wenn es sich so, wie A bezw. $A_1 + A_2 + ..$ angiebt, verhält, so verhält es sich so, wie B angiebt. Z. B. der Schluss „a = b, b = c, folglich a = c" ist, für sich, herausgelöst aus dem Zusammenhange, in welchem er vorkommt, betrachtet, einerlei mit dem Urtheile: „Wenn a = b und b = c ist, so muss a = c sein." Bestimmter noch sind die Schlüsse identische konditional-hypothetische Urtheile; denn identisch muss ein solches Urtheil dann genannt werden, wenn durch die blosse Betrachtung der mit der Hypothesis und der Thesis gegebenen Beziehung zwischen beiden erkannt werden kann, dass sie eine solche ist, wie von ihr ausgesagt wird, dass also die Wahrheit der Hypothesis die der Thesis verbürgt. Doch sind

nicht auch alle identischen konditional-hypothetischen Urtheile
Schlüsse. Denn wie schon früher (§ 23, 1) angedeutet wurde
und bald näher zur Sprache kommen wird, kann in gewissen
Fällen die Wahrheit eines Urtheils B auch durch die
Vergleichung mit einem Urtheile A erkannt werden, in
dessen Inhalt der seinige nicht der Sache enthalten ist,
aus dem es also nicht folgt und mithin auch nicht durch
einen Schluss abgeleitet werden kann (wenn man die Worte
Folgen und Schluss in dem oben festgestellten Sinne nimmt).

Dadurch, dass sie Urtheile sind, unterscheiden sich die
aus zwei Urtheilen (Prämisse und Conclusio) bestehenden
Schlüsse von den Zusammenstellungen zweier Urtheile, deren
Inhalte nicht bloss der Sache, sondern auch der Auffassung
nach identisch sind oder sich zueinander wie der Theil zum
Ganzen verhalten, deren zweites also lediglich etwas in dem
ersten Gedachtes in anderer Ausdrucksweise wiederholt. Denn
versucht man, von zwei in diesem Verhältnisse zueinander
stehenden Urtheilen das erste zur Hypothesis, das andere zur
Thesis eines konditional-hypothetischen Urtheils zu machen.
so erhält man eine Tautologie. Z. B. die Sätze „Wenn alle
Menschen sterblich sind, sind es einige", „Wenn die Eichen
buchtige Blätter haben, haben sie Blätter" würden, wenn sie
wörtlich genommen werden sollten, nicht identische Urtheile
ausdrücken, sondern nichtssagende Tautologien sein.

4. Sachverhalte, die sich in verschiedener Weise auf-
fassen lassen, also Inhalte verschiedener Urtheile bilden
können und so Schlüsse ermöglichen, lehrt die Logik selbst
kennen. Logische Sachverhalte dieser Art sind erstens die
Beziehungen, in denen zwei Begriffe hinsichtlich ihrer Umfänge oder ihrer Inhalte oder des Umfangs des einen und
des Inhalts des anderen stehen, und zweitens die Wahrheits-
beziehungen zwischen zwei Urtheilen, wie sie durch die
hypothetischen Urtheile gedacht werden. Umfangsbeziehungen
zwischen Begriffen werden z. B. gedacht in den Schlüssen
„Der Umfang von S ist ganz in dem von P, folglich dieser
mindestens zum Theil in jenem enthalten", „Der Umfang von
S ist ganz in dem von M, dieser ganz in dem von P, folglich
der Umfang von S ganz in dem von P enthalten"; Wahr-
heitsbeziehungen zwischen Urtheilen in „Wenn A B ist, ist

C D, folglich ist, wenn C nicht D ist, A nicht B", „Wenn
A B ist, ist C D, wenn aber C D ist, ist E F, folglich ist,
wenn A B ist, E F".

Die bisherigen Darstellungen der Logik, diejenige Benekes
ausgenommen, setzen stillschweigend voraus, dass die Sachverhalte, durch deren Betrachtung Schlüsse zu Stande kommen,
in allen Fällen in logischen Verhältnissen bestehen. Es ist
indessen nicht einzusehen, warum nicht auch aus einem Urtheile, durch das ein weder in einer Begriffsbeziehung noch
in einer Urtheilsbeziehung noch sonst in etwas zum Gebiete
der Logik Gehörigem bestehender Sachverhalt gedacht wird,
oder aus einer Verbindung solcher Urtheile sollte durch
blosse Betrachtung des darin gedachten Sachverhaltes ein
neues Urtheil abgeleitet werden können. Und so ist es thatsächlich. Es genügt hier auf diejenigen Sachverhalte hinzuweisen, die in Grössenverhältnissen bestehen. Sachverhalte
dieser Art werden z. B. gedacht in den Schlüssen: „Cajus
ist älter als Marcus, folglich Marcus jünger als Cajus",
„Cajus ist älter als Marcus, dieser älter als Lucius, folglich
ist auch Cajus älter als Lucius", „Proklus lebte später als
Jamblich, Jamblich später als Plotin, folglich Proklus später
als Plotin" (Beispiel Benekes), „$a = b$, folglich $b = a$",
„$a > b$, folglich $b < a$", „$a + b - c = d$, folglich $a + b$
$= c + d$", „$a = b$, $b = c$, folglich $a = c$". Keiner dieser
Schlüsse gehört einer der Arten an, welche die bisherige
Logik aufzählt, für keinen ist in der überlieferten Theorie
eine Erklärung zu finden. Nach dieser kann man zwar
schliessen „$a > b$, wenn aber $a > b$ ist, so ist $b < a$ (nach
dem Grundsatze: wenn von zwei Grössen die erste grösser
ist als die zweite, so ist die zweite kleiner als die erste),
folglich ist $b < a$", aber man gelangt von $a > b$ zu $b < a$
ohne Vermittelung des hypothetischen Urtheils, dass, wenn
$a > b$ sei, $b < a$ sein müsse. Könnte man nicht unmittelbar
aus $a > b$ $b < a$ schliessen, so hätte man kein Recht, zu
behaupten, dass, wenn $a > b$ sei, $b < a$ sei, oder dass allgemein das Verhältniss zweier ungleicher Grössen in dieser
Weise umgekehrt werden dürfe. Oder aus der überlieferten
Theorie lassen sich zwar die Schlüsse „a ist gleich b, was
gleich b ist, ist gleich c, folglich ist a gleich c" und „Wenn

zwei Grössen einer dritten gleich sind, so sind sie untereinander gleich, a und c sind zwei einer dritten, nämlich b,
gleiche Grössen, also sind sie untereinander gleich" verstehen, aber man kann auch aus a = b und b = c a = c
erschliessen, ohne erst das Urtheil b = c in das andere
„Was gleich b ist, ist gleich c" umzuwandeln, oder das
Axiom „Wenn zwei Grössen einer dritten gleich sind, sind
sie untereinander gleich" zu Hülfe zu nehmen. Die Umwandlung von b = c in „Was gleich b ist, ist gleich c" setzt
übrigens schon voraus, dass man aus der Gleichheit irgend
einer Grösse mit b und der Gleichheit von b und c auf die
Gleichheit jener Grösse mit c schliessen dürfe. Und der
Grundsatz „Wenn zwei Grössen einer dritten gleich sind, sind
sie untereinander gleich" ist nichts Anderes als die Regel,
die das Recht zu Schlüssen wie „a = b, b = c, folglich
a = c" ausspricht, gleichwie der Satz, dass ein Prädikat,
welches allen Dingen einer Gattung zukomme, auch allen
Dingen einer zu dieser Gattung gehörenden Art zukomme
(das § 24, 1 erwähnte Dictum de omni et de nullo), die Regel
der der Formel „Alle M sind P, alle S sind M, also sind
alle S P" entsprechenden Schlüsse ist; und ebenso wenig wie
man das Dictum de omni et de nullo als Prämisse bedarf,
um von „Alle M sind P und alle S sind M" zu „Alle S
sind P" zu gelangen, bedarf man daher des Grundsatzes von
der Gleichheit zweier einer dritten gleichen Grössen als
Prämisse, um von a = b und b = c zu a = c zu gelangen.

5. Es gehört nicht zu den Obliegenheiten der allgemeinen
Logik, ein System aller möglichen Arten von Schlüssen aufzustellen. Sie hat eine nähere Betrachtung nur denjenigen
zu widmen, die sich aus dem blossen Begriffe des Denkens,
wie er in den vorhergehenden Abschnitten entwickelt ist, herleiten lassen, denjenigen also, die sich auf logische Sachverhalte, nämlich Verhältnisse zwischen Begriffen oder
zwischen Urtheilen, beziehen. Die nachfolgende Bearbeitung
wird diese Aufgabe noch weiter einschränken, indem sie sich
nur mit denjenigen Schlüssen, die aus lauter assertorischen
Urtheilen bestehen, beschäftigen wird.

Zuerst wird von den Schlüssen aus Einer Prämisse, den
unmittelbaren Schlüssen oder den Folgerungen im

engeren Sinne des Wortes, wie sie genannt zu werden
pflegen, dann von denen mit zwei Prämissen, den mittelbaren Schlüssen oder den Schlüssen im engeren Sinne
des Wortes, zuletzt von denen mit mehr als zwei Prämissen,
die, wie sich zeigen wird, aus solchen mit zwei zusammengesetzt sind, zu handeln sein.

§ 29.
Die unmittelbaren Folgerungen.

1. Nennt man, wie oben bestimmt wurde, den Fortgang
von einem Urtheile zu einem anderen, das aus ihm folgt,
d. h. zum Inhalte denselben Sachverhalt wie jenes oder einen
Theil oder eine Seite davon hat, nur dann eine Folgerung,
wenn der Inhalt des zweiten sich von dem des ersten subjektiv, der Auffassung nach, unterscheidet, so gehören nicht
dazu die Urtheilsverbindungen, welche die überlieferte Logik
als Folgerungen ad subalternatam (sc. propositionem), und
diejenigen, welche sie als Folgerungen der modalen Konsequenz bezeichnet. Die Folgerungen ad subalternatam sollen
aus einem allgemeinen Urtheile und dem sich nur durch
seine Quantität von ihm unterscheidenden besonderen bestehen, würden also, wenn wieder die allgemeine Bejahung
mit a, die besondere mit i, die allgemeine Verneinung mit e,
die besondere mit o bezeichnet wird (§ 24), durch die Formeln
„S a P, folglich S i P", „S e P folglich S o P" dargestellt werden. Die Folgerungen der modalen Konsequenz sollen gehen
von einem apodiktischen Urtheile auf das im Uebrigen gleiche
assertorische, oder von einem assertorischen auf das im
Uebrigen gleiche problematische, würden also den Formeln
„S ist nothwendig, also auch wirklich, also auch möglicherweise P", „S ist unmöglich, also auch wirklich nicht, also
auch möglicherweise nicht P" entsprechen. Als die Regel
der Folgerungen ad subalternatam wird das Dictum de omni
et de nullo (§ 24, 1) angegeben; die der Folgerungen der
modalen Konsequenz lautet nach alter Fassung: Ab esse ad
posse, ab oportere ad esse valet consequentia, a posse ad
esse, ab esse ad oportere non valet consequentia. Offenbar
wiederholt in diesen Urtheilsverbindungen lediglich das zweite

Glied einen Theil des ersten, und daher sind sie, obwohl das zweite Glied aus dem ersten folgt, doch nicht Folgerungen in dem oben festgestellten Sinne des Wortes.

2. Zwei Urtheile können aber auch dann, wenn der Inhalt des einen nicht objektiv oder der Sache nach mit dem des anderen oder einem Theile davon identisch ist, wenn also das eine nicht aus dem anderen folgt (in dem engeren Sinne, in welchem hier dieses Wort gebraucht wird), in dem Verhältnisse stehen, dass man durch die blosse Betrachtung des einen zu erkennen vermag, es könne nicht wahr sein, ohne dass auch das andere es sei, in dem Verhältnisse mit anderen Worten, dass das aus dem einen als Hypothesis und dem anderen als Thesis zusammengesetzte Urtheil identisch ist (vergl. o. § 23,1, § 28,3); und es können also, da es zum Begriffe der Folgerung gehört, dass die Conclusio aus der Prämisse folgt, in jenem Wahrheitsverhältnisse zwei Urtheile stehen, die verschiedene Sachverhalte zum Inhalte haben, ohne dass der Fortgang von dem einen zum anderen eine Folgerung genannt werden dürfte.

Es ist dies erstens dann der Fall, wenn man mit einem Urtheile ein anderes verbindet, das jenes zum Gegenstande hat und von ihm aussagt, dass es wahr sei (S ist P, also ist es wahr, dass S P ist), oder von der in ihm enthaltenen Bejahung oder Verneinung, dass sie ohne oder mit Einschränkung hinsichtlich des Umfangs des Subjektsbegriffes, oder dass sie apodiktisch oder problematisch gelte (Alle S sind P, also gilt die Bejahung des P-seins von den S allgemein, u. s. w.), — sowie dann, wenn das zweite Urtheil das logische Verhältniss der Begriffe, die in dem ersten als Subjekt und Prädikat vorkommen, zum Gegenstände hat, indem es von ihm aussagt, welcher Art es sei (z. B. Alle S sind P, also ist der Begriff der S dem Gegenstande oder dem Umfange nach ganz in dem der P-seienden Dinge enthalten, sind, mit anderen Worten, die S eine Art der P-seienden Dinge). Denn da in solchen Urtheilsverbindungen das eine Glied einen logischen Sachverhalt zum Inhalte hat (das Wahr-sein eines Urtheils oder die Beschaffenheit des logischen Verhältnisses zweier Begriffe), das andere aber einen Sachverhalt, der nicht logischer Art zu sein braucht, vielmehr von jeder beliebigen

Art, mathematisch, naturwissenschaftlich, geschichtlich, ästhetisch u. s. w. sein kann, so kann der Sachverhalt, auf den sich das eine bezieht, nicht objektiv identisch mit dem, auf den sich das andere bezieht, sein, und doch ist es unmittelbar einleuchtend, dass, wenn das eine wahr ist, es auch das andere sein muss.

3. Zweitens können auch zwei Urtheile Y und Z, deren erstes von einem Urtheile A und deren zweites von einem Urtheile B aussagt, dass es wahr oder dass es unwahr sei, in dem oben beschriebenen Verhältnisse stehen, dass erstens, wenn Y wahr ist, nothwendig auch Z wahr ist, oder dass das Urtheil „Wenn Y wahr ist, ist auch Z wahr" identisch ist, und dass sie zweitens sich auf verschiedene Sachverhalte beziehen, also Z nicht aus Y folgt, und mithin der Fortgang von Y zu Z nicht unter den Begriff der Folgerung, wie er hier bestimmt worden ist, fällt. Es ist dies dann der Fall, wenn von den beiden Urtheilen A und B, von denen Y und Z aussagen, dass sie wahr oder unwahr seien, das zweite entweder aus dem ersten folgt oder ihm widerspricht. Da z. B. die beiden Urtheile „S ist P" und „S ist nicht P" einander widersprechen, also, wenn das eine wahr ist, das andere unwahr ist, so ist, wenn das Urtheil „Es ist wahr, dass S P ist" wahr ist, auch das andere „Es ist unwahr, dass S nicht P" wahr; dennoch steht das Urtheil Y, welches von „S ist P" aussagt, dass es wahr sei, zu dem Urtheil Z, welches von „S ist nicht P" aussagt, dass es unwahr sei, nicht in dem Verhältniss, dass es aus ihm folgt, und ist daher auch der Fortgang von Y zu Z keine Folgerung; denn sie sind nicht bloss inhaltlich verschieden, sondern es werden auch durch sie verschiedene Sachverhalte gedacht (die Wahrheit von S ist P und die Unwahrheit von S ist nicht P). Oder es folgt zwar aus S a P S i P, aber nicht aus „S a P ist wahr" „S i P ist wahr", wenngleich das erste nicht wahr sein kann, ohne dass es das andere ist; und ebenso wenig wie der Fortgang von S a P zu S i P ist daher der von „S a P ist wahr" zu „S i P ist wahr" eine Folgerung; ist jener keine Folgerung, weil zwar S i P aus S a P folgt, aber nichts Neues sagt, so dieser nicht, weil umgekehrt „S i P ist wahr" zwar etwas Neues sagt, aber nicht aus „S a P ist wahr" folgt. Ein drittes

Beispiel: Aus „Der Umfang des Begriffes S ist ganz im Umfange des Begriffes P enthalten" folgt „Der Umfang von P
ist zum Theil im Umfange von S enthalten", und der Fortgang von dem ersten dieser beiden Urtheile zu dem zweiten
ist eine wirkliche Folgerung; dagegen ist die Verbindung von
„Es ist wahr, dass der Umfang von S ganz im Umfange von
P enthalten ist" und „Es ist wahr, dass der Umfang von P
zum Theil im Umfange von S enthalten ist", so gewiss es
auch ist, dass die Wahrheit des ersten Gliedes die des zweiten
verbürgen würde, keine Folgerung; sie enthält eine Folgerung,
ohne selbst eine zu sein.

Hiernach kommen für die gegenwärtige Darstellung
wieder mehrere der überlieferten Folgerungsarten in Wegfall:
die sogenannten Folgerungen ad subalternatam, ad subalternantem, ad contradictoriam, ad contrariam, ad subcontrariam,
von denen die drei letzten unter dem Namen Folgerungen
der Opposition zusammengefasst zu werden pflegen (vergl.
§ 24). Ad subalternatam soll, wie aus einem allgemeinen
Urtheile das entsprechende besondere (§ 29,1), so auch aus
der Wahrheit eines allgemeinen die Wahrheit des entsprechenden besonderen folgen (S a P wahr folglich S i P wahr, und
S e P wahr folglich S o P wahr), — ad subalternantem aus
der Unwahrheit eines besonderen Urtheils die Unwahrheit des
entsprechenden allgemeinen (S i P unwahr folglich S a P unwahr, und S o P unwahr folglich S e P unwahr), — ad contradictoriam aus der Wahrheit jedes von zwei im Verhältnisse
des kontradiktorischen Gegensatzes stehenden Urtheilen die
Unwahrheit des anderen, und aus der Unwahrheit des einen
die Wahrheit des anderen (S a P wahr folglich S o P unwahr,
und umgekehrt, S a P unwahr folglich S o P wahr, und umgekehrt, S e P wahr folglich S i P unwahr u. s. w.), — ad
contrariam aus der Wahrheit eines allgemeinen Urtheils
die Unwahrheit des konträr entgegengesetzten, aber nicht
aus der Unwahrheit des ersten die Wahrheit des anderen
(S a P wahr folglich S e P unwahr, aber nicht S a P unwahr
folglich S e P wahr, und S e P wahr folglich S a P unwahr,
aber nicht u. s. w.), — ad subcontrariam aus der Unwahrheit eines besonderen Urtheils die Wahrheit des subkonträr
entgegengesetzten, aber nicht aus der Wahrheit des einen die

Unwahrheit des anderen (S i P unwahr folglich S o P wahr
u. s. w.). Dass sich diesen Folgerungsarten noch andere zur
Seite stellen liessen, z. B. Es ist wahr, dass S a P, folglich
auch wahr, dass P i S, und unwahr, dass P e S, und dass
folgerichtig auch in dem Verzeichnisse der Formen der mittelbaren Schlüsse solche vorkommen müssten, die von der Wahrheit einer Urtheilsverbindung auf die Wahrheit eines aus ihr
folgenden Urtheils oder die Unwahrheit eines ihr widersprechenden gingen, z. B. von der Wahrheit von S a M und
M a P auf die Wahrheit von S a P und die Unwahrheit von
S o P und S e P, beachtet die überlieferte Lehre nicht.

4. Noch von einer dritten Art von Urtheilsverbindungen
ist es wichtig, zu bemerken, dass, obwohl das eine Glied
wahr sein muss, wenn das andere es ist, doch nicht das eine
aus dem anderen folgt, also der Fortgang von dem einen zum
anderen nicht eine Folgerung in dem hier angenommenen
Sinne des Wortes ist. Es sind diejenigen, die von der überlieferten Lehre Folgerungen ad aequipollentem (oder
der Aequipollenz) genannt werden. Eine Folgerung dieser
Art soll dadurch zu Stande kommen, dass man die Qualität
der Prämisse verändert und das Prädikat durch das kontradiktorisch entgegengesetzte ersetzt, also S ist P in S ist nicht
non-P, S ist nicht P in S ist non-P, S a P in S e non-P,
S i P in S o non-P, S e P in S a non-P, S o P in S i non-P, oder
umgekehrt S ist nicht non-P in S ist P u. s. w. verwandelt.

Ein Satz nämlich von der Form „S ist non-P" ist, dem
über das Verhältniss des kontradiktorischen Gegensatzes Vor-
getragenen (§ 12,7) zufolge, gleichbedeutend mit „S ist ein
Ding (gehört zu der Klasse von Dingen), von denen die Verneinung des P-seins gilt"; und dieser drückt ein Urtheil aus,
das zum Gegenstande hat nicht das Ding S selbst, sondern
den Begriff dieses Dinges hinsichtlich seines logischen Verhältnisses zu dem der Dinge, von denen die Verneinung des
P-seins gelte; sein Sinn ist, dass der Begriff von S dem Umfange oder Gegenstande nach ganz in dem der Dinge, von
denen die Verneinung des P-seins gelte, enthalten sei. Ein
Satz von der Form „S ist nicht P" ferner ist dann, wenn
man von ihm zu „S ist non-P" fortgeht, der Ausdruck des
Urtheils, dass S nicht zu der Klasse der Dinge, von denen

die Bejahung des P-seins gelte, gehöre, d. i. dass der Begriff
von S dem Umfange oder Gegenstande nach ganz von dem
der Dinge, von denen die Bejahung des P-seins gelte, getrennt
sei. Diese beiden Urtheile nun „S gehört nicht zu der Klasse
der Dinge, von denen die Bejahung des P-seins gilt" und
„S gehört zu der Klasse der Dinge, von denen die Verneinung
des P-seins gilt" stehen offenbar nicht in dem Verhältnisse,
dass das eine lediglich einen Theil des anderen wiederholt
(wie dies z. B. bei S a P und S i P der Fall ist), noch in dem,
dass das eine zwar denselben Sachverhalt wie das andere zum
Inhalte hat, ihn aber unter einem anderen Gesichtspunkte
auffasst, sondern es wird in dem einen ein anderer Sachverhalt
gedacht als in dem anderen. Keines dieser beiden Urtheile
folgt also aus dem anderen, und mithin ist der Fortgang von
dem einen zum anderen keine Folgerung; doch haben sie mit
den eine Folgerung bildenden Urtheilen das gemein, dass das
aus dem einen als Hypothesis und dem anderen als Thesis
zusammengesetzte Urtheil identisch ist, oder dass das eine
nicht wahr sein kann, ohne dass es auch das andere ist.

5. Wie schon bemerkt wurde (§ 28, 4, 5), giebt es zwei
Arten logischer Sachverhalte, welche Folgerungen ermöglichen: Verhältnisse zwischen zwei Begriffen hinsichtlich
dessen, was durch sie vorgestellt wird, und Verhältnisse
zwischen zwei Urtheilen hinsichtlich ihrer Wahrheit oder
Unwahrheit. Zunächst ist demnach von den Folgerungen zu
handeln, deren Prämisse das Verhältniss zweier Begriffe
bestimmt und deren Conclusio dieselbe Bestimmung oder
einen Theil oder eine Seite derselben in anderer Auffassung
enthält.

Nicht jedes, auch nicht jedes kategorische Urtheil hat,
wie oben (§ 13) gegen die Ansicht der älteren Logik gezeigt
wurde, ein Verhältniss zweier Begriffe zum Gegenstande.
Wohl aber kann jedes Urtheil durch ein anderes, welches
einen solchen Gegenstand hat, ersetzt werden (§ 29, 2). Denn
weiss man, dass alle S P sind, so findet man durch blosse
Betrachtung dieses Urtheils, dass der Umfang des Begriffes
der S ganz in dem des Begriffes der P (der P-seienden Dinge)
enthalten ist, oder dass zu den Bestimmtheiten, die den Inhalt des ersteren ausmachen oder ihm hinzugefügt werden

dürfen, der Inhalt des lezteren gehört, oder dass der Inhalt
des Begriffes der P sich in jedem zum Umfange des Begriffes
der S gehörenden Dinge findet (dass das P-sein allen Dingen
der Klasse der S zukommt). Und in derselben Weise erkennt man aus jedem besonders bejahenden sowie aus jedem
allgemein und jedem besonders verneinenden Urtheile, wie
sich der Subjektsbegriff zum Prädikatsbegriffe hinsichtlich des
Umfanges und des Inhaltes verhält. Umgekehrt kann man
jedes Urtheil, welches das logische Verhältniss zweier Begriffe nach irgend einer Seite hin bestimmt, durch ein solches,
welches von dem Gegenstand des einen Begriffes die den
Inhalt des anderen bildende Bestimmtheit aussagt, ersetzen,
z. B. „Der Umfang des Begriffes der S ist ganz in dem des
Begriffes der P enthalten" durch „Alle S, wenn es deren
giebt, sind P". Kann man mithin aus einem Urtheile Y_1,
welches das Verhältniss zweier Begriffe bestimmt, ein Urtheil Z_1
folgern, welches ebenfalls das Verhältniss zweier Begriffe
bestimmt, so kann man mittels dieser Folgerung auch von
dem Urtheile Y, welches in der eben angegebenen Weise
durch die Prämisse Y_1 ersetzt werden darf, zu dem Urtheile Z
gelangen, durch welches die Conclusio Z_1 ersetzt werden
darf. Gilt z. B. die Folgerung „Der Umfang des Begriffes
der S ist ganz in dem des Begriffes der P enthalten, folglich
dieser zum Theil in jenem", so stehen auch die Urtheile S a P
und P i S in dem Verhältnisse, dass das erste nicht wahr sein
kann, ohne dass es auch das zweite ist. Diese Ableitungen
eines Urtheils Z, welches für ein ein Begriffsverhältniss bestimmendes Urtheil Z_1 gesetzt werden darf, aus einem Urtheile Y, für welches ein ein Begriffsverhältniss bestimmendes
Urtheil Y_1 gesetzt werden darf, mittels einer Y_1 zur Prämisse
und Z_1 zur Conclusio habenden Folgerung, sollen im Folgenden ebenfalls Folgerungen genannt und zu den Folgerungen aus Begriffsverhältnissen gerechnet werden.

6. Aus einem Urtheile nun, welches das logische Verhältniss
eines Begriffes zu einem anderen, des Begriffes der S zum
Begriffe der P, bestimmt, lässt sich nur auf die Eine Art
eine Folgerung ziehen, dass das Verhältniss, welches in der
Prämisse als Verhältniss des Begriffes der S zu dem der P
aufgefasst wird, in der Conclusio umgekehrt als Verhältniss

des Begriffes der P zu dem der S aufgefasst wird, also auf die Art, die den mathematischen Folgerungen $-b = a$. folglich $a = b$" oder „$a > b$, folglich $b < a$" analog ist. Ist daher ein Urtheil Y von der Gestalt SP gegeben, und wird daraus ein anderes dadurch abgeleitet, dass es, wie oben angegeben wurde, zuerst durch ein Urtheil Y₁ ersetzt wird, welches das Verhältniss des Begriffes der S zum Begriffe der P bestimmt, dass dann aus diesem ein Urtheil Z₁ gefolgert wird. dessen Inhalt ebenfalls durch das Verhältniss jener beiden Begriffe gebildet wird, und dass endlich Z₁ durch ein Urtheil Z ersetzt wird, welches den Gegenstand des einen Begriffes zum Subjekte und den Inhalt des anderen zum Prädikate hat, so hat Z die Gestalt PS. Die hiermit beschriebenen Folgerungen werden solche durch **Konversion** genannt.

Aus dem allgemein bejahenden Urtheil S a P folgt durch Konversion ein besonders bejahendes P i S. Aus dem Begriffsverhältnisse „Der Umfang von S ist identisch mit dem Umfange von P", dem das allgemein bejahende S a P entnommen werden kann, folgt jedoch „Der Umfang von P ist identisch mit dem Umfange von S" und damit auch das allgemein bejahende Urtheil P a S.

Aus S i P folgt durch Konversion P i S.

Aus S e P folgt „P e S, wenn es P giebt". Der Zusatz „Wenn es P giebt" ist erforderlich, weil jedes Urtheil die Existenz seines Gegenstandes voraussetzt (§ 16), und die verneinende Prämisse S e P wahr sein kann, wenn es auch keine P giebt. Es wäre z. B., da es kein Perpetuum mobile giebt. unrichtig, aus „Keine Maschine ist ein Perpetuum mobile" zu folgern „Kein Perpetuum mobile ist eine Maschine". Für die Konversion eines bejahenden Urtheils braucht ein solcher Vorbehalt nicht gemacht zu werden. Denn ist ein bejahendes Urtheil S a P oder S i P wahr, so existiren nicht nur Dinge S, sondern auch Dinge P.

Aus S o P endlich lässt sich keine Folgerung durch Konversion ziehen. Weiss man von dem Verhältnisse der Begriffe der S und der P nur, dass mindestens ein Theil des Umfanges des ersten nicht zum Umfange des zweiten gehört, so kann man es nur als Verhältniss des Begriffes der S zu dem der P, nicht auch umgekehrt als Verhältniss des Begriffes

der P zu dem der S auffassen. Man kann sich die Wahrheit dieses Satzes, wie auch die der vorhergehenden Fol-
gerungsregeln, veranschaulichen, indem man den Begriff der
S und den der P durch Kreise und ihr logisches Verhältniss
durch das Lageverhältniss dieser Kreise darstellt. Dass nämlich, entsprechend dem gegebenen Urtheil S o P, mindestens
ein Theil des Kreises S nicht zum Kreise P gehört, ist sowohl dann der Fall, wenn, entsprechend dem Urtheil P a S,
der Kreis P ganz vom Kreise S umschlossen wird, als auch,
wenn, entsprechend dem Urtheile P e S, der Kreis P ganz
ausserhalb des Kreises S liegt, als auch, wenn, entsprechend
den Urtheilen P i S und P o S der Kreis P einen Theil mit
dem Kreise S gemeinsam hat, den anderen nicht: also ver-
tragen sich mit S o P sowohl P a S als auch P i S als auch
P e S als auch P o S, und mithin folgt keines dieser Urtheile
aus ihm.

7. Man kann aus einem Urtheile auch dadurch ein
anderes ableiten, dass man es zuerst durch das äquipollente
(§ 29, 4) ersetzt und aus diesem dann eine Folgerung durch
Konversion zieht. Die Ableitungen dieser Art werden Folgerungen durch Kontraposition genannt. Aus S a P folgt
auf diese Weise non-P e S, vorausgesetzt, dass es non-P giebt.
Z. B. Alle Körper sind veränderlich, folglich ist kein un-
veränderliches Ding, wenn es solche giebt, ein Körper. Könnte
man aus S a P non-P e S ohne den angegebenen Zusatz folgern,
so würde man durch eine zweite Kontraposition non-S i non-P
erhalten und hieraus das äquipollente non-S o P; aber die
Folgerung „S a P folglich non-S o P" ist offenbar unrichtig,
denn die S können doch nicht dadurch, dass sie sämmtlich P
sind, die übrigen Dinge, die non-S, daran hindern, ebenfalls
sämmtlich P zu sein. Dass z. B. alle Körper veränderlich
sind, schliesst nicht aus, dass auch alle übrigen Dinge es sind,
nöthigt also nicht zu der Annahme, dass einige Dinge, die
nicht Körper sind, nicht veränderlich seien. Aus S i P zweitens folgt, da das äquipollente S o non-P die Konversion
nicht zulässt, durch Kontraposition nichts. Aus S e P drittens
folgt non-P i S und aus S o P viertens ebenfalls non-P i S.

8. Folgerungen durch Konversion und durch Kontraposition lassen sich auch aus determinativen oder deter-

minativ-hypothetischen Urtheilen ziehen, denn jedes derartige
Urtheil kann durch ein eine Begriffsbeziehung bestimmendes
ersetzt werden (§ 18, 2, 3). Da z. B. aus „Alle Q-seienden S
sind P-seiende" durch Konversion „Einige P-seiende S sind
Q-seiende" und durch Kontraposition „Kein nicht P-seiendes
S, wenn es deren giebt, ist ein Q-seiendes" folgt, so folgt
auch aus „In allen Fällen, wenn ein S Q ist, ist es P" durch
Konversion „In einigen Fällen, wenn ein S P ist, ist es Q-
und durch Kontraposition „Die Existenz nicht P-seiender S
vorausgesetzt, ist ein S, wenn es nicht P ist, in keinem
Falle Q".

Auch aus einem alternativ-disjunktiven Urtheile „Die S
sind entweder P_1 oder P_2", sowie aus einem partitiv-disjunktiven „Die S sind theils P_1 theils P_2" kann ein Verhältniss
zweier Begriffe entnommen werden, nämlich: „Der Umfang
des Begriffes der S ist enthalten in dem aus den Umfängen
der Begriffe der P_1-seienden und der P_2-seienden Dinge zusammengesetzten Umfange". Daher können auch sie als Prämissen von Folgerungen durch Konversion oder Kontraposition
vorkommen. So folgt aus „Die S sind entweder P_1 oder P_2"
durch Konversion „Einige von den Dingen, die entweder P_1
oder P_2 sind, sind S" und durch Kontraposition „Die weder
P_1- noch P_2-seienden Dinge sind nicht S", und analog aus
„Die S sind theils P_1 theils P_2" durch Konversion „Einige
Dinge aus der Klasse derer, die theils P_1 theils P_2 sind, sind
S", und durch Kontraposition „Die weder zu der Klasse der
P_1-seienden noch zu der der P_2-seienden gehörenden Dinge
sind nicht S". An diese Folgerungen schliessen sich solche
aus einer determinativ-hypothetischen Prämisse mit disjunktiver
Thesis, wie sie unter anderen durch die Formel „Wenn ein
S Q ist, ist es entweder P_1 oder P_2, folglich wenn ein S
weder P_1 noch P_2 ist, ist es nicht Q" repräsentirt werden.

In einer anderen Weise kann auch ein konditional-hypo-
thetisches Urtheil Prämisse einer Folgerung durch Konversion
oder Kontraposition eines Begriffsverhältnisses werden, wie
z. B. folgende keiner Erläuterung bedürfende Formel zeigt:
„Wenn A B ist, sind alle S P, folglich ist, wenn A B ist,
kein non-P S".

9. Logische Sachverhalte, welche Folgerungen ermöglichen, sind zweitens (§ 29, 5) die zwischen zwei Klassen von Urtheilen oder zwei bestimmten Urtheilen hinsichtlich der Wahrheit oder Unwahrheit bestehenden Beziehungen, wie sie den Inhalt determinativ-hypothetischer oder konditional-hypothetischer Urtheile bilden (§ 18, 3).

Die Folgerungen, die dadurch zu Stande kommen, dass die in einem determinativ-hypothetischen Urtheile gedachte Urtheilsbeziehung in einer anderen Weise (unter einem anderen Gesichtspunkte) als in diesem aufgefasst wird, sind der Prämisse und der Conclusio nach den eben betrachteten, die aus einem determinativ-hypothetischen Urtheile dadurch ein anderes ableiten, dass sie es zuerst durch ein eine Begriffsbeziehung enthaltendes ersetzen, völlig gleich. Z. B. von „Wenn ein S Q ist, ist es P" kann man zu „Wenn ein S nicht P ist, ist es nicht Q" gelangen sowohl durch die Betrachtung der Begriffsbeziehung, die dem ersten Urtheil entnommen werden kann (der Beziehung des Begriffs der Q-seienden und desjenigen der P-seienden S), als auch durch die Betrachtung der Urtheilsbeziehung, die den Inhalt dieses Urtheils bildet (der Beziehung jedes von irgend einem Dinge der Klasse der S das Q-sein, und des von demselben Dinge das P-sein bejahenden Urtheils).

Die Folgerungen aus konditional-hypothetischen Urtheilen sind denen aus determinativ-hypothetischen, und mithin denen durch Konversion und Kontraposition von Begriffsverhältnissen analog. Z. B. aus „Wenn A B ist, ist nothwendig C D" folgt durch Konversion „Wenn C D ist, ist möglicherweise A B", und durch Kontraposition „Wenn nicht C D ist, ist nicht A B"; aus „Wenn A B ist, ist nicht C D" durch Kontraposition „Wenn C D ist, ist nicht A B".

§ 30.
Die Figuren und Modi der kategorischen Schlüsse.

Auch von den mittelbaren Schlüssen hat die allgemeine Logik nur diejenigen zu untersuchen, die durch die Betrachtung logischer Sachverhalte zu Stande kommen. Als logische

Sachverhalte aber, durch die solche Schlüsse ermöglicht werden, finden sich wiederum nur die Verhältnisse, in denen zwei Begriffe hinsichtlich dessen, was durch sie gedacht wird, und diejenigen, in denen zwei Urtheile hinsichtlich ihrer Wahrheit oder Unwahrheit stehen können (§ 28, 1). Die sich auf Begriffsverhältnisse beziehenden Schlüsse fallen, zwar nicht genau, aber im Grossen und Ganzen, mit denen, die von Alters her kategorische, die sich auf Urtheilsverhältnisse beziehenden ebenso mit denen, die von Alters her hypothetische (oder theils hypothetische theils disjunktive) genannt werden, zusammen, und es wird daher gestattet sein, diese Bezeichnungen für diese beiden Arten von Schlüssen in Anspruch zu nehmen. Zunächst wendet sich die Untersuchung den kategorischen zu.

1. Die kategorischen Schlüsse leiten aus zwei Begriffsverhältnissen ein drittes ab. Es kann aber jedem Urtheile, das von einem Dinge oder einer Klasse von Dingen eine Bestimmtheit bejaht oder verneint, ein anderes entnommen werden, das ein Verhältniss zweier Begriffe, nämlich der in jenem als Subjekt und als Prädikat vorkommenden, bestimmt, und umgekehrt jedem ein Verhältniss zwischen zwei Begriffen bestimmenden Urtheile ein anderes, das den Gegenstand des einen zum Subjekte und den Inhalt des anderen zum Prädikate hat. Kann daher aus der Verbindung zweier Urtheile X_1 und Y_1, die zum Inhalte Begriffsverhältnisse haben, ein Urtheil Z_1 von derselben Art abgeleitet werden, so auch aus der Verbindung der beiden Urtheile X und Y, denen die Begriffsverhältnisse X_1 und Y_1 entnommen werden können, das Urtheil Z, das dem Begriffsverhältnisse Z_1 entnommen werden kann. Auch diese Ableitungen sollen hier als kategorische Schlüsse bezeichnet werden. Demnach stellt z. B. nicht nur die Formel „Der Umfang des Begriffes der S ist ganz in dem des Begriffes der M, dieser ganz in dem des Begriffes der P, also auch der Umfang des Begriffes der S ganz in dem der P enthalten", sondern auch „S a M, M a P, folglich S a P" einen kategorischen Schluss dar. (Vergl. § 29,5.)

2. Wie aus der Verbindung zweier Grössenverhältnisse, die Ein Glied gemeinsam haben, ein drittes folgt, z. B. aus $a = b$ und $b = c$ $a = c$ oder aus $a > b$ und $b > c$ $a > c$,

so auch aus der Verbindung zweier Begriffsverhältnisse, die
Ein Glied gemeinsam haben. Weiss man z. B., dass der Umfang des Begriffes A ganz in dem des Begriffes B und dieser
ganz in dem des Begriffes C enthalten ist, so kann man durch
blosse Betrachtung dieser Verhältnisse finden, dass auch der
Umfang des Begriffes A ganz in dem des Begriffes C enthalten
ist. Und dies ist die einzige Art, wie man aus der Verbindung zweier Urtheile, durch die Begriffsverhältnisse bestimmt
werden, direkt, d. h. ohne sie vorher durch andere zu ersetzen,
die wahr sein müssen, wenn sie wahr sind, ein drittes Urtheil
solchen Inhaltes erschliessen kann. Wird demnach der Begriff, von dem die Conclusio eines kategorischen Schlusses
bestimmt, in welchem logischen Verhältnisse er zu einem
anderen steht, der Subjektsbegriff der Conclusio, wie er im
Folgenden genannt werden soll, mit S, und jener andere, der
Prädikatsbegriff, wie er genannt werden soll, mit P bezeichnet,
so hat die eine Prämisse zum Gegenstande das logische Verhältniss entweder des Begriffes S zu einem dritten Begriffe M
oder umgekehrt eines dritten Begriffes M zum Begriffe S, und
die andere das Verhältniss entweder des Begriffes P zu demselben Begriffe M oder umgekehrt des Begriffes M zum Begriffe P. Es ist dann, mit anderen Worten, S Subjektsbegriff
oder Prädikatsbegriff der einen Prämisse, und P Subjektsbegriff oder Prädikatsbegriff der anderen, und beide Prämissen
enthalten einen Begriff M, sei es als Subjekts-, sei es als
Prädikatsbegriff.

Der Prädikatsbegriff P der Conclusio wird der Ober-
begriff (terminus major) des Schlusses, das Subjekt S der
Conclusio der Unterbegriff (terminus minor), das ver-
mittelnde, also in der Conclusio fehlende Glied M der Mittel-
begriff (terminus medius), die den Oberbegriff P enthaltende
Prämisse der Obersatz (propositio major), die den Unter-
begriff S enthaltende der Untersatz (propositio minor) genannt.
In dem Schlusse „Alle Menschen sind sterblich, Cajus ist ein
Mensch, also ist Cajus sterblich“, ist demnach Cajus der
Unterbegriff, Sterbliches Wesen der Oberbegriff, Mensch der
Mittelbegriff, das Urtheil „Alle Menschen sind sterblich“ der
Obersatz, „Cajus ist ein Mensch“ der Untersatz.

Einen unrichtigen Schluss, der statt des Mittelbegriffes
zwei Begriffe enthält, die fälschlich für identisch gehalten
werden, nennt man eine fallacia falsi medii, den Fehler selbst
quaternio terminorum. Z. B. Alle Pflanzen sind lebende
Wesen (nämlich im physiologischen Sinne), alle lebenden
(d. i. beseelten) Wesen haben Empfindungsvermögen, also
haben alle Pflanzen Empfindungsvermögen.

3. Nach der Stellung, welche die Termini S M P in den
Prämissen haben, sind vier Arten oder, wie gesagt zu werden
pflegt, Figuren kategorischer Schlüsse zu unterscheiden:

$$\begin{array}{cccc}
\text{I. } M\ P & \text{II. } P\ M & \text{III. } M\ P & \text{IV. } P\ M \\
S\ M & S\ M & M\ S & M\ S \\
S\ P & S\ P & S\ P & S\ P
\end{array}$$

In der ersten Figur ist P Prädikat des Obersatzes, S Subjekt des Untersatzes, in der zweiten P Subjekt des Obersatzes,
S Subjekt des Untersatzes, in der dritten P Prädikat des
Obersatzes, S Prädikat des Untersatzes, in der vierten P Subjekt des Obersatzes, S Prädikat des Untersatzes; oder in der
ersten ist M Subjekt des Obersatzes und Prädikat des Untersatzes, in der zweiten Prädikat beider Prämissen, in der dritten
Subjekt beider Prämissen, in der vierten Prädikat des Obersatzes und Subjekt des Untersatzes. Die Unterscheidung der
drei ersten Figuren rührt von Aristoteles her, die vierte ist
von Galenus hinzugefügt, woher sie den Namen der Gale-
nischen erhalten hat.

Zum vorläufigen Beweise, dass in jeder dieser Figuren
Schlüsse möglich sind, können folgende alten Beispiele dienen
(Rosenkranz, Wissenschaft der logischen Idee, II, S. 153,
Ueberweg, System der Logik, 2. Aufl., S. 258): I. Jede Tugend
ist löblich, die Beredsamkeit ist eine Tugend, also ist die
Beredsamkeit löblich; II. Kein Laster ist löblich, die Beredsamkeit ist löblich, also ist sie kein Laster; III. Jede Tugend
ist löblich, jede Tugend ist nützlich, also ist einiges Nützliche
löblich; IV. Jede Tugend ist löblich, jedes Löbliche ist nützlich, also ist einiges Nützliche eine Tugend.

4. Es fragt sich nunmehr — wenn, der Erleichterung
des Ausdruckes wegen, auch die Urtheile X und Y, denen
die Begriffsverhältnisse entnommen werden können, welche
die Gegenstände der Prämissen X_1 und Y_1 bilden, als Ober-

satz und Untersatz, und auch das Urtheil Z, das in derselben
Beziehung zur Conclusio Z_1 steht, als Conclusio bezeichnet
werden (§ 30, 1) — es fragt sich bezüglich jeder Figur, welche
Qualitäts-Quantitäts-Bestimmtheit des Obersatzes in Verbindung mit welcher Qualitäts-Quantitäts-Bestimmtheit des Untersatzes wirklich eine Conclusio zu ziehen gestatten, und welche
Qualität und Quantität in den einzelnen Fällen der Conclusio
zu geben sei. Da es vier Qualitäts-Quantitäts-Eigenthümlich-
keiten der Urtheile giebt, die durch die Buchstaben a e i o
bezeichneten, so sind folgende sechzehn Kombinationen dieser
Eigenthümlichkeiten möglich:

a a	e a	i a	o a
a e	e e	i e	o e
a i	e i	i i	o i
a o	o o	i o	o o

Die Aufgabe ist also, bezüglich jeder der vier Figuren
zu bestimmen, welche von diesen sechzehn Kombinationen
in den Prämissen vorkommen können, welche Arten mithin
oder, wie gesagt zu werden pflegt, welche Modi in jeder
Figur zu unterscheiden sind, und welche Qualität und Quantität die Konklusionen dieser Modi haben.

Es ist gestattet, bei der Lösung dieser Aufgabe von der
Annahme auszugehen, dass die Begriffsverhältnisse, aus welchen
geschlossen wird, näher Umfangsverhältnisse seien. Man kann
sich alsdann des Hülfsmittels bedienen, die Umfänge der
Termini durch Kreise, und die Verhältnisse, die den versuchsweise aufgestellten Prämissen zufolge zwischen den Umfängen von P und M und S bestehen, durch die Lageverhält-
nisse dieser Kreise darzustellen (vergl. § 29, 6). Es sei z. B.
die Kombination a a in der ersten Figur zu prüfen, also zu
untersuchen, ob sich aus den Prämissen M a P und S a M
eine Conclusio mit dem Subjekte S und dem Prädikate P
ziehen lasse. Nach dem Obersatze M a P ist der den Umfang
des Begriffes M bedeutende Kreis ganz in dem den Umfang
des Begriffes P bedeutenden enthalten oder fällt mit ihm zusammen; nach dem Untersatze S a M ist der Kreis S ganz
im Kreise M enthalten oder fällt mit ihm zusammen; mithin
ist der Kreis S ganz im Kreise P enthalten oder fällt mit
ihm zusammen. Dieses Lageverhältniss der Kreise S und P

entspricht aber dem Urtheile S a P, welches daher die Conclusio zu M a P und S a M ist. Soll die Kombination a a der
dritten Figur angehören, wird also gefragt, ob sich aus M a P
und M a S eine Conclusio S P ziehen lasse, und eventuell,
welche Qualität und Quantität sie habe, so bemerkt man, dass
der Kreis M einen Theil sowohl des Kreises P als auch des
Kreises S bildet, und stellt hiernach fest, dass mindestens
ein Theil des Kreises S in den Kreis P fallen muss, aber
nicht der ganze Kreis S in ihn zu fallen braucht, dass mithin aus M a P und M a S S i P, nicht aber auch S a P folgt.
Oder es handele sich um die Kombination a e in der ersten
Figur, die versuchsweise aufgestellten Prämissen seien also
M a P und S e M. Der Kreis M liegt in diesem Falle ganz
im Kreise P, der Kreis S ganz ausserhalb des Kreises M.
Dann bleibt es aber unbestimmt, ob S ganz in dem von M
und P gebildeten Ringe, oder zum Theil in diesem Ringe,
zum Theil ausserhalb P, oder ganz ausserhalb P liege; und
das heisst: es bleibt unbestimmt, ob S a P oder S e P oder
zugleich S i P und S o P gilt; es lässt sich also aus M a P
und S e M kein Schluss mit der Conclusio S P ziehen.

5. Bezüglich der ersten Figur findet man auf diese
Weise, dass sie vier Modi hat:

1) M a P Z. B. Alle Säugethiere athmen durch Lungen,
   S a M   Alle Walfische sind Säugethiere,
   S a P   Alle Walfische athmen durch Lungen.

2) M a P Z. B. Alle Säugethiere athmen durch Lungen,
   S i M   Einige im Wasser lebende Thiere sind Säugethiere,
   S i P   Einige im Wasser lebende Thiere athmen durch
                Lungen.

3) M e P Z. B. Kein Säugethier athmet durch Kiemen,
   S a M   Alle Walfische sind Säugethiere,
   S e P   Kein Walfisch athmet durch Kiemen.

4) M e P Z. B. Kein Säugethier athmet durch Kiemen,
   S i M   Einige im Wasser lebende Thiere sind Säugethiere,
   S o P   Einige im Wasser lebende Thiere athmen nicht
                durch Kiemen.

Man hat für jeden dieser Modi, sowie auch für die Modi
der anderen Figuren, einen dreisilbigen Namen gebildet, in

dessen erster Silbe der Vokal vorkommt, der die Qualitäts-
Quantitäts-Bestimmtheit des Obersatzes bezeichnet, und dessen
zweite und dritte Silbe in derselben Weise die Qualität und
Quantität des Untersatzes und der Conclusio anzeigen. Es
sind die Namen: 1) Barbara, 2) Darii, 3) Celarent, 4) Ferio.

Die zweite Figur hat ebenfalls vier Modi: Camestres
(also P a M, S e M, folglich S e P), Baroco, Cesare, Festino.
Dem Modus Camestres gehört z. B. an der Schluss: Alle
Zahlen, die durch Drei theilbar sind, haben eine durch Drei
theilbare Quersumme, Hundert hat nicht eine durch Drei
theilbare Quersumme, also ist Hundert nicht durch Drei
theilbar. Beispiel des Modus Cesare: Kein wissenschaftlich
Gebildeter hält die Wärme für einen Stoff, der Verfasser
dieses Buches thut es, also ist er nicht wissenschaftlich gebildet.

Die dritte Figur hat sechs Modi: Darapti, Datisi, Felapton,
Ferison, Disamis, Bocardo. Beispiel zu Darapti: Die Stoiker
glauben an Gott, die Stoiker sind Materialisten, also glauben
einige Materialisten an Gott. Beispiel zu Ferison: Keine
erzwungene Handlung hat sittlichen Werth, einige erzwungene
Handlungen befördern das allgemeine Wohl, folglich haben
einige Handlungen, die das allgemeine Wohl befördern, keinen
sittlichen Werth.

Die vierte Figur hat fünf Modi: Bamalip, Calemes, Fesapo,
Fresison, Dimatis. Beispiel zu Dimatis: Einige sich, wie die
Pflanzen, mittels Chlorophylls ernährende Organismen sind
Infusorien, alle Infusorien sind Thiere, also ernähren sich
einige Thiere mittels Chlorophylls.

6. Diesem Ergebnisse können folgende Sätze entnommen
werden:

1) Alle Schlüsse der ersten Figur haben einen allgemeinen
Obersatz und einen bejahenden Untersatz, während Konklusionen von jeder Qualitäts-Quantitäts-Bestimmtheit in ihnen
vorkommen.

2) Alle Schlüsse der zweiten Figur haben einen allgemeinen Obersatz; eine ihrer Prämissen ist bejahend, eine
verneinend, die Conclusio verneinend.

3) Die Schlüsse der dritten Figur liefern nur partikuläre
Konklusionen.

4) Eine allgemein bejahende Conclusio hat nur der Modus Barbara.

5) Aus zwei verneinenden Prämissen lässt sich in keiner Figur ein Schluss ziehen. Ex mere negativis nihil sequitur. (Aus zwei allgemein verneinenden Urtheilen, die einen Terminus gemeinsam haben, M e P oder P e M und S e M oder M e S, sowie aus M e P oder P e M und M o S lässt sich allerdings ein drittes ableiten, nämlich non-S o P, aber diese Ableitung geht nicht in einem Schlusse in einer der vier Figuren auf, denn die Conclusio eines solchen hat zum Subjekte das Subjekt oder Prädikat der einen, und zum Prädikate das Subjekt oder Prädikat der anderen Prämisse. Um aus zwei verneinenden Urtheilen ein drittes abzuleiten, muss man zuerst das eine von ihnen durch ein bejahendes ersetzen. Haben z. B. die gegebenen Prämissen die Gestalt M e P und M e S, so muss man M e S entweder durch non-S i M oder durch M a non-S ersetzen.)

6) Aus zwei partikulären Prämissen lässt sich in keiner Figur ein Schluss ziehen. Ex mere particularibus nihil sequitur.

7) Aus einem partikulär bejahenden Obersatze und einem allgemein verneinenden Untersatze (Kombination i e) lässt sich in keiner Figur ein Schluss ziehen.

8) Jeder Modus, der eine partikuläre Prämisse hat, hat eine partikuläre Conclusio, und ebenso zieht eine Verneinung in den Prämissen eine verneinende Conclusio nach sich. Conclusio sequitur partem debiliorem.

7. Statt zuerst die sämmtlichen Modi der vier Figuren zu ermitteln und dann aus dem Ergebnisse den fünften, sechsten und siebenten der vorstehenden Sätze herauszuheben, kann, wie im Folgenden gezeigt werden soll, jene Ermittelung damit beginnen, dass man diese Sätze beweist, wodurch sich die Zahl der in Beziehung auf jede Figur zu prüfenden Modi von sechzehn auf acht verringert.

1) Beweis des Satzes Ex mere negativis nihil sequitur. Wenn sich überhaupt aus zwei verneinenden Prämissen ohne vorhergehende Umgestaltung der einen in eine bejahende eine Conclusio ziehen liesse, so müsste sie sich näher auch aus zwei allgemein verneinenden ziehen lassen, denn was man

nicht mit Hülfe eines allgemeinen Urtheils erkennen kann, kann man auch nicht mit Hülfe des besonderen, welches an seine Stelle zu setzen erlaubt ist, erkennen. Wäre z. B. aus S o M und M o P ein Schluss möglich, so auch aus S e M und M e P, da aus S e M S o M und aus M e P M o P folgt. Aus zwei allgemein verneinenden Prämissen M e P oder P e M und S e M oder M e S folgt aber keine Conclusio von der Gestalt S P, denn die Umfänge von P und S können sowohl, wenn S a P, als auch, wenn S e P, als auch, wenn S i P und S o P, ganz ausserhalb des Umfangs von M liegen.

2) Beweis des Satzes, dass in keiner Figur die Kombination i e vorkommen kann. Käme die Kombination i e überhaupt vor, so käme sie in jeder Figur vor, denn die Urtheile von den Formen i und e lassen sich ohne Veränderung der Quantität konvertiren (§ 29, 6). Könnte man z. B. aus P i M und M e S eine Conclusio ziehen, so auch aus M i P und S e M, da aus M i P P i M und aus S e M M e S folgt. In der ersten Figur aber kann, wie man sich leicht überzeugt, die Kombination i e nicht vorkommen. Folglich in keiner.

3) Beweis des Satzes: Ex mere particularibus nihil sequitur. Die Kombination o o fällt nach dem Satze Ex mere negativis fort. Die Kombination i i fällt aus demselben Grunde fort wie die Kombination i e, nämlich weil die Urtheile von der Form i konvertirt werden können, mithin, wenn sich überhaupt aus zwei Urtheilen von der Form i eine Conclusio ziehen liesse, es in allen Figuren, und so auch in der ersten möglich sein müsste, dies aber, wie man sich leicht überzeugt, nicht zutrifft. Die Kombination i o drittens fällt fort, weil ein Urtheil von der Form o aus dem entsprechenden Urtheile von der Form e folgt, und mithin, wenn i o vorkäme, auch i e vorkommen müsste. Was endlich die Kombination o i betrifft, so kann sie, wie man sich leicht überzeugt, nicht in der ersten Figur vorkommen, — mithin auch nicht in der dritten (M o P, M i S), denn M i S folgt aus S i M, — auch nicht in der zweiten (P o M, S i M), denn aus den der ersten Figur entsprechenden Prämissen non-M i P und S o non-M würden P o M und S i M folgen und es müsste sich also, wenn aus diesen, so auch aus jenen eine Conclusio ziehen lassen, — und

wenn o i nicht in der zweiten Figur vorkommen kann. so
auch in der vierten (P o M, M i S), da M i S aus S i M folgt.

8. In den vorstehenden Beweisen ist mehrfach ein Verfahren zur Anwendung gekommen, dessen man sich, nachdem
die Modi der ersten Figur festgestellt sind, statt der sogenannten Sphärenvergleichung (Umfangsvergleichung)
bedienen kann, die Modi der übrigen Figuren zu ermitteln:
die Umgestaltung der zu prüfenden Kombination in eine der
ersten Figur entsprechende, die sogenannte Reduktion auf
die erste Figur. Dasselbe möge noch an einigen Beispielen
erläutert werden. 1) Die zu prüfende Kombination sei P a M,
S e M (Modus Camestres). P a M kann durch non-M e P,
S e M durch S a non-M ersetzt werden. Aus non-M e P und
S a non-M aber folgt in der ersten Figur S e P (Modus Celarent). Mithin folgt S e P auch aus P a M und S e M. 2) Die
zu prüfende Kombination sei M i P, M a S (Modus Disamis).
M i P kann durch N a P und M a S durch N a S ersetzt werden,
wenn der Buchstabe N einen unbestimmten Theil der M bezeichnet (welches Verfahren Ekthesis genannt wird). Die
Kombination N a P, N a S ferner kann in die der ersten Figur
entsprechende N a P, S i N verwandelt werden. Da nun aus
N a P und S i N S i P folgt (Modus Darii), so auch aus M i P
und M a S. 3) Die zu prüfende Kombination sei P a M, S a M.
Aus P a M folgt non-M e P, und S a M kann durch S e non-M
ersetzt werden. Aus non-M e P und S e non-M aber lässt
sich keine Conclusio von der Gestalt S P ziehen, mithin, da
auch umgekehrt non-M e P durch P a M und S e non-M durch
S a M ersetzt werden kann, auch nicht aus P a M und S a M.

Lassen sich aus den der ersten Figur entsprechenden
Prämissen, die man durch Umgestaltung einer gegebenen
Kombination erhalten hat, umgekehrt wieder die gegebenen
ableiten, so gewährt die Reduktion auf die erste Figur unmittelbar die Gewissheit, dass aus den gegebenen Prämissen
nicht mehr gefolgert werden kann als aus den neuen. Da
z. B., wie eben bemerkt wurde, aus non-M e P wieder P a M
und aus S e non-M wieder S a M sich ergiebt, so wird dadurch, dass sich aus non-M e P und S e non-M keine Conclusio
von der Gestalt S P ziehen lässt, bewiesen, dass dies auch
aus P a M und S a M unmöglich ist. Oder da man von den

Prämissen M a P und S i M, die man durch Reduktion der
Kombination M a P und M i S erhält, wieder zu dieser Kombination zurückkehren kann (indem aus S i M wieder M i S
folgt), so ist es gewiss, dass, wie aus M a P und S i M, so
auch aus M a P und M i S nur S i P und nicht etwa S a P
folgt. Wenn dagegen aus den durch Reduktion hergestellten
Prämissen sich nicht wieder die gegebenen ableiten lassen,
und aus jenen sich entweder gar keine oder nur eine partikuläre Conclusio ergiebt, so ist damit noch nicht die Möglichkeit ausgeschlossen, dass aus den gegebenen Prämissen
sich ein Schluss ziehen lasse bezw. nicht bloss eine partikuläre, sondern auch eine allgemeine Conclusio folge. Verwandelt man z. B. die Kombination M i P und M a S in M i P
und S i M, so wäre es, da aus S i M nicht wieder M a S folgt,
voreilig, daraus, dass aus M i P und S i M nichts folgt, zu
schliessen, dass dasselbe von M i S und M a S gelte. Erweist
es sich in einem solchen Falle als unmöglich, die zuerst vor-
genommene Reduktion auf die erste Figur durch eine solche,
von deren Ergebniss man wieder zu der gegebenen Kombination zurückkehren kann, zu ersetzen, so kann man indirekt beweisen, dass aus der gegebenen Kombination nicht
mehr folgt als aus der durch die Reduktion hergestellten.
Als Beispiel kann die oben angegebene Reduktion des Modus
Disamis dienen, in der die nicht umkehrbare Folgerung N a S
folglich S i N vorkam. Angenommen nämlich, aus M i P und
M a S folge nicht bloss die Conclusio S i P, die man mittels
des Reduktionsverfahrens findet, sondern S a P, so könnte
man dieses Urtheil mit der gegebenen Prämisse M a S wieder
zu einem Schlusse verbinden und so zu M a P gelangen, und
es wäre also erlaubt, in der Kombination M i P und M a S
M i P durch M a P zu ersetzen, was offenbar unrichtig ist.

Wie man die Modi der übrigen Figuren durch Reduktion
auf die erste Figur beweisen kann, so die Modi Darii,
Celarent und Ferio der ersten Figur durch Reduktion auf
den Modus Barbara. Celarent wird in dieser Weise bewiesen,
indem man den Obersatz M e P durch M a non-P und die dann
sich ergebende Conclusio S a non-P durch S e P ersetzt. Um
Darii auf Barbara zurückzuführen, muss man den Untersatz
S i M durch Ekthesis in T a M verwandeln und die dann sich

11*

ergebende Conclusio T a P, indem man die Ekthesis wieder
rückgängig macht, in S i P. In analoger Weise wird Ferio
auf Celarent zurückgeführt.

Einige Kombinationen können, nachdem die Modi der
ersten Figur festgestellt sind, noch in anderer Weise als
gültig erwiesen werden, — mittels der sogenannten metathesis praemissarum und der ductio per impossibile.
Die Operation der metathesis praemissarum kommt z. B. zur
Anwendung in folgendem, die Gültigkeit des Modus Cesare
(P e M, S a M, folglich S e P) voraussetzendem Beweise für
den Modus Camestres (P a M, S e M, folglich S e P). Vertauscht man die Prämissen P a M und S e M miteinander,
d. h. macht man S e M zum Obersatze und P a M zum Untersatze, so folgt P e S. Da nun S e P aus P e S folgt, so folgt
es auch aus P a M und S e M. Oder den Modus Bamalip
(P a M, M a S, folglich S i P) beweist man, indem man zuerst
aus M a S und P a M P a S folgert und dann aus P a S S i P.
Durch ductio per impossibile wird z. B. der Modus Baroco
(P a M, S o M, folglich SoP) folgendermaassen bewiesen: Angenommen es könnte, wenn P a M und S o M wahr sind,
S a P wahr sein, so würde, da aus P a M und S a P S a M
folgt, auch S a M wahr sein können, S a M aber kann, da
nach der Voraussetzung S o M wahr ist, nicht wahr sein,
mithin auch S a P nicht. Wenn aber S a P nicht wahr sein
kann, so muss S o P wahr sein.

9. Wie in den unmittelbaren Folgerungen aus Begriffs-
verhältnissen (§ 29, 8), können auch in den kategorischen
Schlüssen hypothetische und disjunktive Prämissen vorkommen.
Es gelten z. B. folgende Formeln:

1) Die M sind entweder P_1 oder P_2
   S ist M
   ———————————————
   S ist entweder P_1 oder P_2.

2) Die M sind theils P_1 theils P_2
   S ist M
   ———————————————
   S ist entweder P_1 oder P_2.

3) Sowohl die M_1 als auch die M_2 sind P
   Die S sind theils M_1 theils M_2
   ———————————————
   Alle S sind P.

4) Weder die M_1 noch die M_2 sind P
  S ist entweder M_1 oder M_2
  _____
  S ist nicht P.

5) P ist entweder M_1 oder M_2
  S ist weder M_1 noch M_2
  _____
  S ist nicht P

6) Die P sind weder M_1 noch M_2
  Die S sind theils M_1 theils M_2
  _____
  Kein S ist P.

7) Wenn ein S M ist, so ist es P
  Wenn ein S Q ist, so ist es M
  _____
  Wenn ein S Q ist, so ist es P.

8) Wenn ein S P ist, so ist es entweder M_1 oder M_2
  Wenn ein S Q ist, so ist es weder M_1 noch M_2
  _____
  Wenn ein S Q ist, ist es nicht P.

9) Alle M sind P, wenn A B ist
  Alle S sind M, wenn C D ist
  _____
  Alle S sind P, wenn A B und C D ist.

§ 31.
Die kategorischen Schlüsse als Substitutionen.

Im Vorstehenden ist zunächst die allgemeine Bedingung
dafür, dass in zwei Begriffsbeziehungen eine dritte gefunden
werden könne, festgestellt worden, nämlich die Bedingung,
dass erstens das Subjekt S der Conclusio als Subjekt oder
Prädikat in der einen und das Prädikat P der Conclusio als
Subjekt oder Prädikat in der anderen Prämisse vorkommen,
und zweitens die Prämissen ein gemeinsames Glied M haben,
oder dass doch die Prämissen durch Urtheile ersetzt werden
können, die sich so zueinander und zur Conclusio verhalten.
Durch Unterscheidung der vier Figuren und Ermittelung der
Modi jeder Figur wurden zu dieser allgemeinen Bedingung
die erforderlichen näheren Bestimmungen hinzugefügt. Es
muss nunmehr noch gezeigt werden, wie es unter jener allgemeinen Bedingung überhaupt möglich sei, dass aus zwei
Begriffsbeziehungen eine dritte entnommen werden könne,

und welche Unterscheidungen sich etwa aus der Beantwortung
dieser Frage ergeben.

1. Dass in zwei gegebenen Begriffsbeziehungen, deren
eine die Glieder S und M und deren andere die Glieder M
und P hat, eine Beziehung zwischen S als Subjekt und P
als Prädikat enthalten sei, heisst so viel wie, dass S, indem
es Subjekt zu dem Prädikate M oder Prädikat zum Subjekte M
sei, zufolge der zwischen P und M bestehenden Beziehung
Subjekt zu dem Prädikate P. oder dass P, indem es Prädikat
zu dem Subjekte M oder Subjekt zu dem Prädikate M sei,
Prädikat zum Subjekte S sei. Man kann demnach auf zwiefache Weise aus zwei Begriffsbeziehungen eine dritte erschliessen: entweder, indem man eine Beziehung zwischen S
und M, oder indem man eine solche zwischen M und P denkt,
bemerkt man, dass man eine Beziehung zwischen S und P
denkt. Mit anderen Worten, man substituirt entweder in der
S und M enthaltenden Prämisse (dem Untersatze) für M P
oder in der M und P enthaltenden (dem Obersatze) für M S.
In den kategorischen Schlüssen sind demnach die beiden Prämissen von verschiedener Bedeutung für den Vorgang des
Schliessens: die eine wird mittels der anderen in die Conclusio verwandelt (durch die Conclusio ersetzt), oder, wie
es in einem aus der kartesianischen Schule stammenden
Werke heisst: l'une des deux propositions doit contenir la
conclusion et l'autre fait voir, qu'elle la contient (Logique
ou l'art de penser, Paris 1664 u. ö., Citat nach Ueberweg,
System der Logik, 2. Aufl., S. 321). Die Prämisse, aus der
die Conclusio entsteht, soll (nach dem Vorschlage Benekes,
System der Logik I, S. 219) das Grundurtheil, die andere
das Hülfsurtheil genannt werden.

Zwar nicht alle, wie sich zeigen wird, aber doch einige
Erkenntnisse des Enthalten-seins einer dritten Begriffsbeziehung
in zwei gegebenen können durch beide Weisen des Schliessens
erzeugt werden. Z. B. zu der Erkenntniss „S a M, M a P,
folglich S a P" kann man ebenso wohl durch Umwandlung
von S a M mittels M a P wie durch Umwandlung von M a P
mittels S a M gelangen. Es mag nun sein, dass man in einem
solchen Falle, wenn man die Prämissen, z. B. S a M und
M a P, nebeneinander stellt und vergleicht, zugleich, in dem-

selben Augenblicke, bemerken kann, dass, wenn S Subjekt
zu M sei, es auch Subjekt zu P sei, und dass, wenn P Prädikat zu M sei, es auch Prädikat zu S sei. Aber dies wäre
doch nicht eine dritte Weise, die Verbindung „S a M, M a P,
folglich S a P" zu erzeugen, sondern ein zwiefaches Erzeugen
derselben. Durch zwei nebeneinander stattfindende Denk-
vorgänge würden zwei, obwohl ihren Bestandtheilen nach
gleiche, doch ihrer Entstehung und ihrem Sinne nach verschiedene Schlüsse gebildet, einer, der von S a M mittels
M a P, und einer, der von M a P mittels S a M zu S a P
gelangte.

2. Die Substitution von S oder P für M kann, soweit
es dabei auf das Grundurtheil ankommt, sofort vorgenommen
werden, wenn dieses die Gestalt S M oder M P hat. Anderen-
falls, also wenn das Grundurtheil die Gestalt M S oder P M
hat, muss ihr eine Umformung vorhergehen.

Während in dem Grundurtheile S nur als Subjekt und
P nur als Prädikat vorkommen kann, darf dies nicht auch
vom Hülfsurtheile behauptet werden. Es zeigt sich wenigstens
bis jetzt kein Grund, warum, wenn zu einem Grundurtheile
S M ein Hülfsurtheil P M oder zu einem Grundurtheile M P
ein Hülfsurtheil M S gegeben ist, vor dem eigentlichen
Schliessen, der Substitution, eine Umgestaltung des Hülfs-
urtheils in M P bezw. S M erforderlich sein sollte. Doch
auch bezüglich des Hülfsurtheils kann der Untersuchung der
besonderen Verhältnisse, unter denen die Substitution eines
neuen Subjekts oder Prädikats möglich ist, ein allgemeiner
Satz vorangeschickt werden. Das Hülfsurtheil, genauer das
Urtheil, welches von dem Gegenstande des einen der beiden
Begriffe, deren Beziehung das Hülfsurtheil bestimmt, den
Inhalt des anderen prädizirt (§ 30, 1), muss nämlich in allen
Formen der kategorischen Schlüsse bejahend sein. Denn
nur die Erkenntniss, dass von den Umfängen zweier Begriffe
der eine ganz oder theilweise in dem anderen enthalten sei,
oder dass von ihren Inhalten der eine in allen oder in einigen
Fällen, wo er vorkomme, mit dem anderen verbunden sei,
nicht aber auch die, dass ihre Umfänge sich ganz oder theilweise ausschliessen, oder dass in allen oder in einigen Fällen,
wo der Inhalt des einen vorkomme, der des anderen fehle, kann

das Recht gewähren, in einer Begriffsbeziehung, deren Subjekt
oder Prädikat der eine von ihnen ist, ihn durch den anderen zu
ersetzen. Ist als zweite Prämisse ein verneinendes Urtheil
bezw. eine einem solchen entsprechende Begriffsbeziehung
gegeben, so muss sie erst in ein bejahendes Urtheil bezw.
eine einem solchen entsprechende Begriffsbeziehung um-
gestaltet werden.

Auch über die Beschaffenheit der Conclusio kann ein
allgemeiner Satz aufgestellt werden. Die Substitution nämlich
eines neuen Subjektes oder Prädikates, die sich, wie eben
bemerkt wurde, stets auf eine positive Beziehung zwischen
dem alten und dem neuen Terminus (zwischen M und S oder P)
muss berufen können, kann zwar, wenn das Grundurtheil
(genauer das ihm entsprechende Urtheil, dem die seinen Inhalt bildende Beziehung der Begriffe S und M, bezw. M und P,
entnommen werden kann) allgemein ist, also entweder S a M
oder S e M oder M a P oder M e P lautet, an die Bedingung
gebunden sein, dass sie mit einer Veränderung der Quantität,
niemals aber an die, dass sie mit einer Veränderung der
Qualität verbunden sei. Die Conclusio (genauer das Urtheil,
welches von dem Gegenstande des Begriffes S den Inhalt des
Begriffes P prädizirt, welchem also die den Inhalt der Conclusio bildende Beziehung des Begriffes S zum Begriffe P entnommen werden kann) hat daher stets die Qualität des Grundurtheils.

3. Es sollen nunmehr diejenigen Schlüsse näher betrachtet werden, die von einem Urtheile S M oder M P,
welches von einem beliebigen Dinge oder einer beliebigen
Klasse von Dingen S bezw. M eine beliebige Bestimmtheit M
bezw. P bejaht oder verneint, durch Substitution eines neuen
Prädikats P bezw. eines neuen Subjekts S zu einem Urtheile S P führen.

In einem solchen Schlusse muss, nach dem bisher Vor-
getragenen, der Substitution eine Umwandelung des gegebenen
Urtheils S M bezw. M P in ein solches, welches das Verhältniss des Begriffes S zum Begriffe M bezw. des Begriffes M
zum Begriffe P bestimmt, vorhergehen. Und auf die Substitution, durch die man ein Urtheil erhält, welches das Verhältniss des Begriffes S zum Begriffe P bestimmt, muss noch

die Umwandelung dieses Urtheils in ein solches, welches von
dem Dinge oder den Dingen S die Bestimmtheit P prädizirt,
folgen (§ 30, 1).

Da nun das Urtheil SM bezw. MP von dem Gegenstande
oder Umfange des Begriffes S bezw. M eine Bestimmtheit M
bezw. P, die zum Inhalte eines Begriffes gemacht werden
kann, aussagt, so kann ihm unmittelbar nur eine solche Aussage über das Verhältniss zwischen dem Begriffe seines
Gegenstandes S bezw. M und dem Begriffe, der die prädizirte
Bestimmtheit M bezw. P zum Inhalte hat, entnommen werden,
welche bestimmt, wie sich jener hinsichtlich des Gegenstandes
oder reellen Umfangs zu diesem hinsichtlich des Inhaltes verhält. Erst dieser Aussage können dann auch Aussagen entnommen werden, die das Verhältniss jener Begriffe hinsichtlich der Umfänge beider oder hinsichtlich der Inhalte
beider oder hinsichtlich des Inhaltes des ersten und des
Umfanges des zweiten bestimmen. Wenn also die in Rede
stehenden Schlüsse ohne Umweg, in einfacher und natürlicher
Weise, von dem gegebenen Urtheile S M bezw. M P zu dem
Urtheile S P führen, so wird in ihrem Grundurtheile das Verhältniss bestimmt, in welchem der Subjektsbegriff S bezw. M
hinsichtlich seines Gegenstandes oder reellen Umfanges zu dem Prädikatsbegriffe M bezw. P hinsichtlich
seines Inhaltes steht. Es habe z. B. das gegebene Urtheil
die Gestalt S a M, so kann das Grundurtheil ausgedrückt
werden etwa durch den Satz: Die zum Umfange des Begriffes S
d. i. zur Klasse der S gehörenden existirenden Dinge haben
die (den Inhalt des Begriffes M bildende) Bestimmtheit M.

Wenn aber das Grundurtheil, das dem gegebenen Urtheile
S M entnommen wird, bestimmt, wie sich der Begriff S hinsichtlich seines Gegenstandes oder Umfanges zum Begriffe M
hinsichtlich seines Inhaltes verhält, so muss das Hülfsurtheil,
welches das Recht giebt, in dem Grundurtheil für M P zu
substituiren, das Verhältniss bestimmen, in welchem die Begriffe M und P hinsichtlich des Inhaltes des einen und des
Inhaltes des anderen stehen. Und wenn ebenso das Grundurtheil, das dem gegebenen Urtheile M P entnommen wird,
bestimmt, wie sich der Begriff M hinsichtlich seines Gegenstandes oder Umfanges zum Begriffe P hinsichtlich seines

Inhaltes verhält, so muss das Hülfsurtheil, welches das Recht giebt, in dem Grundurtheile für M S zu substituiren, das Verhältniss bestimmen, in welchem die Begriffe S und M hinsichtlich des (reellen) Umfanges des einen und des Umfanges des anderen stehen. In den Schlüssen, deren Grundurtheil die Gestalt S M hat, den Schlüssen durch Substitution eines neuen Prädikates bestimmt also das Hülfsurtheil das Verhältniss, in welchem der alte Prädikatsbegriff (M) und der für ihn zu substituirende (P) hinsichtlich ihrer beider Inhalte stehen, dagegen in denjenigen, deren Grundurtheil die Gestalt M P hat, den Schlüssen durch Substitution eines neuen Subjektes, bestimmt das Hülfsurtheil das Verhältniss, in welchem der alte Subjektsbegriff (M) und der für ihn zu substituirende (S) hinsichtlich ihrer beider Umfänge stehen. Man schliesst z. B. von S a M auf S a P mittels des Hülfsurtheils „Die Bestimmtheit M (das M-sein, der Inhalt des Begriffes M) ist in allen Dingen, in denen sie sich findet, mit der Bestimmtheit P (dem P-sein, dem Inhalte des Begriffes P) verbunden", und von M a P auf S a P mittels des Hülfsurtheils „Die zur Klasse der S gehörenden Dinge gehören sämmtlich zur Klasse der M (der Umfang des Begriffes S ist ganz in dem des Begriffes M enthalten)".

4. Ableitung der besonderen Formen oder Modi der im Vorstehenden beschriebenen Schlüsse.

1) Die Schlüsse durch Substitution des Prädikates (Grundurtheil S M). Für sie kann zunächst der Bestimmung, dass das Hülfsurtheil bejahend sein muss (§ 31, 2), die weitere hinzugefügt werden, dass es allgemein sein, also entweder M a P oder P a M lauten muss. Ein partikulär bejahendes Urtheil M i P oder P i M, also die Erkenntniss, dass in einigen Fällen, unbestimmt welchen, die Bestimmtheiten M und P miteinander verbunden seien, kann offenbar niemals das Recht geben, in der Bejahung oder Verneinung des M-seins von allen oder einigen Dingen einer Klasse (in S a M oder S e M oder S i M oder S o M) das M-sein durch das P-sein zu ersetzen. Hat nun, erstens, das Hülfsurtheil die Form M a P, stellt es also fest, dass in allen Dingen, denen das M-sein zukommt, mit dem M-sein das P-sein verknüpft sei, so giebt es das Recht, in jeder Bejahung des

M-seins, gleichviel von welcher Art von Dingen und ob von
allen oder nur von einigen Dingen einer Klasse bejaht wird,
das M-sein durch das P-sein ohne Aenderung der Quantität
zu ersetzen; dagegen gestattet es nicht, in irgend einer Verneinung des M-seins dieses durch das P-sein zu ersetzen. Lautet,
zweitens, das Hülfsurtheil P a M, so ist das Umgekehrte
der Fall: man darf in allen Verneinungen, aber in keiner
Bejahung des M-seins dieses durch das P-sein ersetzen, und
zwar wiederum ohne Veränderung der Quantität. — In den
Schlüssen durch Substitution des Prädikates kann also das
Grundurtheil sowohl bejahend als auch verneinend sein, und
in beiden Fällen sowohl allgemein als auch partikulär. Ist
es bejahend, so hat das Hülfsurtheil die Form M a P, ist es
verneinend, die Form P a M. Die Conclusio hat stets die
Qualität und die Quantität des Grundurtheils. Hiernach giebt
es der Schlüsse durch Substitution des Prädikates mittels
eines Hülfsurtheils von der Gestalt M P zwei Modi, nämlich,
wenn die vorangestellte Prämisse das Grundurtheil bedeutet:

$$\text{I.} \quad 1. \quad \frac{\begin{array}{l} S \, a \, M \\ M \, a \, P \end{array}}{S \, a \, P} \qquad\qquad 2. \quad \frac{\begin{array}{l} S \, i \, M \\ M \, a \, P \end{array}}{S \, i \, P}$$

desgleichen zwei Modi der Schlüsse durch Substitution des
Prädikates mittels eines Hülfsurtheils von der Gestalt P M,
nämlich:

$$\text{II.} \quad 1. \quad \frac{\begin{array}{l} S \, e \, M \\ P \, a \, M \end{array}}{S \, e \, P} \qquad\qquad 2. \quad \frac{\begin{array}{l} S \, o \, M \\ P \, a \, M \end{array}}{S \, o \, P}$$

2) **Die Schlüsse durch Substitution des Subjektes**
(Grundurtheil M P). Hat das Hülfsurtheil die Form S a M
oder S i M, so giebt es das Recht, in dem Grundurtheile,
wenn dasselbe allgemein ist (M a P oder M e P), aber nicht,
wenn es partikulär ist (M i P oder M o P), S für M zu substituiren, und zwar in der Weise, dass das neue Urtheil (die
Conclusio) die Quantität des Hülfsurtheils hat. Der Schlüsse
durch Substitution des Subjektes mittels eines Hülfsurtheils
von der Form S M giebt es also vier Modi:

$$\text{III.} \quad 1. \frac{\begin{array}{l} M \, a \, P \\ S \, a \, M \end{array}}{S \, a \, P} \quad 2. \frac{\begin{array}{l} M \, a \, P \\ S \, i \, M \end{array}}{S \, i \, P} \quad 3. \frac{\begin{array}{l} M \, e \, P \\ S \, a \, M \end{array}}{S \, e \, P} \quad 4. \frac{\begin{array}{l} M \, e \, P \\ S \, i \, M \end{array}}{S \, o \, P}$$

Hat das Hülfsurtheil die Form M a S oder M i S, so giebt
es das Recht, in dem Grundurtheile, wenn dasselbe allgemein
ist (M a P oder M e P) S für M zu substituiren, jedoch nur
unter Veränderung der Quantität, also so, dass das neue
Urtheil (die Conclusio) partikulär ist, während, wenn das
Grundurtheil partikulär ist (M i P oder M o P) nur M a S,
nicht auch M i S, die Substitution gestattet. Der Schlüsse
durch Substitution des Subjektes mittels eines Hülfsurtheils
von der Formel M S giebt es also sechs Modi:

IV.	1. M a P	2. M a P	3. M e P	4. M e P
	M a S	M i S	M a S	M i S
	S i P	S i P	S o P	S o P
	5. M i P		6. M o P	
	M a S		M a S	
	S i P		S o P	

5. Die Schlüsse der Klasse I gehören der ersten Figur,
die der Klasse II der zweiten Figur an. Die Klasse III enthält sämmtliche Modi der ersten, die Klasse IV sämmtliche
Modi der dritten Figur. Demnach können die Schlüsse der
ersten Figur sämmtlich durch Substitution des Subjektes entstehen, die zweier Modi (Barbara und Darii) auch durch Substitution des Prädikates. In der zweiten Figur betrifft die
Substitution stets das Prädikat, in der dritten stets das Subjekt.

Zwei Modi der zweiten Figur, Cesare und Festino, und
sämmtliche Modi der vierten können überhaupt nicht durch
blosse Substitution zu Stande kommen. Mit der Substitution
müssen sich hier andere Operationen verbinden. Ein Schluss
im Modus Cesare z. B. kann auf vierfache Weise mittels eines
Schlusses durch blosse Substitution entstehen: entweder man
ersetzt die gegebenen Prämissen P e M und S a M durch
P a non-M und S e non-M und zieht dann durch Substitution
des Prädikates (P für non-M) die Conclusio S e P (Reduktion
auf den Modus Camestres), oder man verwandelt vor der Substitution die gegebenen Prämissen in M e P und S a M (Reduktion auf den Modus Celarent), oder man erschliesst sofort
aus den gegebenen Prämissen durch Substitution des Prädikates P e S und folgert hieraus S e P (metathesis praemissarum),
oder man sieht, dass die Annahme S i P den Prämissen widersprechen würde (indem aus S i P und P e M S o M folgen

würde, während doch S a M gilt) und erkennt damit die Wahrheit ihres kontradiktorischen Gegentheils S a M (ductio per impossibile).

In jeder der oben unterschiedenen vier Klassen lassen sich die übrigen Modi auf den ersten zurückführen, indem man in den Schlüssen durch Substitution des Prädikates auf die partikulären Grundurtheile S i M und S o M das Verfahren der Ekthesis (§ 30,8) anwendet, also S i M in T a M und S o M in T e M verwandelt, und in den Schlüssen durch Substitution des Subjektes das allgemein verneinende Grundurtheil M e P durch das äquipollente M a non-P, das besondere M i P durch N a P, das besonders verneinende M o P durch N a non-P und die partikulären Hülfsurtheile S i M und M i S durch T a M und N a S ersetzt. Auf diese Weise geht z. B. die Formel III 4 „M e P, S i M, folglich S o P" in „M a non-P, T a M, folglich T a non-P", die Formel IV 6 „M o P, M a S, folglich S o P" in „N a non-P, N a S, folglich S i non-P" über. Die Weisen des Schliessens werden, wie man leicht sieht, durch diese Umformungen in keiner Weise verändert. Die Modi jeder Klasse unterscheiden sich also nur äusserlich voneinander, und es dürfen daher dargestellt werden

A. die Schlüsse durch Substitution des Prädikates allgemein durch die Formeln:

I. S a M	II. S e M
M a P	P a M
S a P	S e P

B. die Schlüsse durch Substitution des Subjektes allgemein durch die Formeln:

III. M a P	IV. M a P
S a M	M a S
S a P	S i P

§ 32.
Deduktive und induktive, synthetische und analytische kategorische Schlüsse.

1. In den eben betrachteten Schlüssen durch Substitution des Subjekts bestimmt das Hülfsurtheil, wenn es die Gestalt S a M hat, das Verhältniss des Begriffes S zum

Begriffe M dahin, dass der reelle Umfang des ersten ganz in
dem des zweiten enthalten sei, falls er nicht mit ihm zusammenfalle (§ 31,3).

Ist der reelle Umfang von S ganz in demjenigen von M
enthalten, so sind bezüglich des Verhältnisses, in welchem
diese beiden Begriffe hinsichtlich ihrer ideellen Umfänge
stehen, vier Fälle möglich. (Ueber die Bedeutung der Ausdrücke reeller und ideeller Umfang vergl. § 12,1.) 1) Der
ideelle Umfang von S ist in dem von M enthalten, es sind
also nicht bloss die wirklichen, sondern alle möglichen S M
oder, was dasselbe heisst, die S sind als solche M, wie es
z. B. der Fall ist, wenn das Hülfsurtheil lautet: Alle Rechtecke sind einem Kreise einschreibbare Figuren. 2) Der ideelle
Umfang von M ist in dem von S enthalten, es sind also,
während alle wirklichen, aber nicht alle möglichen S M sind,
alle möglichen M S, wie es z. B. der Fall ist, wenn das Hülfsurtheil von den Pflanzen einer Gattung, die nur eine einzige
Art hat, sagt, dass sie sämmtlich dieser Art angehören.
3) Die ideellen Umfänge von S und M fallen vollständig zusammen, wie es z. B. der Fall ist, wenn das Hülfsurtheil
lautet: Alle gleichseitigen Dreiecke sind gleichwinkelige Dreiecke. 4) Nur ein Theil des ideellen Umfangs von S fällt mit
nur einem Theile desjenigen von M zusammen, wie es z. B. der
Fall ist, wenn das Hülfsurtheil lautet: Alle Hauptleute unserer
Garnison sind verheirathet (indem weder das Verheirathet-sein
dazu erforderlich ist, ein Hauptmann unserer Garnison zu
sein, noch dieses zu jenem). — Im Folgenden soll das Verhältniss zweier Begriffe sowie das der durch sie gedachten
Klassen von Dingen dann, wenn alle möglichen Dinge, die
der ersten Klasse angehören, auch der zweiten angehören,
aber nicht auch umgekehrt, als Verhältniss des Besonderen zum Allgemeinen bezeichnet werden. Alsdann besteht der erste der eben unterschiedenen vier Fälle darin,
dass sich S zu M, der zweite darin, dass sich M zu S wie
das Besondere zum Allgemeinen verhält.

In ganz analoger Weise sind, wenn das Hülfsurtheil die
Gestalt M a S hat, bezüglich des Verhältnisses der Umfänge
von M und S vier mögliche Fälle zu unterscheiden.

Das Hülfsurtheil S M oder M S kann nun zugleich mit
dem Verhältnisse, in welchem die Begriffe S und M bez. M
und S hinsichtlich ihrer reellen Umfänge stehen, dasjenige,
in welchem sie hinsichtlich ihrer ideellen Umfänge stehen,
bestimmen. Von hervorragender Wichtigkeit für die Zwecke
des Erkennens sind hier die beiden ersten der oben unterschiedenen vier Fälle, also die Fälle, dass der Subjektsbegriff
des Hülfsurtheils (S bez. M) zum Prädikatsbegriffe (M bez. S),
und dass umgekehrt der Prädikatsbegriff zum Subjektsbegriffe
sich wie das Besondere zum Allgemeinen verhält. Die Schlüsse,
in denen das Hülfsurtheil diese Bedeutung hat, sollen darum
im Folgenden etwas näher hinsichtlich der Richtung, in der
sie die Erkenntniss erweitern, ins Auge gefasst werden.

2. Hat in einem Schlusse durch Substitution des Subjektes von der ersten Form (der Form M a P, S a M, folglich
S a P) das Hülfsurtheil S a M den Sinn, dass die Klasse der
S zu der Klasse der M im Verhältnisse des Besonderen zum
Allgemeinen stehe (dass also alle möglichen S M seien), so
geht er von einem Verhalten eines Allgemeinen (dem P-sein
der M) auf dasselbe Verhalten eines entsprechenden Besonderen (das P-sein der S). Die Schlüsse dieser Art werden
deduktive genannt.

Hat dagegen in einem solchen Schlusse das Hülfsurtheil
den Sinn, dass die Klasse der S zu der Klasse der M im
Verhältnisse des Allgemeinen zum Besonderen stehe, dass
also nur die wirklich existirenden S M, dagegen alle möglichen M S seien, mit anderen Worten, dass von den möglichen Arten der Klasse S nur die Art M wirklich existire,
so geht der Schluss von einem Verhalten eines Besonderen
(dem P-sein der M) auf dasselbe Verhalten eines entsprechenden Allgemeinen von gleichem reellen Umfange (das P-sein
der S), mit anderen Worten von einem Verhalten der einzigen
Art einer Klasse auf dasselbe Verhalten dieser Klasse.
Z. B. Alle Pflanzen der Gattung Butomus wachsen an feuchten
Orten, nun gehören alle in Norddeutschland vorkommenden
Pflanzen der Klasse Enneandria der Gattung Butomus an,
also wachsen alle in Norddeutschland vorkommenden Pflanzen
der Klasse Enneandria an feuchten Orten. Alle Thiere der
Gattung Amphioxus sind fischartig gestaltet, alle Thiere der

Klasse der Acranier gehören zur Gattung Amphioxus, folglich
sind alle Thiere der Klasse der Acranier fischartig gestaltet.
— Ein besonderer Fall besteht darin, dass von dem Verhalten
einer Reihe koordinirter Besonderer auf dasselbe Verhalten
eines Allgemeinen, zu welchem keine weiteren wirklich
existirenden Besonderen gehören (von dem Verhalten einer
Reihe von Arten auf dasselbe Verhalten der lediglich aus
diesen Arten bestehenden Klasse) geschlossen wird, nach der
Formel:

Sowohl die M_1 als auch die M_2 als auch . . . sind P
Die S sind theils M_1 theils M_2 theils . . .
Alle S sind P

Z. B. Sowohl die Schlüsse des Modus Barbara als auch
die des Modus Darii als auch die des Modus Celarent als
auch die des Modus Ferio haben einen allgemeinen Obersatz
und einen bejahenden Untersatz; nun sind die Schlüsse der
ersten Figur theils solche des Modus Barbara, theils solche
des Modus Darii, theils solche des Modus Celarent, theils
solche des Modus Ferio; folglich u. s. w. — Die von dem
Verhalten eines Besonderen oder einer Reihe Besonderer auf
dasselbe Verhalten eines entsprechenden Allgemeinen gehenden Schlüsse werden induktive genannt.

3. Hat in einem Schlusse durch Substitution des Subjektes
von der zweiten Form (der Form M a P, M a S, folglich S i P)
das Hülfsurtheil den Sinn, dass die Klasse der M sich zur
Klasse der S wie das Besondere zum Allgemeinen verhalte,
so geht er von dem Verhalten eines Besonderen (dem P-sein
der M) auf dasselbe Verhalten eines Theiles eines entsprechenden Allgemeinen, ist also induktiv.

Hat dagegen in einem Schlusse dieser Art das Hülfsurtheil
den Sinn, dass die Klasse der M zur Klasse der S im Verhältnisse
des Allgemeinen zum Besonderen stehe, so geht er deduktiv
von dem Verhalten eines Allgemeinen (dem P-sein der M)
auf dasselbe Verhalten eines entsprechenden Besonderen (das
P-sein der S). Die Conclusio ist in diesem Falle allgemein
(S a P).

4. In den Schlüssen durch Substitution des Prädikates bestimmt das Hülfsurtheil, wenn es die Gestalt M a P hat
(§ 31 am Ende), das Verhältniss des Begriffes M zum Begriffe P

dahin, dass mit der Bestimmtheit, die den Inhalt des ersten bilde, dem M-sein, in allen wirklich existirenden Dingen, denen sie zukomme, die den Inhalt des zweiten bildende, das P-sein, thatsächlich verknüpft sei (§ 31,3).

Stehen die Begriffe M und P in diesem Verhältnisse, so sind wieder vier Fälle möglich. 1. Mit dem M-sein ist nicht nur in allen wirklich existirenden, sondern in allen möglichen Dingen, denen es zukommt, das P-sein, nicht aber auch umgekehrt mit dem P-sein in allen möglichen Dingen, denen es zukommt, das M-sein verknüpft. 2. Mit dem P-sein ist in allen möglichen Dingen, denen es zukommt, das M-sein, nicht aber auch umgekehrt mit dem M-sein in allen möglichen M-seienden Dingen das P-sein verknüpft. 3. Es hat sowohl das M-sein das P-sein als auch umgekehrt das P-sein das M-sein nothwendig im Gefolge. 4. Es ist sowohl möglich, dass einem Dinge das M-sein ohne das P-sein, als auch, dass einem Dinge das P-sein ohne das M-sein zukomme. — Im Folgenden soll das Verhältniss zweier Begriffe dann, wenn die den Inhalt des ersten bildende Bestimmtheit in keinem Dinge anwesend sein kann, ohne dass auch die den Inhalt des zweiten bildende es ist, sowie das Verhältniss der Inhalte zweier solcher Begriffe, das Verhältniss von Grund und Folge genannt werden. Alsdann besteht der erste der eben unterschiedenen vier Fälle darin, dass sich M zu P, der zweite darin, dass sich P zu M wie der Grund zur Folge verhält.

In ganz analoger Weise sind, wenn das Hülfsurtheil die Gestalt P a M hat, bezüglich des Verhältnisses der Inhalte von P und M vier mögliche Fälle zu unterscheiden.

Wie in den Schlüssen durch Substitution des Subjektes kann nun auch in denen durch Substitution des Prädikates das Hülfsurtheil selbst angeben, in welchem der vier möglichen Verhältnisse sein Subjektsbegriff zu seinem Prädikatsbegriffe stehe. Im Folgenden sollen die beiden Fälle, dass dieses Verhältniss als das des Grundes zur Folge und dass es als das der Folge zum Grunde bestimmt werde, näher charakterisirt werden.

5. Bestimmt in einem Schlusse durch Substitution des Prädikates von der ersten Form (der Form S a M, M a P, folglich S a P) das Hülfsurtheil, dass die Bestimmtheit M zur

Bestimmtheit P im Verhältnisse des Grundes zur Folge stehe
(dass also das M-sein seiner Natur nach, oder in allen möglichen Dingen, denen es zukomme, das P-sein nach sich ziehe),
so geht er von der Anwesenheit des Grundes in gewissen
Dingen (der Anwesenheit der Bestimmtheit M in den Dingen S)
auf die Anwesenheit einer entsprechenden Folge in denselben
Dingen (die Anwesenheit der Bestimmtheit P in den Dingen S).
Die Schlüsse dieser Art sollen synthetische genannt werden.

Hat dagegen in einem solchen Schlusse das Hülfsurtheil M a P den Sinn, dass die Bestimmtheit M zur Bestimmtheit P im Verhältnisse der Folge zum Grunde (mithin
P zu M in dem des Grundes zur Folge) stehe, dass also in
allen wirklichen M-seienden Dingen mit dem M-sein das
P-sein und in allen möglichen P-seienden Dingen mit dem
P-sein das M-sein verbunden sei, mit anderen Worten, dass
von allen möglichen Gründen des M-seins nur Einer, das
P-sein, wirklich vorkomme, so geht er von der Anwesenheit
einer Folge in gewissen Dingen (der Bestimmtheit M in den
Dingen S) auf die Anwesenheit des einzigen Grundes dieser
Folge in denselben Dingen (der Bestimmtheit P in den
Dingen S), oder, was dasselbe heisst, von der Anwesenheit
der einem Grunde eigenthümlichen Folge auf die Anwesenheit dieses Grundes. Z. B. Im Spektrum der Sonne kommt
eine gewisse Linie vor, die für das Spektrum der Eisen enthaltenden Substanzen charakteristisch ist, also enthält die
Sonne Eisen. — Ein besonderer Fall besteht darin, dass von
der Anwesenheit einer Reihe von Bestimmtheiten M_1, M_2 . .,
die vereinigt nur im Gefolge einer gewissen Bestimmtheit
auftreten können, auf die Anwesenheit der letzteren geschlossen wird, nach der Formel:

S ist (die S sind) sowohl M_1 als auch M_2 als auch . . .

Was sowohl M_1 als auch M_2 als auch . . . ist, ist P

S ist (die S sind) P.

Die von der Anwesenheit einer Folge auf die Anwesenheit eines entsprechenden Grundes gehenden Schlüsse sollen
analytische genannt werden.

6. Bestimmt in einem Schlusse durch Substitution des
Prädikats von der zweiten Form (der Form S e M, P a M,
folglich S e P) das Hülfsurtheil, dass P zu M im Verhältnisse

des Grundes zur Folge stehe, so geht der Schluss analytisch von der Abwesenheit einer Folge in gewissen Dingen (der Bestimmtheit M in den Dingen S) auf die Abwesenheit eines diese Folge habenden Grundes in denselben Dingen (der Bestimmtheit P in den Dingen S).

Bestimmt dagegen das Hülfsurtheil, dass P zu M im Verhältnisse der Folge zum Grunde (mithin M zu P in dem des Grundes zur Folge) stehe, dass also von allen möglichen Gründen des P-seins nur Einer, das M-sein, wirklich vorkomme, so geht der Schluss synthetisch von der Abwesenheit des einzigen Grundes einer Folge in gewissen Dingen (der Bestimmtheit M in den Dingen S) auf die Abwesenheit dieser Folge in denselben Dingen (der Bestimmtheit P in den Dingen S), oder, anders ausgedrückt, von der Abwesenheit eines Grundes auf die Abwesenheit einer diesem Grunde eigenthümlichen Folge. Man schliesst z. B. daraus, dass in dem Spektrum einer Substanz die für das Eisen charakteristische Linie fehle, dass diese Substanz kein Eisen enthalte. — Ein besonderer Fall besteht darin, dass von der Abwesenheit einer Reihe von Gründen, ausser denen keiner für eine gewisse Folge vorkommt, auf die Abwesenheit dieser Folge geschlossen wird, nach der Formel:

S ist (die S sind) weder M_1 noch M_2 noch ...

Die P sind theils M_1 theils M_2 theils ...

S ist (die S sind) nicht P.

7. Man kann nach dem Vorstehenden schliessen:

1) deduktiv von dem Verhalten eines Allgemeinen auf dasselbe Verhalten eines entsprechenden Besonderen;

2) induktiv von dem Verhalten eines Besonderen auf dasselbe Verhalten eines Allgemeinen von gleichem reellen Umfange oder eines Theiles eines Allgemeinen von grösserem reellen Umfange;

3) synthetisch

a) von der Anwesenheit eines Grundes in einem Dinge auf die Anwesenheit einer entsprechenden Folge in demselben Dinge,

b) von der Abwesenheit eines Grundes auf die Abwesenheit einer ihm eigenthümlichen Folge;

4) analytisch

    a) von der Anwesenheit einer einem Grunde eigenthümlichen Folge auf die Anwesenheit dieses Grundes,

    b) von der Abwesenheit einer Folge auf die Abwesenheit eines entsprechenden Grundes.

Man kann nicht schliessen:

    1) induktiv von dem Verhalten eines Besonderen oder einer Reihe Besonderer auf dasselbe Verhalten eines ganzen entsprechenden Allgemeinen von grösserem reellen Umfange;

    2) analytisch von der Anwesenheit einer Folge oder einer Reihe von Folgen auf die Anwesenheit eines Grundes, der nicht der einzige für sie vorkommende ist;

    3) synthetisch von der Abwesenheit eines Grundes auf die Abwesenheit einer ihm entsprechenden, aber ihm nicht eigenthümlichen Folge, oder von der Abwesenheit einer Reihe von Gründen auf die einer ihnen gemeinsamen, aber ihnen nicht eigenthümlichen Folge.

Es bleibt jedoch zu erwägen, ob nicht 1. die Erkenntniss, dass ein Gegenstand M, der zu einem anderen S in dem Verhältnisse des Besonderen zum Allgemeinen von grösserem reellen Umfange steht, ein gewisses Verhalten P habe (M a P, M a S), oder dass eine unvollständige Reihe in Bezug auf ein Allgemeines S koordinirter Besonderer M_1, M_2 ... in einem gewissen Verhalten P übereinstimmen (Sowohl M_1 als auch M_2 als auch ... sind P, Sowohl M_1 als auch M_2 als auch ... sind S), wenigstens im Stande sei, dem aus ihr nicht erschliessbaren Satze, dass diesem Allgemeinen seinem ganzen Umfange nach dasselbe Verhalten zukomme (S a P), eine mehr oder wenige starke Stütze, einen höheren Wahrscheinlichkeitsgrad, als er ohne sie haben würde, zu gewähren, 2. ebenso die Erkenntniss, dass ein Ding S die zu den Folgen eines Grundes P gehörende Bestimmtheit M oder mehrere dazu gehörende Bestimmtheiten M_1, M_2 ... habe (S ist sowohl M_1 als auch M_2 als auch .., P ist sowohl M_1 als auch M_2 als auch ..), dem Satze, dass es diesen Grund enthalte (S ist P), und 3. die Erkenntniss, dass in einem Dinge S von den Gründen, die für eine gewisse Bestimmt-

heit P vorkommen, Einer, M, oder mehrere, M₁, M₂ ...
fehlen (S ist weder M₁ noch M₂ noch .., Sowohl M₁ als
auch M₂ .. sind P), dem Satze, dass in ihm auch diese Bestimmtheit fehle (S ist nicht P).

§ 33.
Die kategorischen Wahrscheinlichkeitsschlüsse
(unvollständige Induktion, unvollständige Analysis,
Analogie).

1. Dass überhaupt die Annahme, allen Dingen einer
Klasse S komme eine gewisse Bestimmtheit P zu, mehr für
sich hat, wenn von Einem S bekannt ist, dass es P ist, als
wenn es von keinem, und wieder mehr, wenn dies von zwei S,
als wenn es nur von Einem bekannt ist u. s. w., ist ohne
Weiteres einleuchtend, — desgleichen, dass es für die Annahme, ein Ding S enthalte einen Grund P, dem eine gewisse
Reihe von Folgen M₁, M₂ ... entspricht, und mit ihm alle
diese Folgen, günstiger ist, wenn man von vielen dieser
Folgen weiss, dass sie Bestimmtheiten des Dinges S sind,
als wenn man es nur von wenigen oder von Einer oder von
keiner weiss, — und für die Annahme, dass eine Folge P,
die mehreren Gründen M₁, M₂ ... entspricht, in einem
Dinge S fehle und mit ihr alle diese Gründe, günstiger, wenn
von vielen dieser Gründe feststeht, dass sie in ihm fehlen,
als wenn es nur von wenigen oder von Einem oder von
keinem feststeht. Es ist dies nicht weniger einleuchtend, wie
dass die Aussichten eines Menschen, dessen Glück davon ab-
hinge, dass er mit einem Würfel zwanzigmal hintereinander
Sechs würfe, mit dem ersten Wurfe, wenn er zu seinem
Gunsten ausfiele, und weiter mit jedem folgenden steigen
würden.

Aber auch das ist einleuchtend, dass, wenn in dieser
Weise die Wahrscheinlichkeit einer Annahme mit der Zahl
der bekannten ihr günstigen Fälle wächst, solange kein ihr
widerstreitender Fall entdeckt wird, es dadurch doch von
keinem einzelnen der noch unbekannten Fälle wahrscheinlicher
wird, dass er mit ihr übereinstimmen werde. Wenn Jemand,

der gewettet hätte, dass er in zwanzig Würfen mit einem
Würfel zwanzigmal eine Sechs werfen werde, in neunzehn
Fällen Glück gehabt hätte, so hätte dies doch keinen Einfluss
auf den bevorstehenden letzten Wurf. Die Wahrscheinlichkeit, dass auch dieser nach Wunsch ausfallen werde, betrüge
doch (wenn die freilich unausbleibliche Vermuthung, der
Würfel sei gefälscht, ausser Rechnung gelassen wird)
noch immer nur $\frac{1}{6}$, obwohl die Wahrscheinlichkeit, dass der
Werfende seine Wette gewinnen werde, seit dem ersten
Wurfe von $\frac{1}{6^{20}}$ bis $\frac{1}{6}$ zugenommen hätte. Und so würde
zwar auch die Wahrscheinlichkeit, dass alle S P seien, fort-
während wachsen, wenn man immer neue S fände, die so beschaffen wären, und keines, das nicht so beschaffen wäre,
aber an diesem Zuwachse hätte die Wahrscheinlichkeit, dass
irgend ein noch nicht untersuchtes S P sei, keinen Theil, es
müsste denn sein, dass man Grund zu einer dem Verdachte,
die Würfel seien gefälscht, analogen Vermuthung hätte. Und
ebenso bleibt, wenn in einem Dinge S immer mehr Glieder
aus der Reihe der Folgen M_1, M_2 . . ., aus denen sich die
zu einem Grunde P gehörende Folge zusammensetzt, aufgefunden werden, doch der Wahrscheinlichkeitsgrad der
Annahme, dass S irgend eine noch nicht in ihm aufgefundene
Folge M_x jener Reihe enthalten werde, unverändert, — desgleichen, wenn von immer mehr Gliedern aus der Reihe der
Gründe M_1, M_2 . . ., von denen jeder die Folge P nach sich
zieht, konstatirt wird, dass sie in dem Dinge S fehlen, der
Wahrscheinlichkeitsgrad der Annahme, dass ein bis dahin
unbeachtet gebliebenes Glied M_x jener Reihe fehlen werde.

2. Diese Ueberlegung berechtigt jedoch nicht zu der
allgemeinen Behauptung, dass es sich unter allen Umständen
so verhalte. Dass jede neue Bestätigung einer Annahme nur
deren Wahrscheinlichkeitsgrad, nicht aber auch den ihres
Zutreffens für irgend einen beliebigen noch nicht untersuchten
Fall aus dem Gebiete, auf das sie sich beziehe, erhöhen
könne, ist, wie schon angedeutet wurde, nur unter der
Voraussetzung wahr, dass die Fälle, welche die Annahme
bestätigt haben, keinen Anlass zu der Vermuthung geben, es

sei nicht lediglich Sache des Zufalles, ob der nächste Fall
ebenfalls Bestätigung oder Widerlegung bringen werde, sondern ein den bisher untersuchten Fällen Gemeinsames, das
nicht von der betreffenden Annahme selbst vorausgesetzt
werde, habe ihre Uebereinstimmung mit derselben bewirkt
und werde sich auch in den noch nicht untersuchten Fällen
wirksam erweisen. Ein Beispiel möge dies erläutern: Ich
nehme mir vor, mit einem Würfel, den ich noch nicht versucht habe, zwanzigmal zu werfen. Fällt das erste Mal eine
Sechs, so wächst, wie oben festgestellt wurde, die Wahrscheinlichkeit, dass alle zwanzig Würfe dieses Ergebniss
haben werden, und zwar von $\frac{1}{6^{20}}$ auf $\frac{1}{6^{19}}$, während die, dass
auch das zweite Mal eine Sechs fallen werde, den Werth $\frac{1}{6}$
behält. Werfe ich auch mit dem zweiten Wurfe eine Sechs,
so steigt die Wahrscheinlichkeit, dass es zwanzigmal geschehen werde, jedenfalls auf $\frac{1}{6^{18}}$. Aber indem sich jetzt in
mir der Gedanke regt, es möge kein Zufall sein, dass in
beiden Würfen die Zahl Sechs zum Vorschein gekommen sei,
sondern der Würfel möge so beschaffen sein, dass er immer
so fallen müsse, gewinnt mir die Wahrscheinlichkeit, dass
auch der dritte Wurf eine Sechs bringen werde, sowie, dass
es der vierte thun werde u. s. w. einen grösseren, übrigens
nicht genau messbaren und in Zahlen ausdrückbaren Werth
als den von $\frac{1}{6}$. Und eine weitere Steigerung dieses Werthes
tritt mit jedem neuen Wurfe ein, der die Vermuthung, der Würfel
sei gefälscht, zu verstärken geeignet ist, — eine Steigerung,
die sich selbstverständlich auch auf die Wahrscheinlichkeit
dafür, dass die beabsichtigten Würfe sämmtlich dem ersten
gleich sein werden, erstreckt. Uebrigens kann unter Umständen schon ein einziger Fall aus einer Reihe, auf die sich
eine Annahme bezieht, Anlass zu der Vermuthung geben,
seine Uebereinstimmung mit dieser Annahme sei nicht zufällig, sondern habe seine Ursache in einem allen Fällen
Gemeinsamen. Zum Beweise kann das oben gebrauchte Beispiel dienen, wenn hinzugefügt wird, ein Anwesender, der

den benutzten Würfel erprobt habe, habe vorausgesagt, in
meinem ersten Wurfe werde eine Sechs fallen. Denn die
Uebereinstimmung des Wurfes mit dieser Voraussage wäre
auffallend genug, mich auf den Gedanken zu bringen, sie und
mithin auch die Uebereinstimmung des Wurfes mit der Annahme, nach jedem Wurfe werde die Sechs oben liegen, sei
nicht zufällig.

Wird diese Betrachtung angewandt auf die drei zur
Verhandlung stehenden Fragen (die sich an die Erkenntniss
knüpften, dass man nicht schliessen kann: induktiv von dem
Verhalten eines Besonderen auf dasselbe Verhalten eines
umfassenderen Allgemeinen, analytisch von der Anwesenheit
einer Folge auf die Anwesenheit eines Grundes, den sie
haben kann, aber nicht zu haben braucht, synthetisch von
der Abwesenheit eines Grundes auf die Abwesenheit einer
ihm entsprechenden Folge, die aber auch einen anderen Grund
haben kann), so ergiebt sich Folgendes:

1. Die unvollständige Induktion.

3. Weiss ich von nur Einem Dinge M, dass es die Bestimmtheit P hat, und dass es der Klasse der S angehört,
oder von nur Einer Art M der Klasse S, dass alle zu ihr
gehörenden Dinge die Bestimmtheit P haben (M a P und
M a S), so läge, wenn mir die Frage in den Sinn käme, ob
die Verknüpfung des P-seins mit dem S-sein in M ein zufälliges Zusammentreffen sei, oder ob das S-sein der M der
Grund ihres P-seins sei, in jenen Urtheilen nichts, was für
das eine oder das andere Glied dieser Alternative spräche.
Ein Grund, der Möglichkeit, dass kein Zufall vorliege, den
Vorzug zu geben, könnte sich nur aus einer Kenntniss oder
Vermuthung ergeben, die zu dem angegebenen Wissen hinzu-
käme, sowie in dem oben gebrauchten Beispiele zu der Wahrnehmung, dass in dem ersten einer Reihe beabsichtigter Würfe
eine Sechs gefallen sei, die Kenntniss hinzukam, dass ein
Anwesender es so vorausgesagt habe. Wenn einige hervorragende Logiker darauf hinweisen, dass doch dem Naturforscher vielfach die Untersuchung eines einzigen Körpers
genüge, einen allgemeinen Satz aufzustellen, z. B. dem Phy-
siker bei der Bestimmung des spezifischen Gewichtes einer

Substanz, dem Chemiker bei der Ermittelung des Gewichts-
verhältnisses, in welchem sich zwei Substanzen miteinander
verbinden, so ist dagegen zu bemerken, dass in solchen Fällen
zu dem Satze, welchen die einzelne Beobachtung liefert, die
aus früheren Beobachtungen und Vergleichungen gewonnene
Ueberzeugung hinzugebracht wird, dass gewisse Eigenschaften,
die sich an Einem Stücke eines Stoffes finden, z. B. das
spezifische Gewicht und das chemische Verhalten, allen Stücken
desselben Stoffes zukommen.

Anders verhält es sich, wenn die gegebenen Urtheile
die Gestalt „Sowohl M_1 als auch M_2 als auch . . . ist P"
und „Sowohl M_1 als auch M_2 als auch . . . ist S" haben.
Zwei derartige Urtheile begünstigen offenbar, indem sie die
Vermuthung hervorrufen, es sei nicht zufällig, dass die M_1,
M_2 . . ., die im S-sein übereinstimmen, auch im P-sein übereinstimmen, die Annahme, dass das S-sein der Grund des
P-seins sei, und das um so mehr, je grösser die Zahl der
Dinge M_1, M_2 . . . ist, von denen sie sagen, dass in ihnen
das P-sein mit der Zugehörigkeit zur Klasse S zusammen-
treffe, während die Urtheile M ist P und M ist S oder M a P
und M a S bloss dieser Annahme nicht widersprechen. Be-
merke ich an einem Exemplare einer Klasse eine nicht schon
in dem Charakter dieser Klasse (dem konstituirenden Inhalte
ihres Begriffes) liegende Bestimmtheit, und knüpft sich mir
daran aus irgend einem Grunde die Vermuthung, der Charakter
der Klasse habe diese Bestimmtheit zur Folge, so werde ich
ohne Zweifel in dieser Vermuthung bestärkt, wenn ich an
einem zweiten Dinge jener Klasse dieselbe Beobachtung
mache, und wiederum, wenn ich sie an einem dritten mache,
u. s. w.

Nur mittels der Vermuthung, das Zusammentreffen der
Uebereinstimmung im P-sein mit der Uebereinstimmung im
S-sein in einer Reihe von Dingen sei nicht zufällig, sondern
habe seinen Grund in der zweiten dieser beiden Uebereinstimmungen, kann man von den gegebenen beiden Urtheilen zu
dem dritten „Wahrscheinlich sind alle S P" gelangen. Erweist sich daher jene Vermuthung nachträglich als unrichtig,
so verschwindet die angenommene Wahrscheinlichkeit wieder.
Wenn man z. B. von einer Reihe von Personen, von denen

man vernommen hätte, dass sie um dieselbe Zeit erkrankt
seien, weiter erführe, dass sie kurz zuvor an demselben Mahle
theilgenommen hätten, so läge die Vermuthung nahe, es sei
dies kein zufälliges Zusammentreffen, sondern das Mahl sei
die Ursache der Erkrankungen, und mit dieser Vermuthung
die Annahme, dass wahrscheinlich auch die übrigen Theilnehmer an dem Mahle, von deren Befinden man keine Kunde
habe, erkrankt seien. Hörte man dann aber weiter, für jede
Erkrankung sei eine andere Ursache als die Theilnahme an
dem Mahle nachgewiesen, die eine sei durch Erkältung herbeigeführt, die andere durch Ansteckung bei einem Kranken-
besuche u. s. w., so würde man sich, man müsste denn aber-
gläubisch sein, nicht mehr für berechtigt zu einem Schlusse
auf das Befinden der übrigen Tischgenossen halten. Wüsste
man selbst, dass 1000 Personen bei dem Mahle zugegen gewesen seien, und dass nachher 999 von ihnen erkrankt seien,
zugleich aber auch, dass keine dieser 999 Erkrankungen durch
das Mahl herbeigeführt sei, so würde man nicht den min-
desten Grund haben, zu glauben, auch dem Tausendsten sei
es so ergangen.

4. Wie gross nun aber auch die Zahl der Dinge M_1, M_2 . . .
sei, von denen man weiss, dass sie der Klasse S angehören
und in der Bestimmtheit P' übereinstimmen, und wie gross
mithin die Wahrscheinlichkeit, dass dieses Zusammentreffen
nicht zufällig sei, so kann doch dieses Wissen allein die Annahme, dass das S-sein der Grund des P-seins sei, nicht wahrscheinlich machen in dem engeren Sinne des Wortes, in
welchem wir eine Annahme dann so nennen, wenn wir ihr
den Vorzug vor der kontradiktorisch entgegengesetzten geben.
Denn auch wenn das S-sein nicht der Grund des P-seins ist,
kann doch das Zusammentreffen der Uebereinstimmung einer
grossen Zahl von Dingen M_1, M_2 . . . im P-sein mit ihrer
Uebereinstimmung im S-sein ihren Grund in etwas ihnen
Gemeinsamem haben, so dass es nicht zufällig ist. Es kann
erstens sein, dass die M_1, M_2 . . . erst vermöge der Verbindung des Klassencharakters S mit einem weiteren ihnen
Gemeinsamen T, also vermöge eines Abtheilungscharakters
$S_1 = S + T$ die Bestimmtheit P besitzen. Zweitens ist es
möglich, dass der Klassencharakter S für sich allein nur eine

Bestimmtheit $P_1 = P - Q$, die zusammen mit einer anderen
Q die Bestimmtheit P ausmacht, zur Folge hat, Q aber die
Folge eines den M_1, M_2 . . . ausser dem S-sein Gemeinsamen
ist. Und drittens würde, wenn wiederum vorausgesetzt wird,
dass ein Theil Q der Bestimmtheit P auf ein den M_1, M_2 . . .
ausser dem S-sein Gemeinsames zurückgeführt werden könne,
auch die Annahme, dass S_1 (die Verbindung des Gattungs-
charakters S mit einem weiteren den M_1, M_2 . . . Gemeinsamen T) der Grund einer in P enthaltenen Bestimmtheit
P_1 ($= P - Q$) sei, genügen, das Zusammentreffen des P-seins
mit dem S-sein in den Dingen M_1, M_2 . . . zu erklären.
Würde z. B. an einer Reihe von Pflanzen derselben Art
beobachtet, dass ihre Blüthenstiele kurz und behaart seien,
so brauchte man, wenn man das Zusammentreffen der Uebereinstimmung in dieser Eigenschaft mit der Zugehörigkeit zu
derselben Art nicht wollte für zufällig gelten lassen, darum
doch noch nicht anzunehmen, dass alle Pflanzen dieser Art
diese Eigenthümlichkeit hätten. Mit der Verneinung der
Zufälligkeit würden auch zusammenbestehen können die
Urtheile: 1. Nur die in Deutschland wachsenden Pflanzen der
Art S haben sämmtlich sowohl kurze als auch behaarte Blüthenstiele, 2. Alle Pflanzen der Art S haben kurze, nicht aber
alle auch behaarte Blüthenstiele, 3. Nur die in Deutschland
wachsenden Pflanzen der Art S haben sämmtlich kurze, nicht
aber haben sie auch sämmtlich behaarte Blüthenstiele, — das
erste, wenn die untersuchten Exemplare sämmtlich in Deutschland gewachsen wären, das zweite, wenn das Behaart-sein der
Blüthenstiele etwa in der Bodenbeschaffenheit und dem Klima
des Landes, in welchem alle untersuchten Exemplare gewachsen
wären, seinen Grund hätte, das dritte, wenn die untersuchten
Pflanzen sämmtlich in Deutschland gefunden wären und das
Behaart-sein der Blüthenstiele in einer den zufälligen Fund-
orten gemeinsamen Beschaffenheit des Bodens und des Klimas
seinen Grund hätte.

Aus den gegebenen Prämissen „Sowohl M_1 als auch M_2 . . .
ist P" und „Sowohl M_1 als auch M_2 . . . ist S" allein lässt
sich also nicht ersehen, welche von den vier Möglichkeiten,
die kurz durch die Symbole $S \, a \, P$, $S_1 \, a \, P$, $S \, a \, P_1$, $S_1 \, a \, P_1$
bezeichnet werden können, den Vorzug verdiene. Man muss

demnach nicht nur, wenn man bloss von Einem Dinge M der
Klasse S weiss, dass es P' ist, sondern auch dann, wenn man
das P'-sein an vielen Dingen M_1, M_2 . . . dieser Klasse
beobachtet hat, noch weitere Nachforschungen anstellen oder
früher erworbene Kenntnisse zu Hülfe zieheu, um zu dem
Schlusse S a P berechtigt zu sein.

Führen die weiteren Nachforschungen zunächst dazu, der
Vermuthung S a P drei bestimmte, den Zeichen S_1 a P',
S a P_1, S_1 a P_1 entsprechende zur Seite zu stellen, so verleihen
die gegebenen Prämissen für sich allein dem Urtheile S a P
den kleinsten, dem Urtheile S_1 a P_1 den grössten Wahrscheinlichkeitsgrad, da jenes am meisten, dieses am wenigsten über
sie hinausgeht. Hat man die Wahl zwischen mehreren dem
Symbole S_1 a P_1 entsprechenden Möglichkeiten, so hat, soweit
es auf die gegebenen Prämissen ankommt, diejenige die
grösste Wahrscheinlichkeit, in der das Subjekt S_1 und das
Prädikat P_1 sozusagen am weitesten voneinander abstehen, indem
S_1 die engste der in den vorliegenden Möglichkeiten vorkommenden Abtheilungen der Klasse S, P_1 die weiteste der
darin vorkommenden in P enthaltenen Bestimmtheiten ist.
Die wahrscheinlichste Vermuthung ist also diejenige, die am
meisten hinter den Erwartungen, welche die gegebenen Prämissen erregen konnten, zurückbleibt und mithin dem Er-
kenntnissstreben am wenigsten Befriedigung bietet.

5. Das Hülfsurtheil der unvollständigen Induktion — so
pflegt der Fortgang von „Sowohl die M_1 als auch die M_2 als
auch . . . sind P" und „Sowohl die M_1 als auch die M_2 als
auch . . . sind S" zu „Wahrscheinlich sind alle S P" genannt
zu werden — braucht ebenso wenig wie dasjenige der sogenannten vollständigen Induktion d. i. des Schlusses „Sowohl
die M_1 als auch die M_2 . . . sind P, die S sind theils M_1
theils M_2 . . ., folglich sind alle S P" den Sinn zu haben,
dass alle möglichen Dinge der Klasse M_1, alle möglichen Dinge
der Klasse M_2 u. s. w., oder dass die Dinge der Klasse M_1
als solche, desgleichen die Dinge der Klasse M_2 als
solche u. s. w. S seien, bez., wenn M_1, M_2 u. s. w. einzelne
Dinge bedeuten, dass jedes dieser Dinge vermöge des konstituirenden Inhaltes seines Begriffes zur Klasse S gehöre, —
mit anderen Worten nicht den Sinn, dass die M_1, M_2 u. s. w.

zur Klasse S in dem Verhältnisse stehen, welches oben (§ 32,1)
als das des Besonderen zum Allgemeinen bezeichnet wurde.
Auch dann, wenn die M_1 nur zufällig S sind, ebenso die
M_2 u. s. w., ist der Schluss der vollständigen Induktion „Sowohl die M_1 als auch die M_2 . . . sind P, die S sind theils
M_1 theils M_2 . . ., also sind alle S P" (z. B. Sowohl die
Offiziere als auch die Civilbeamten unserer Stadt sind erkrankt,
die Theilnehmer an dem gestrigen Mahle waren theils die
Offiziere theils die Civilbeamten unserer Stadt, also sind alle
Theilnehmer an dem gestrigen Mahle erkrankt) richtig, und
begünstigen die Prämissen der unvollständigen Induktion „Sowohl die M_1 als auch die M_2 . . . sind P" und „Sowohl die
M_1 als auch die M_2 . . . sind S" (z. B. Sowohl die Offiziere
als auch die Civilbeamten unserer Stadt sind erkrankt, Sowohl
die Offiziere als auch die Civilbeamten unserer Stadt haben
an dem gestrigen Mahle theilgenommen) die Vermuthung,
dass das Zusammentreffen der Uebereinstimmung der M_1,
M_2 u. s. w. im P-sein mit ihrer Uebereinstimmung im S-sein
nicht zufällig sei, sondern dass die erste Uebereinstimmung
ihren Grund in der zweiten habe.

Dagegen hat die Conclusio in der unvollständigen Induktion stets den Sinn, dass die S als solche, dass alle möglichen S P seien. Denn nur dann, wenn die Zugehörigkeit
zur Klasse S es einem Dinge nothwendig macht, P zu sein,
kann die Uebereinstimmung der M_1, M_2 u. s. w. im P-sein
daraus erklärt werden, dass sie S sind. Hierin besteht ein
wesentlicher Unterschied der unvollständigen und der vollständigen Induktion. Denn die letztere lässt es selbst dann,
wenn ihr Hülfsurtheil „Die S sind theils M_1 theils M_2 . . ."
näher den Sinn hat, dass die M_1, die M_2 u. s. w. als solche
S sind, unbestimmt, ob die S als solche oder nur zufällig
P sind.

2. Die unvollständige Analysis.

6. In analoger Weise wie die an die induktiven ist die
an die analytischen Schlüsse sich knüpfende Frage (§ 32,7)
zu beantworten. Zwei Urtheile, die zusammen behaupten,
dass einem Dinge S oder allen Dingen einer Klasse S eine
Bestimmtheit M zukomme, die zu den Folgen eines Grundes P

gehöre, aber auch als Folge eines anderen Grundes vorkomme (S a M und P a M), enthalten nichts, was die Annahme,
es sei nicht zufällig, dass eine Folge des Grundes P zu den
Bestimmtheiten des Dinges (oder der Dinge) S gehöre, sondern
dem sei deshalb so, weil S den Grund P enthalte und mithin
alle Folgen dieses Grundes, vor der entgegengesetzten be-
günstigte. Wohl aber thun dies zwei Urtheile von der Gestalt „S ist (die S sind) sowohl M_1 als auch M_2 als auch . . ."
und „Die P sind sowohl M_1 als auch M_2 als auch . . ." Je
grösser die Zahl der zu den Folgen des Grundes P gehörenden
Bestimmtheiten M_1, M_2 . . . ist, von denen sie sagen, dass
sie in dem Dinge S zu finden seien, um so wahrscheinlicher
machen sie es, dass das Zusammentreffen der Vereinigung
dieser Bestimmtheiten in dem Dinge S und ihrer Vereinigung
in der Gesammtfolge des Grundes P (ihrer Uebereinstimmung
darin, dass sie dem Dinge S zukommen, und ihrer Uebereinstimmung darin, dass sie Folgen des Grundes P sind) nicht
zufällig sei, sondern daher rühre, dass S den Grund P enthalte. So würde der Chemiker, der an einer Substanz eine
Reihe von Eigenschaften und Reaktionen beobachtete, deren
jede zu den Folgen einer Zusammensetzung gewisser Art
gehörte, aber auch an nicht so zusammengesetzten Körpern
vorkommen könnte, vermuthen, er habe es mit einem so zusammengesetzten Körper zu thun. Der Arzt schliesst von
einer Reihe von Erscheinungen, die auf eine gewisse Krankheit deuten, die aber weder einzeln noch zusammen untrügliche
Symptome derselben sind, mit um so grösserer Sicherheit,
dass sein Patient von dieser Krankheit befallen sei, je grösser
die Zahl jener Erscheinungen ist. Bemerken wir an einem
Mitreisenden Eigenthümlichkeiten, von denen wir wissen, dass
sie sich als Folgen der Lebensweise des Gelehrten einzustellen
pflegen, so sind wir geneigt, ihn für einen Gelehrten zu halten.

Auch hier muss jedoch hinzugefügt werden, dass, wie
gross auch die Zahl der Bestimmtheiten sei, von denen man
weiss, dass sie einem Dinge S zukommen und zusammen
einen Theil der ganzen Folge eines Grundes P ausmachen,
dieses Wissen niemals allein, sondern immer nur in Verbindung mit Erwägungen, welche die besondere Natur des
Dinges S, der Bestimmtheiten M_1, M_2 . . . und des Grundes P,

sowie die besonderen Umstände betreffen, und mit Ergebnissen früherer Beobachtungen und Schlüsse, der Annahme, das Ding S enthalte den ganzen Grund P, Wahrscheinlichkeit im engeren Sinne des Wortes zu geben vermag.

Nachdem die Ausdrücke vollständige und unvollständige Induktion eingeführt sind, erscheint es angemessen, die Schlüsse von der Form „S ist sowohl M_1 als auch M_2 . . ., P ist sowohl M_1 als auch M_2 . . ., also ist S wahrscheinlich P" als solche der unvollständigen, diejenigen von der Form „S e M, P a M, folglich S e P", sofern sie von der Abwesenheit einer Folge auf die Abwesenheit eines entsprechenden Grundes gehen, als solche der vollständigen Analysis zu bezeichnen.

7. Das Urtheil, dem die unvollständige Induktion Wahrscheinlichkeit giebt, „Alle S sind P", hat, wie gezeigt wurde, die bestimmtere, in dieser Formel nicht zum Ausdruck kommende Bedeutung, dass die S als solche oder dass alle möglichen S oder dass die S zufolge der ihren Begriff konstituirenden Bestimmtheiten P seien. Die unvollständige Analysis giebt offenbar ihrer Conclusio nicht diese Bedeutung. Denn die Thatsache, dass ein Ding S eine Reihe von Bestimmtheiten M_1, M_2 u. s. w. hat, die in der Gesammtfolge eines Grundes P vereinigt sind, kann nur die Vermuthung hervorrufen, dass S diesen Grund P thatsächlich, nicht aber die, dass es ihn zufolge der seinen Begriff konstituirenden Bestimmtheiten enthalte.

In anderer Weise ist es jedoch auch für die unvollständige Analysis wesentlich, auf ein Verhältniss von Grund und Folge zu führen. Denn auch sie beantwortet die Frage, warum es sich so verhalte, wie ihr Grundurtheil behaupte. Giebt nämlich die unvollständige Induktion „Sowohl M_1 als auch M_2 . . . ist P, sowohl M_1 als auch M_2 . . . ist S, also sind wahrscheinlich alle S P" auf die Frage, warum M_1, M_2 u. s. w. P seien, die Antwort: weil sie S sind und das S-sein das P-sein zur Folge hat, so ist nach der unvollständigen Analysis „S ist sowohl M_1 als auch M_2 . . ., die P sind sowohl M_1 als auch M_2 . . ., folglich ist wahrscheinlich S P" S deshalb M_1 und M_2 u. s. w., weil es P ist und das P-sein das M_1-sein u. s. w. zur Folge hat. Während dem-

nach die unvollständige Induktion ihrer Conclusio die Bedeutung eines ein Verhältniss von Grund und Folge zum
Inhalte habenden Urtheils giebt, giebt die unvollständige
Analysis diese Bedeutung ihrem Hülfsurtheile „Die P sind
sowohl M_1 als auch M_2 ...". Ihr Hülfsurtheil braucht nicht
schon als ein Urtheil von dieser Bedeutung gegeben zu sein,
ebenso wenig wie, nach dem oben Bemerkten, dasjenige der
unvollständigen Induktion „Sowohl M_1 als auch M_2 ... ist S"
den Sinn zu haben braucht, dass M_1, M_2 u. s. w. zufolge der
konstituirenden Inhalte ihrer Begriffe zur Klasse der S gehören. Es genügt der unvollständigen Analysis, dass ihr zu
ihrem Grundurtheile „S ist sowohl M_1 als auch M_2 ..." ein
Hülfsurtheil gegeben sei, welches lediglich feststellt, dass in
allen existirenden Dingen, denen die Bestimmtheit P zukomme, mit dieser die Bestimmtheiten M_1, M_2 u. s. w. zusammen seien. Aber indem sie diese Prämissen miteinander
vergleicht, entsteht ihr die Vermuthung, dass die Bestimmtheiten M_1, M_2 u. s. w., die in jedem P-seienden Dinge vereinigt seien, nicht zufällig auch in S vereinigt seien, sondern
deshalb, weil sie Folgen der Bestimmtheit P seien, und so
erhebt sie selbst erst ihr Hülfsurtheil auf die Stufe eines
solchen, in welchem ein Verhältniss nothwendiger Zusammengehörigkeit gedacht wird, während die unvollständige Induktion
ihrer Conclusio die Bedeutung giebt, ein solches Verhältniss
zum Inhalte zu haben. —

8. Was endlich die an die synthetischen Schlüsse sich
knüpfende Frage betrifft, ob die Abwesenheit eines Grundes M
oder einer Reihe von Gründen M_1, M_2 ... zu einer Folge P
in einem Dinge S die Abwesenheit auch dieser Folge in
diesem Dinge wahrscheinlich machen könne (§ 32,7), ob man
also unter Umständen schliessen könne: „S ist nicht M, die
M sind P, folglich ist wahrscheinlich S nicht P" oder „S ist
weder M_1 noch M_2 ..., sowohl die M_1 als auch die M_2 ...
sind P, folglich ist S wahrscheinlich nicht P", so kann sie
nach den vorstehenden Betrachtungen ohne Weiteres durch
die andere ersetzt werden, ob zwei Urtheile „S ist weder M_1
noch M_2 ..." und „Sowohl die M_1 als auch die M_2 ...
sind P" es wahrscheinlich zu machen vermögen, es sei nicht
zufällig, dass dieselben Bestimmtheiten M_1, M_2 u. s. w., die

darin übereinstimmen, dass sie die Folge P' haben, auch darin
übereinstimmen, dass sie dem Dinge S fehlen, sondern sie
fehlen dem Dinge S deshalb, weil sie die Folge P haben.
Diese Frage nun muss verneint werden. Dass eine Reihe
von Bestimmtheiten M_1, M_2 u. s. w. einerseits sämmtlich
einem Dinge S fehlen, andererseits sämmtlich in den Dingen,
denen sie zukommen, eine Bestimmtheit P nach sich ziehen,
ist kein Zusammentreffen, welches geeignet wäre, die Vermuthung hervorzurufen, es sei nicht zufällig, sondern die erste
Uebereinstimmung sei eine Folge der zweiten. Auch wäre
es ungereimt, das Fehlen einer Bestimmtheit M oder mehrerer
Bestimmtheiten M_1, M_2 u. s. w. in einem Dinge S aus dem
Fehlen einer anderen, die sie zur Folge haben würden, wenn
sie nicht fehlten, erklären zu wollen.

Mit der Zahl der eine Folge P habenden Gründe, von
denen man weiss, dass sie nicht zu den Bestimmtheiten eines
Dinges S gehören, wächst allerdings der Wahrscheinlichkeitsgrad der Annahme, dass alle Gründe, aus denen diese Folge
hervorgehen kann, und mithin diese Folge selbst in diesem
Dinge fehle, aber nur in der oben (§ 33, 1) erörterten Weise,
bei der der Wahrscheinlichkeitsgrad dafür, dass irgend ein
bestimmter der Folge P entsprechender Grund M_x in S fehle,
unverändert bleibt.

9. Kann man unter Umständen von dem Verhalten einer
Reihe Besonderer auf die Wahrscheinlichkeit desselben Verhaltens eines entsprechenden umfassenderen Allgemeinen, und
von der Anwesenheit einer unvollständigen Reihe von Folgen
eines Grundes auf die Wahrscheinlichkeit der Anwesenheit
dieses Grundes schliessen, so offenbar auch von dem Verhalten einer Reihe Besonderer auf die Wahrscheinlichkeit
desselben Verhaltens eines bestimmten nebengeordneten Besonderen, und von der Anwesenheit einer Reihe von Folgen
eines Grundes auf die Anwesenheit einer bestimmten weiteren
Folge dieses Grundes. Die Schlüsse dieser Art heissen
Analogieschlüsse. Die von einer Reihe Besonderer auf
ein weiteres Glied dieser Reihe gehenden können bestimmter
Schlüsse der induktiven, die von einer Reihe von Folgen auf
ein weiteres Glied dieser Reihe gehenden bestimmter Schlüsse
der analytischen Analogie genannt werden. Jene sind aus

einer unvollständigen Induktion und einem deduktiven Schlusse,
diese aus einer unvollständigen Analysis und einem synthetischen Schlusse zusammengesetzt. Eine induktive Analogie
wäre es z. B., wenn ich von der Erkrankung mehrerer Personen, die an einem gewissen Mahle theilgenommen hätten,
auf die Erkrankung eines Freundes, der ebenfalls theilgenommen hätte, schlösse, oder von der Schmelzbarkeit der
bisher bekannten Metalle auf die Schmelzbarkeit eines neu
entdeckten, — eine analytische Analogie der Schluss von
mehreren Symptomen einer gewissen Krankheit, von der bekannt wäre, dass in ihrem Verlaufe sich Fieber einstelle,
auf das Eintreten-werden von Fieber, oder von mehreren an
einer im Uebrigen noch nicht untersuchten Substanz bemerkten Eigenschaften, die den Metallen zukommen, auf eine
weitere den Metallen zukommende Eigenschaft, etwa die
Schmelzbarkeit.

§ 34.
Die hypothetischen Schlüsse.

1. Die Beziehungen, in denen zwei Urtheile hinsichtlich
ihrer Wahrheit oder Unwahrheit stehen können, wie sie den
Inhalt der hypothetischen Urtheile bilden, ermöglichen
Schlüsse zunächst in derselben Weise wie diejenigen, in denen
zwei Begriffe hinsichtlich ihrer Inhalte oder Umfänge zueinander stehen können.

Schlüsse, die aus zwei Urtheilsbeziehungen von der Art,
wie sie durch determinativ-hypothetische Urtheile bestimmt
werden, eine dritte ableiten, werden unter anderen durch
folgende Formeln dargestellt:

1) Wenn ein A M ist, ist es P
   Wenn ein A S ist, ist es M
   —————————————————————————
   Wenn ein A S ist, ist es P.

2) In allen Fällen, wenn ein A M ist, ist es P
   In einigen Fällen, wenn ein A S ist, ist es M
   ——
   In einigen Fällen, wenn ein A S ist, ist es P.

3) Wenn ein A P ist, ist es M
   Wenn ein A S ist, ist es nicht M
   —————————————————————————————————
   Wenn ein A S ist, ist es nicht P.

4) Wenn ein A M ist, ist es P

In einigen Fällen, wenn ein A M̄ ist, ist es S

In einigen Fällen, wenn ein A S̄ ist, ist es P.

Die erste dieser vier Formen entspricht dem Modus Barbara, die zweite dem Modus Darii, die dritte dem Modus Camestres, die vierte dem Modus Datisi. Beispiele: 1. Immer, wenn ein Dreieck gleichwinkelig ist, ist jeder Winkel gleich $\frac{2}{3}$ R; immer, wenn ein Dreieck gleichseitig ist, ist es gleichwinkelig; folglich ist immer, wenn ein Dreieck gleichseitig ist, jeder seiner Winkel gleich $\frac{2}{3}$ R. 2. Immer, wenn ein Schluss der dritten Figur angehört, ist seine Conclusio partikulär; mitunter, wenn ein Schluss zwei allgemein bejahende Prämissen hat, gehört er der dritten Figur an: folglich hat mitunter ein Schluss, wenn beide Prämissen allgemein bejahend sind, eine partikuläre Conclusio.

Jeder Schluss dieser Art aus determinativ-hypothetischen Prämissen ist den Bestandtheilen nach völlig gleich einem aus zwei Begriffsverhältnissen ein drittes ableitenden, einem kategorischen. Denn man kann das determinativ-hypothetische Urtheil durch ein ein Begriffsverhältniss bestimmendes ersetzen. Z. B. in der Formel 1 kann man den Obersatz durch „Alle M-seienden A sind P-seiende A", den Untersatz durch „Alle S-seienden A sind M-seiende A" und die Conclusio durch „Alle S-seienden A sind P-seiende A" ersetzen (vergl. § 30, ₉, Formel 7, und die analoge Bemerkung über die unmittelbaren Folgerungen aus determinativ-hypothetischen Urtheilen § 29, ₉).

Schlüsse zweitens, die aus zwei Urtheilsbeziehungen von der Art, wie sie durch konditional-hypothetische Urtheile bestimmt werden, eine dritte ableiten, werden unter anderen durch folgende Formeln dargestellt:

1) Wenn M N ist, ist C D   2) Wenn C D ist, ist M N

Wenn A B ist, ist M̄ N̄   Wenn A B̄ ist, ist nicht M N

Wenn A B ist, ist C̄ D̄.   Wenn A B̄ ist, ist nicht C D.

Z. B. 1. Wenn ich den Läufer meines Gegners schlage, so schlägt er meinen Springer; schlägt er aber meinen Springer, so ist mein Thurm nicht mehr gedeckt; wenn ich

13*

also den Läufer schlage, wird mein Thurm seine Deckung verlieren. 2. Wenn der erste Zeuge die Wahrheit spricht, ist der Angeklagte schuldig; dagegen ist er nicht schuldig, wenn der zweite Zeuge die Wahrheit spricht; folglich spricht der erste Zeuge die Wahrheit nicht, wenn der zweite es thut.

Alle diese Schlüsse kommen wie die kategorischen durch eine Substitution zu Stande. Eine der beiden Prämissen (das Grundurtheil) wird in die Conclusio verwandelt, indem für eines ihrer Glieder (die Hypothesis oder die Thesis) ein anderes, das die andere Prämisse (das Hülfsurtheil) hergiebt, substituirt wird.

2. Eine Urtheilsbeziehung, wie sie durch ein hypothetisches Urtheil bestimmt wird, kann noch in anderer Weise einen Schluss ermöglichen. Weiss man nämlich von der Hypothesis eines hypothetischen Urtheils, dass sie wahr ist, so folgt, dass auch die Thesis wahr ist; und weiss man von der Thesis, dass sie unwahr ist, so folgt, dass auch die Hypothesis unwahr ist. Schlüsse dieser Art werden dargestellt durch die Formeln:

1. a) Wenn A B ist, ist (nicht) C D
Nun ist A B
Folglich ist (nicht) C D.

   b) Wenn ein S Q ist, ist es P
Die S_1 sind S, welche Q sind
Die S_1 sind P.

2. a) Wenn A B ist, ist (nicht) C D
Nun ist nicht (ist) C D
Also ist nicht A B.

   b) Wenn ein S Q ist, ist es P
Die S_1 sind S, die nicht P sind
Die S_1 sind nicht Q.

oder: A ist B, wenn aber A B ist, ist C D, folglich ist C D u. s. w. Die erste dieser beiden Schlussweisen wird der modus ponens, die andere der modus tollens genannt. Beispiele des modus ponens: a) Wenn es möglich ist, dass ein durch einen Lichtstrahl erhellter Punkt durch das Hinzutreten eines zweiten Lichtstrahls verdunkelt wird, so ist das Licht eine Wellenbewegung; nun ist jenes möglich, also u. s. w. b) Wenn in einem Vierecke die Summe zweier einander gegenüberliegender Winkel 2 R beträgt, so ist es einem Kreise einschreibbar, die Rechtecke sind solche Vierecke u. s. w. Beispiele des modus tollens: a) Wenn die geometrischen Axiome aus der Erfahrung stammten, so wäre es denkbar, dass sie nur für einen Theil des Raumes gälten, dies ist aber nicht denkbar, also u. s. w. b) Wenn ein Körper leichter ist als ein Quantum Wasser von gleichem Volumen, so sinkt er nicht in Wasser unter; dieser Körper sinkt in Wasser unter, also u. s. w.

3. Die Schlüsse des modus ponens kommen zu Stande, indem man die Identität der kategorischen Prämisse mit der Hypothesis der hypothetischen bemerkt. Dies ist aber auf zwiefache Weise möglich. Entweder man stellt zuerst die hypothetische Prämisse auf und bemerkt, indem man die kategorische hinzunimmt, dass die Hypothesis der ersteren mit der letzteren identisch ist, oder man stellt umgekehrt zuerst die kategorische Prämisse auf und bemerkt, indem man die hypothetische hinzunimmt, dass die erstere mit der Hypothesis der letzteren identisch ist. Wie in den kategorischen und den ihnen analogen hypothetischen Schlüssen sind also auch in den Schlüssen des modus ponens die Prämissen von verschiedener Bedeutung für den Vorgang des Schliessens. Auch diese Schlüsse schreiten von der einen Prämisse mittels der anderen zur Conclusio fort, entweder von „Wenn A B ist, ist C D" mittels „A ist B" oder von „A ist B" mittels „Wenn A B ist, ist C D" zu „C ist D". Auch in ihnen dient die eine Prämisse als Grundurtheil, die andere als Hülfsurtheil. Man kann ferner auch von ihnen sagen, dass sie durch Substitution zu Stande kommen, nur dass hier nicht für einen Bestandtheil des Grundurtheils ein Bestandtheil des Hülfsurtheils, sondern für das ganze Grundurtheil (also in dem einen Falle für „Wenn A B ist, ist C D", in dem anderen für „A ist B") die Thesis der hypothetischen Prämisse „C ist D" substituirt wird.

Mit den Schlüssen des modus tollens verhält es sich insofern anders, als es, um zu sehen, dass in der Verbindung der Prämissen die Verneinung der Hypothesis der hypothetischen Prämisse „Nicht ist A B" enthalten sei, nicht genügt, die Identität des durch die kategorische Prämisse „Nicht ist

C D" verneinten Urtheils „C ist D" mit der Thesis der hypothetischen zu bemerken, sondern ausserdem bemerkt werden
muss, dass aus der Verneinung der Thesis „C ist D" die Verneinung der Hypothesis „A ist B" folgt. Die Schlüsse des
modus tollens sind also keine einfachen Schlüsse. Jeder von
ihnen ist zusammengesetzt aus einer Folgerung und einem
Schlusse. Zuerst wird aus der hypothetischen Prämisse
„Wenn A B ist, ist C D" gefolgert „Wenn nicht C D ist,
ist nicht A B" und dann im modus ponens geschlossen: „Nun
ist nicht C D, also auch nicht A B".

4. In beiden Modis kann mit der hypothetischen statt
einer kategorischen eine konditionale Prämisse verbunden
sein, d. i. eine solche, welche die Bestätigung oder Verwerfung
einer Prädizirung von der Wahrheit einer Annahme abhängig
macht (§ 18,2). Denn folgt aus „Wenn A B ist, ist C D"
und „A ist B" „C ist D", so offenbar in derselben Weise
auch aus „Wenn A B ist, ist C D" und „A ist B, falls (vorausgesetzt dass) V W ist" „C ist D, falls V W ist". (Vergl.
§ 30,9, Formel 9.) Da nun die konditionalen und die konditional-hypothetischen Urtheile sprachlich in derselben Weise
ausgedrückt werden können (statt „A ist B, falls V W ist"
kann man auch sagen „Wenn V W ist, ist A B"), so können dieselben Sätze einen Schluss, der aus zwei Urtheilsbeziehungen eine
dritte ableitet, und einen Schluss des modus ponens oder tollens
bedeuten, obwohl beide logisch wesentlich verschieden sind.

Weitere besondere Fälle von Schlüssen des modus ponens
und modus tollens werden durch folgende Formeln dargestellt:

1) Wenn A B ist, ist entweder C D oder E F
   Nun ist A B (falls V W ist)
   Also ist entweder C D oder E F (falls V W ist).

2) Wenn A B ist, ist entweder C D oder E F
   Nun ist weder C D noch E F
   Also ist nicht A B.

3) Sowohl wenn A B als auch wenn C D ist, ist E F
   Entweder ist A B oder C D
   Also ist E F.

4) Weder wenn A B noch wenn C D ist, ist E F
   Entweder ist A B oder C D
   Also ist nicht E F.

Beispiel zu 3): Sowohl wenn wir durch die Scylla als auch wenn wir durch die Charybdis fahren, wird es uns übel ergehen: wir müssen aber, falls wir dieses Abenteuer bestehen wollen, entweder den einen oder den anderen Weg einschlagen; auf alle Fälle also wird es uns dann übel ergehen. Beispiel zu 4): Entweder ist der Tod das Ende des Daseins oder der Uebergang zu einem besseren Leben; weder wenn er jenes, noch wenn er dieses ist, ist er ein Uebel; er ist also in keinem Falle ein Uebel.

Die der Formel 4) entsprechenden Schlüsse werden allgemein, je nach der Zahl der Glieder der in ihnen vorkommenden Disjunktion, Dilemmen, Trilemmen, Polylemmen genannt. Einige Logiker bezeichnen so auch die der Formel 3) entsprechenden, manche auch die kategorischen Schlüsse von der Form: „P ist entweder M_1 oder M_2, S ist weder M_1 noch M_2, S ist nicht P" (§ 30,9, Formel 5).

5. Da zu jedem hypothetischen Urtheile ein disjunktives gebildet werden kann, aus welchem es folgt (z. B. aus „Entweder ist A B oder C D" folgen „Wenn A B ist, ist nicht C D", „Wenn C D ist, ist nicht A B", „Wenn nicht A B ist, ist C D", „Wenn nicht C D ist, ist A B", von welchen vier Urtheilen wieder das zweite aus dem ersten und das vierte aus dem dritten folgt), so können in allen Formen der hypothetischen Schlüsse statt der hypothetischen auch disjunktive Prämissen vorkommen. Insbesondere gehören zum modus ponens bezw. tollens die vorzugsweise als disjunktive bezeichneten, folgenden Formeln entsprechenden Schlüsse:

1) Entweder ist A B oder C D
   Nun ist A B
   Also ist nicht C D.

2) Entweder ist A B oder C D
   Nun ist nicht A B
   Also ist C D.

3) Entweder ist A B oder C D oder E F
   Nun ist A B
   Also ist weder C D noch E F

4) Entweder ist A B oder C D oder E F
   Nun ist weder A B noch C D
   Also ist E F.

§ 35.
Schlussketten und Kettenschlüsse.

Nicht bloss zwei, sondern auch mehr als zwei Urtheile können sich so zueinander verhalten, dass ihrer Verbindung ein neues Urtheil entnommen werden kann. Z. B. aus den drei mathematischen Urtheilen $a = b$, $b = c$, $c = d$ folgt ein viertes $a = d$, das nicht schon aus zweien von ihnen folgt. Die Ableitung eines Urtheils aus mehr als zweien ist jedoch stets aus mehreren Ableitungen, aus mehreren Schlüssen mit zwei Prämissen zusammengesetzt. Denn es lässt sich keine andere Weise des Ableitens finden als diejenige, durch welche die Schlüsse aus zwei Prämissen zu Stande kommen, und für welche es wesentlich ist, dass die Zahl der Prämissen Zwei ist: die Weise, die darin besteht, dass von der einen Prämisse (dem Hülfsurtheile) bemerkt wird, dass sie durch ihren Zusammenhang mit der anderen (dem Grundurtheile) das Recht giebt, diese durch ein drittes Urtheil (die Conclusio) zu ersetzen. Es giebt also, wenn man unter einem Schlusse eine Ableitung eines Urtheils aus mehreren, die nicht aus zwei oder mehreren Ableitungen zusammengesetzt ist, versteht, nur Schlüsse aus zwei Prämissen. Doch pflegt man als zusammengesetzten Schluss eine aus mehreren Schlüssen zusammengesetzte Ableitung dann zu bezeichnen, wenn in ihrer sprachlichen Darstellung alle Konklusionen, die in ihr vorkommen, bis auf die letzte weggelassen wurden und wegen der einfachen Art ihrer Zusammensetzung weggelassen werden durften.

Jeder der Schlüsse, aus denen die Ableitung eines Urtheils aus mehr als zwei gegebenen zusammengesetzt ist, hat zu Prämissen entweder zwei der gegebenen Urtheile, oder eines der gegebenen und die Conclusio eines ihm vorhergehenden Schlusses, oder zwei solche Konklusionen. Werden die gegebenen Urtheile mit U_1, U_2, U_3 ... bezeichnet, und kommen sie in dieser Reihenfolge in der Reihe der aus ihnen gezogenen Schlüsse vor, so sind die Prämissen des ersten Schlusses U_1 und U_2. Die zweite Stelle nimmt ein entweder ein Schluss aus der Conclusio Z_1 des ersten und dem Urtheile U_3 oder

ein solcher aus den Urtheilen U_3 und U_4. Im letzteren
Falle kann dann weiter die Conclusio Z_1 mit der Conclusio Z_2
des Schlusses aus U_3 und U_4 verbunden werden u. s. w.
Hat der zweite Schluss zu Prämissen die Conclusio Z_1
des ersten und das dritte der gegebenen Urtheile U_3, der
dritte die Conclusio Z_2 des zweiten und das vierte der gegebenen Urtheile U_4, und so jeder folgende die Conclusio des
vorhergehenden und ein noch nicht benutztes der gegebenen
Urtheile, so wird die ganze Reihe eine Schlusskette genannt.
Von denjenigen Schlussketten, deren sämmtliche Bestandtheile
kategorische Schlüsse sind, sind die übersichtlichsten die,
welche in der Weise, wie die Formeln

$$\begin{array}{cc} S\ M_1 & \text{und} \quad M_1\ P \\ \underline{M_1\ M_2} & \underline{M_2\ M_1} \\ S\ M_2 & M_2\ P \\ \underline{M_2\ M_3} & \underline{M_3\ M_2} \\ S\ M_3 & M_3\ P \\ \underline{M_3\ P} & \underline{S\ M_3} \\ S\ P & S\ P \end{array}$$

es andeuten, in einer Reihe von Substitutionen eines neuen
Prädikates oder eines neuen Subjektes bestehen. Werden die
mittleren Konklusionen einer solchen Schlusskette in der
sprachlichen Darstellung übergangen, so entsteht der sogenannte Kettenschluss (sorites). Und näher wird ein der
Formel „$S\ M_1$, $M_1\ M_2$, ... $M_n\ P$, folglich $S\ P$" entsprechender Kettenschluss ein aristotelischer, ein der Formel „$M_1\ P$,
$M_2\ M_1$, ... $S\ M_n$, folglich $S\ P$" entsprechender (nach dem
Marburger Professer Goclenius 1547 bis 1628) ein goclenischer
genannt.

In ganz analoger Weise wie kategorische können auch
hypothetische Schlüsse Schlussketten, die sich als Ketten-
schlüsse darstellen lassen, bilden. Ein Analogon eines
goclenischen Kettenschlusses ist z. B. folgender, aus lauter
determinativ-hypothetischen Urtheilen bestehender Schluss, zu
dem das Material einer Ueberlegung Darwins entnommen ist:

Wenn es in einer Gegend wenig Hummeln giebt, so
giebt es daselbst wenig rothen Klee (weil die Hummeln
vorzugsweise dessen Befruchtung vermitteln);

Wenn es in einer Gegend viele Mäuse giebt, so giebt es daselbst wenig Hummeln (weil die Mäuse deren Nester zerstören);

Wenn es in einer Gegend wenig Katzen giebt, so giebt es daselbst viele Mäuse;

Wenn es in einer Gegend wenig Katzen giebt, so giebt es daselbst wenig rothen Klee.

Zweiter Abschnitt.
Die logische Ausbildung der Erkenntnisse.

§ 36.
Die logische oder formale Vollkommenheit der Erkenntnisse.

Als logische oder formale Vollkommenheit einer Erkenntniss soll hier diejenige Seite ihrer Vollkommenheit bezeichnet werden, die ihr noch zugeschrieben werden kann, wenn ganz davon abgesehen wird, wie viel durch sie erkannt wird, und welchen Werth sie durch die Eigenthümlichkeit ihres Gegenstandes und dessen, was durch sie von ihrem Gegenstande erkannt wird, besitzt. Solche Vollkommenheit nun kann eine Erkenntniss in zwiefacher Hinsicht haben: erstens, inwiefern sie bloss als ein Gedanke, zweitens inwiefern sie als eine Erkenntniss, also als ein Gedanke, der wahr ist und dessen Wahrheit der ihn Denkende einsieht, betrachtet wird.

In der ersten Hinsicht besteht die logische Vollkommenheit einer einfachen Erkenntniss oder eines Urtheils in der völligen Bestimmtheit oder Eindeutigkeit des Sinnes. Hierzu gehört aber ausser der völligen Bestimmheit der Art, wie das Prädikat auf das Subjekt bezogen wird, der Urtheilsform, völlige Bestimmtheit des Begriffes, dessen Gegenstand das Subjekt, und desjenigen, dessen konstituirenden Inhalt das Prädikat bildet.

Zur völligen Bestimmtheit eines Begriffes ist erforderlich, dass er einen bestimmten Gegenstand habe, dass also der ihn Denkende im Stande sei, bezüglich jedes Dinges, welches ihm hinreichend bekannt ist, mit völliger Sicherheit zu entscheiden, ob es das durch ihn vorgestellte Ding sei oder nicht, bezw. ob es zu der durch ihn vorgestellten Klasse von

Dingen, zu seinem Umfange, gehöre oder nicht. Dies genügt
jedoch nicht in dem Falle, dass der Gegenstand eine Mehrheit von Merkmalen hat und dass aus dieser Mehrheit in
mehreren Weisen ein Theil herausgehoben werden kann, der
hinreicht, den Gegenstand von allen anderen Gegenständen
zu unterscheiden, dass der Gegenstand also durch mehrere
inhaltlich verschiedene Begriffe vorgestellt werden kann.
Damit ein Begriff, der einen solchen Gegenstand hat, völlig
bestimmt sei, muss er ein einfaches oder ein zusammengesetztes, und im letzteren Falle seinen Bestandtheilen nach
bekanntes Merkmal, das gerade hinreicht, den Gegenstand
von allen anderen Gegenständen zu unterscheiden, in der
Weise enthalten, dass dieses Merkmal es ist, was ihn zum Begriffe gerade dieses Gegenstandes und keines anderen macht,
und dass also die Entscheidung, ob irgend ein vorliegendes
Ding zu den durch ihn vorgestellten gehöre oder nicht, sich
darauf berufen muss, dass es dieses Merkmal besitze bezw.
nicht besitze. Mit anderen Worten, ein seinem Gegenstande
eigenthümliches einfaches oder zusammengesetztes und im
letzteren Falle seinen Bestandtheilen nach bekanntes Merkmal muss die Bedeutung erhalten haben, seinen konstituirenden
Inhalt auszumachen, so dass zwischen ihm und anderen Begriffen desselben Gegenstandes, also ihm äquipollenten Begriffen, unterschieden werden kann.

Diese Unterscheidung zweier Stufen in der logischen
Vollkommenheit oder der Bestimmtheit eines Begriffes deckt
sich mit der von Leibniz eingeführten, von Wolff und Kant
und ihren Schulen beibehaltenen der notio clara sed confusa
und der notio clara et distincta, des bloss klaren und des auch
deutlichen Begriffes. „Est ergo, erklärt Leibniz (Erdmann, S. 79),
cognitio vel obscura, vel clara; et clara rursus vel confusa
vel distincta . . . Obscura est notio, quae non sufficit ad
rem repraesentatam agnoscendam, veluti si utcumque memi-
nerim alicujus floris, aut animalis olim visi, non tamen
quantum satis est, ut oblatum recognoscere, et ab aliquo
vicino discernere possim . . . Clara ergo cognitio est, cum
habeo unde rem repraesentatam agnoscere possim, eaque rursum
est vel confusa, vel distincta. Confusa, cum scilicet non
possum notas ad rem ab aliis discernendam sufficientes

separatim enumerare, licet res illa tales notas, atque requisita
revera habeat, in quae notio ejus resolvi possit . . . At
distincta notio est qualem de auro habent Docimastae per
notas scilicet et examina sufficientia ad rem ab aliis omnibus
corporibus similibus discernendam: tales habere solemus circa
notiones pluribus sensibus communes, ut numeri, magnitudinis,
figurae, item circa multos affectus animi, ut spem, metum,
verbo, circa omnia, quorum habemus definitionem nominalem,
quae nihil aliud est, quam enumeratio notarum sufficientium.
Datur tamen et cognitio distincta notionis indefinibilis, quando
ea est primitiva, sive nota sui ipsius, hoc est, cum est irre-
solubilis, ac non nisi per se intelligitur, atque adeo caret
requisitis." „Wenn der Begriff, den wir haben, bestimmt
Wolff (Vernünftige Gedanken von den Kräften des menschlichen Verstandes, 1. Kap., §§ 9, 13), zureichet, die Sachen,
wenn sie vorkommen, wiederzuerkennen, als wenn wir wissen,
es sei eben diejenige Sache, so diesen oder einen anderen
Namen führet, die wir in diesem oder in jenem Orte gesehen
haben, so ist er klar, hingegen dunkel, wenn er nicht zu-
langen will, die Sache wiederzuerkennen . . . Ist unser Begriff klar, so sind wir entweder vermögend, die Merkmale,
daraus wir eine Sache erkennen, einem Anderen herzusagen
oder wenigstens uns selbst dieselben besonders nacheinander
vorzustellen; oder wir befinden uns solches zu thun un-
vermögend. In dem ersten Falle ist der klare Begriff deutlich; in dem anderen aber undeutlich. Z. E. es hat Einer
einen klaren und deutlichen Begriff von einem Uhrwerke,
wenn er uns sagen kann, es sei eine Maschine, welche durch
Herumtreibung eines Zeigers die Stunde zeiget oder durch
den Schlag an eine Glocke andeutet." „Die erste Stufe der
Vollkommenheit unseres Erkenntnisses der Qualität nach,
heisst es in Kants Logik (Rosenkranz III, S. 233), ist also
die Klarheit derselben. Eine zweite Stufe, oder ein höherer
Grad der Klarheit, ist die Deutlichkeit. Diese besteht in
der Klarheit der Merkmale."

Auch eine Erkenntniss, die aus mehreren zusammengesetzt
ist, muss, um auf logische Vollkommenheit Anspruch machen
zu können, der Forderung völliger Bestimmtheit genügen. Dies
nun thut sie offenbar dann, wenn alle ihre Bestandtheile völlig

bestimmt sind. Ist aber eine zusammengesetzte Erkenntniss
Erkenntniss eines einzigen Gegenstandes, sei es eines einzelnen
Dinges, sei es einer in Einer Klasse vereinigten Vielheit
von Dingen, so geht die Forderung logischer Vollkommenheit
nicht in der völliger Bestimmtheit auf. Zu dieser kommt die
weitere hinzu, dass die zusammengesetzte Erkenntniss kein
blosses Aggregat von Erkenntnissen sei, sondern dass ihre
Bestandtheile sich zur Erkenntniss des Einen Gegenstandes
in seiner Einheit und seiner Mannigfaltigkeit verbinden, —
die Forderung der Einheitlichkeit. Diese Forderung richtet
sich insbesondere an solche Erkenntnissganze, die eine Gattung
von Dingen, wie die mannigfaltigen Dreiecke, das
Pflanzenreich, die Schlüsse, zum Gegenstande haben, und
deren Theilerkenntnisse sich theils auf alle Dinge dieser
Gattung beziehen, indem sie allen gemeinsame Eigenschaften
zum Inhalte haben, theils auf Kreise dieser Dinge, die in
mehr Eigenschaften als in den der ganzen Gattung gemeinsamen übereinstimmen und also Arten dieser Gattung bilden.
Sie betrifft, wenn sie sich an ein Erkenntnissganzes, das so
beschaffen ist, insofern, als es so beschaffen ist, richtet, gleich
derjenigen der Klarheit und Deutlichkeit, Begriffe, nämlich
den Begriff der Gattung, die den Gegenstand des Erkenntniss-
ganzen bildet, und diejenigen der Arten, die die Gegenstände
der Theilerkenntnisse bilden, z. B. den Gattungsbegriff des
Dreieckes und die Artbegriffe des rechtwinkeligen, des spitzwinkeligen und des stumpfwinkeligen Dreieckes. Und sie
besteht darin, dass diese Begriffe nicht bloss sämmtlich klar
und deutlich seien, sondern auch untereinander verbunden
durch die Einsicht in ihr logisches Verhältniss, welchem zufolge die Erkenntnisse, deren Subjektsbegriffe sie bilden,
Bestandtheile der Erkenntniss eines einzigen Gegenstandes
sind, also durch die Einsicht in die Art, wie sich der Umfang
des Gattungsbegriffes in die Umfänge der Artbegriffe gliedert.

Die logische Vollkommenheit zweitens, die Erkenntnissen
insofern, als sie mehr denn blosse Gedanken oder Annahmen,
als sie Erkenntnisse sind, zugeschrieben werden kann, besteht
darin, dass der Erkennende, sei es durch unmittelbare Vergleichung derselben mit ihrem Gegenstande, sei es durch

Schlüsse, zur Einsicht in ihre Wahrheit gelangt ist, — in ihrer Evidenz.

Unter den Aufgaben, die nach dem Vorstehenden in der allgemeinen Aufgabe, Erkenntnissen logische Vollkommenheit zu geben, enthalten sind, sind drei, denen auch eine sich auf die Elemente beschränkende Darstellung der Logik eine nähere, wenn auch nur kurze, Betrachtung widmen muss. Es sind: 1) die zur völligen Verdeutlichung eines Begriffes und damit der Urtheile, in denen er vorkommt, erforderliche scharfe Abgrenzung seines konstituirenden Inhaltes und, wenn dieser aus einem zusammengesetzten Merkmale besteht, dessen Zerlegung in einfache Bestandtheile oder in solche, deren Zerlegung entweder schon stattgefunden hat oder vorbehalten wird, — die Definition, 2) die Gliederung des Umfangs eines allgemeinen Begriffes durch Aufstellung einer vollständigen Reihe ihm untergeordneter, einander nebengeordneter Begriffe, oder mehrerer solcher Reihen, wodurch ein Erkenntnissganzes, das die durch den allgemeinen Begriff vorgestellte Gattung in ihrer Einheit und der Mannigfaltigkeit ihrer Arten zum Gegenstande hat, Einheitlichkeit erhält, — die Eintheilung, 3) der Beweis, der ein Urtheil evident macht, indem er durch Schlüsse zeigt, dass es wahr ist.

§ 37.
Die Definition.

1. Da die Klarheit eines Begriffes darin besteht, dass er einen bestimmten Gegenstand hat, müsste ein Urtheil, das einen unklaren (dunkelen) Begriff klar machte, ihm einen bestimmten Gegenstand geben, und das könnte es nur dadurch, dass es von ihm aussagte, er sei der Begriff eines gewissen bestimmten Gegenstandes A. Ein solches Urtheil aber wäre unrichtig, es sagte von einem Begriffe etwas aus, was von ihm nicht gälte. Man kann also nicht einen unklaren Begriff durch ein Urtheil über ihn klar machen. Wohl aber kann man einen klaren, aber noch der Deutlichkeit entbehrenden Begriff durch ein Urtheil über ihn auf diese Stufe der logischen Vollkommenheit erheben. Denn es ist ein identisches und

mithin richtiges Urtheil, wenn man, aus dem Inhalte des
Begriffes eines Gegenstandes A eine Gruppe von Merk-
malen a, b, c . . ., die gerade hinreicht, A von allen anderen
Gegenständen zu unterscheiden, heraushebend, von diesem
Begriffe sagt, er sei Begriff des a und b und c seienden
Dinges bezw. der diese Merkmale habenden Dinge; und dieses
Urtheil macht den Begriff von A deutlich, da die Deutlichkeit eines Begriffes darin besteht, dass er einen abgegrenzten
und seinen Bestandtheilen nach bekannten konstituirenden
Inhalt hat. Nennt man daher Definition ein Urtheil, das
einem Begriffe eine ihm fehlende Seite der logischen Vollkommenheit giebt, so ist jede Definition näher ein Urtheil,
das einen bereits klaren Begriff deutlich macht, indem es von
ihm aussagt, er sei der Begriff des Gegenstandes, der durch
gewisse Merkmale dieser eigenthümliche, von allen anderen
verschiedene Gegenstand sei. Diese Ansicht vom Wesen der
Definition stimmt mit derjenigen Kants überein, denn auch
dieser gilt die Definition lediglich für ein Mittel, „klare Begriffe deutlich zu machen" (Ros. III, S. 234, 328).

Wie schon bemerkt ist jede Definition ein identisches
Urtheil über den Begriff, der definirt wird. Versucht man,
ihr ein Urtheil über den Gegenstand dieses Begriffes zu entnehmen, so erhält man statt eines solchen eine Tautologie.
Sie selbst ist nicht tautologisch, sondern heterologisch, denn
indem sie von einem Begriffe, der noch keinen abgegrenzten
und seinen Bestandtheilen nach bekannten konstituirenden
Inhalt hat, sagt, er sei der Begriff eines sich durch gewisse
Merkmale von allen anderen Gegenständen unterscheidenden
Gegenstandes, sagt sie von ihm etwas zwar nicht der Sache,
aber der Auffassung nach Neues aus.

2. Nicht alle Logiker sind der Ansicht, dass die Definition
den Begriff, zu dessen Vervollkommnung sie dient, zum
Gegenstande habe. Nicht von diesem Begriffe, meinen Viele,
sondern von dem Gegenstande desselben sage sie etwas
aus, nämlich, mit Aristoteles zu reden, sein τί ἐστι, seine in
der Zugehörigkeit zu einer gewissen Gattung und einem
Merkmale, durch das er sich von den anderen Arten dieser
Gattung unterscheide, bestehende Eigenthümlichkeit. Andere
halten das Wort, durch das der Begriff, den die Definition

vollkommen machen soll, bezeichnet wird, für ihren Gegenstand. Von diesem Worte sage sie aus, was es bedeute,
welches Dinges oder welcher Klasse von Dingen Name es
sei. Doch soll nicht jedes Urtheil, das die Bedeutung eines
Wortes angiebt, eine Definition sein. Nur diejenigen sollen
diesen Namen verdienen, welche, wie z. B. die Erklärung
„Unter einem Quadrate versteht man ein Viereck, dessen
Seiten sämmtlich einander gleich und dessen Winkel sämmtlich rechte sind“, die Bedeutung eines Wortes in der Weise
angeben, dass sie die Merkmale aufzählen, aus denen sich der
Inhalt des Begriffes, den das Wort bezeichnet, zusammensetzt.
Ausgeschlossen würden demnach sein Sätze wie „Unter der
Fauna eines Landes versteht man seine Thierwelt“, „Ein
Lexikon ist ein Wörterbuch“, „Eine Grösse nennt man Alles,
was gross ist“. Nur die sogenannten Realdefinitionen
wollen jene, nur die sogenannten Nominaldefinitionen
diese für echte Definitionen gelten lassen. Wieder Andere
lehren, die Definitionen seien theils Real-, theils Nominaldefinitionen. Diesen Auffassungen gegenüber kann der oben
dargelegten der Ausdruck gegeben werden, jede Definition
sei ihrem Begriffe nach eine Konceptualdefinition.

Ohne Zweifel giebt es Urtheile von der Art derer, die
als Realdefinitionen bezeichnet zu werden pflegen. Aber sie
sind nicht Definitionen, wenn man darunter Urtheile versteht,
die einen Begriff logisch vervollkommnen. Wenn sie vollkommen bestimmt sind, so setzen sie bereits einen deutlichen,
also einen logisch vollkommenen Begriff des Gegenstandes,
von dem sie sagen, welcher Gattung er angehöre und durch
welches Merkmal er sich von den anderen Arten dieser
Gattung unterscheide, voraus; von einem durch einen deutlichen Begriff gedachten Gegenstande sagen sie ein in Beziehung auf diesen Begriff ergänzendes Merkmal aus, das zum
konstituirenden Inhalte eines anderen Begriffes desselben
Gegenstandes (eines äquipollenten Begriffes) hinreicht. Hat
z. B. der Satz „Die Dreiecke sind von drei geraden Linien
eingeschlossene Figuren“ die Bedeutung einer Realdefinition,
so muss, da eine Realdefinition keine blosse Tautologie,
sondern ein wirkliches Urtheil sein soll, der sein Subjekt
bildende Begriff des Dreieckes ein anderes Merkmal als das

Eingeschlossen-sein von drei geraden Linien, etwa die Drei-winkeligkeit oder das Haben dreier Ecken, zum konstituiren-den Inhalte haben. Die Bedeutung der sogenannten Real-definitionen besteht also nicht darin, dass sie den Begriff des Gegenstandes, von dem sie etwas aussagen, erst deutlich machten, sondern darin, dass sie die Erkenntniss eines Gegen-standes, von dem man (vorausgesetzt, dass sie selbst bestimmt sind) bereits einen deutlichen Begriff besitzt, erweitern.

Auch die sogenannten Nominaldefinitionen können nie-mals Definitionen in der hier diesem Worte beigelegten Be-deutung sein: Urtheile, die einen Begriff logisch vervoll-kommnen. Denn es kann nicht Sache eines Urtheils, welches die Bedeutung eines Wortes angiebt, sein, den durch dieses Wort bezeichneten Begriff zu zergliedern. Dem Urtheile, welches zu einem Worte den Begriff angiebt, den es be-zeichnet, kann ein anderes, welches den Inhalt dieses Be-griffes in seine Bestandtheile zerlegt, vorhergegangen sein oder nachfolgen, und im ersten Falle kann das Ergebniss der Zerlegung zur Worterklärung benutzt worden sein; niemals aber kann ein und dasselbe Urtheil die Bedeutung eines Wortes bestimmen und mit dem Begriffe, den dieses Wort bezeichnet, die Zerlegung seines Inhaltes vornehmen.

3. Die Bezeichnungen Nominaldefinition und Realdefinition werden häufig in einem anderen Sinne als dem eben an-gegebenen gebraucht. So unterscheidet Leibniz folgender-maassen (Erdmann, S. 80 b): „Atque ita habemus quoque dis-crimen inter definitiones nominales, quae notas tantum rei ab aliis discernendae continent, et reales, ex quibus constat rem esse possibilem ... Nec definitiones nominales sufficiunt ad perfectam scientiam, nisi quando aliunde constat rem esse possibilem ... Possibilitatem autem rei vel a priori cognosci-mus, vel a posteriori. Et quidem a priori, cum notionem resolvimus in sua requisita, seu in alias notiones cognitae possibilitatis, nihilque in iis incompatibile esse scimus; idque fit inter alia, cum intelligimus modum, quo res possit produci, unde prae ceteris utiles sunt definitiones causales: a posteriori vero, cum rem actu existere experimur; quod enim actu existit, id utique possibile est." Nach diesen Begriffs-bestimmungen würde die Eintheilung der Definitionen in

Nominal- und Realdefinitionen sich mit der Ansicht, dass alle Definitionen Konceptualdefinitionen seien, vereinigen lassen. Aber ihre Glieder unterscheiden sich nicht der Weise des Definirens, sondern nur der Beschaffenheit des definirten Begriffes nach. Hat ein Begriff einen Gegenstand, von dem man weiss, dass er existirt, und mithin auch, dass er möglich ist, d. i. dass die den Inhalt seines Begriffes bildenden Merkmale vereinbar sind, oder ist er so beschaffen, dass man, nachdem man ihn definirt hat, durch blosse Vergleichung der Merkmale, in welche die Definition seinen Inhalt aufgelöst hat, deren Vereinbarkeit und also die Möglichkeit seines Gegenstandes erkennen kann (wie dies insbesondere bei den geometrischen Begriffen der Fall ist), so ist die Definition eine Realdefinition, im entgegengesetzten Falle eine Nominaldefinition. Von diesem Unterschiede aber ist die Weise des Definirens völlig unabhängig.

4. Von der Ansicht, dass alle Definitionen Worterklärungen seien, geht eine dritte überlieferte Unterscheidung zweier Arten von Definitionen aus, die der analytischen und der synthetischen. Analytisch nämlich werden diejenigen genannt, welche die Bedeutung feststellen, die einem Worte im allgemeinen Sprachgebrauche zukommt, synthetisch diejenigen, welche (wie z. B. die Definitionen geometrischer Figuren oder die an der Spitze von Spinozas Ethik stehenden) bestimmen, in welchem Sinne der Definirende ein Wort, gleichviel, was es sonst bezeichne, in einer bevorstehenden Darstellung zu gebrauchen beabsichtigt, — oder, was dasselbe ist, analytisch diejenigen, die zu einem Worte den Begriff, den es nach allgemeinem Sprachgebrauche bezeichne, synthetisch diejenigen, die umgekehrt zu einem Begriffe das Wort, mit dem der Definirende ihn zu bezeichnen beabsichtigt, hinzufügen. Auch diese Unterscheidung kann daher nicht aufrecht erhalten werden, wenn man unter einer Definition ein Urtheil versteht, das einen Begriff deutlich macht. Nennt man mit Kant (Ros. III, S. 329 f.) analytisch diejenigen Definitionen, die einen gegebenen, synthetisch diejenigen, die einen willkürlich gemachten Begriff verdeutlichen, so ist dies allerdings eine mit dem Begriffe der Definition vereinbare Unterscheidung, aber sie betrifft nicht die Weise

des Definirens, sondern die Art, wie man vor der Definition
zu dem Begriffe, der definirt wird, gelangt ist.

5. Noch eine vierte Eintheilung der Definitionen, die
überliefert ist, muss erwähnt werden, die Eintheilung in
solche, die als den Inhalt des zu definirenden Begriffes wesentliche, und solche, die unwesentliche Merkmale angeben, —
in Essential- und Accidentaldefinitionen. Der Unterschied der wesentlichen und der unwesentlichen Merkmale
wird von denen, die diese Eintheilung aufstellen, in zum
Theil sehr verschiedenen Weisen bestimmt. Versteht man,
wie es im Allgemeinen die formale Logik thut, unter den
wesentlichen Merkmalen eines Dinges diejenigen, die in Beziehung auf einen Begriff, durch den es vorgestellt wird, einen
Vorrang vor den übrigen haben, indem sie dem Dinge insofern zukommen, als es zum Umfange dieses Begriffes gehört,
also allen zu diesem Umfange gehörenden Dingen, solange
sie dazu gehören, gemeinsam sind, so sind selbstverständlich
alle Merkmale, die den konstituirenden Inhalt eines Begriffes
bilden, den durch diesen Begriff vorgestellten Dingen in Beziehung auf ihn wesentlich; und da jede Definition die Merkmale, die sie angiebt, zum konstituirenden Inhalte des definirten Begriffes macht, so giebt jede Definition nur wesentliche Merkmale an und ist also eine Essentialdefinition. Nennt
man dagegen wesentlich diejenigen Merkmale eines Gegenstandes, in welche die vollkommene Erkenntniss desselben
zuerst seine Eigenthümlichkeit setzen würde, um dann von
dem so bestimmten Gegenstande Alles, was weiter von ihm
gelte, auszusagen (§ 5, 5), oder auch diejenigen, die sich überhaupt zum Ausgangspunkte für seine Erforschung eignen,
wesentlich z. B. die Eigenschaft des Kreises, dass es einen
Punkt giebt, von dem alle seine Punkte gleich weit entfernt
sind, unwesentlich oder accidentell die in dem Satze, dass
jeder Peripheriewinkel die Hälfte des auf gleichem Bogen
stehenden Centriwinkels ist, ausgedrückte, so lassen sich in
der That Definitionen, die wesentliche, und solche, die unwesentliche Merkmale angeben, Essential- und Accidentaldefinitionen, unterscheiden. Und diese Unterscheidung betrifft
dann auch die Weise des Definirens, denn die Auswahl der
Merkmale, die den konstituirenden Inhalt des zu definirenden
Begriffes bilden sollen, ist Sache der Definition.

6. Alle Definitionen können (wenn, um Weitschweifigkeit zu vermeiden, von dem Falle, dass der definirte Begriff ein singulärer ist, abgesehen wird) auf die Formel gebracht werden: Der Begriff der Dinge A ist der Begriff der Dinge, die sich von allen anderen Dingen durch das Merkmal d bezw. durch die Verbindung der Merkmale d_1, d_2 u. s. w. unterscheiden, — der Begriff der d bezw. der d_1 und d_2 u. s. w. seienden Dinge; oder, da die Urtheile, die von einem Begriffe etwas hinsichtlich der Beschaffenheit seines Gegenstandes aussagen, wie Urtheile über diesen Gegenstand selbst ausgedrückt zu werden pflegen: Die A sind die d bezw. die d_1, d_2 u. s. w. seienden Dinge; oder: Ein A ist ein d bezw. d_1, d_2 u. s. w. seiendes Ding. Ist jedoch A eine Art einer Gattung G, deren Begriff im Vergleiche mit dem von A von nicht zu seltenem Gebrauche ist, so wird man den Begriff von A, statt dem ganz allgemeinen des Dinges überhaupt, dem der Gattung G unterordnen und dann ein Merkmal d hinzufügen, welches gerade genügt, die Art A von allen ihr in Bezug auf die Gattung G nebengeordneten Arten zu unterscheiden, oder, wenn es erforderlich ist, mehrere Merkmale d_1, d_2 u. s. w., entsprechend der Formel: Ein A ist ein d bezw. ein d_1, d_2 u. s. w. seiendes G. Giebt es mehrere Begriffe, denen der zu definirende untergeordnet werden kann, und die eine aufsteigende Reihe bilden, in welcher sich jedes Glied zu dem folgenden wie der Artbegriff zum Gattungsbegriffe verhält, so wird man den wählen, der in dieser Reihe die unterste Stelle einnimmt, also dem zu definirenden am nächsten steht, es müsste denn sein, dass er dem Denken sozusagen weniger geläufig wäre als ein höher stehender oder die zur Vollendung der Definition noch erforderliche Unterscheidung des zu definirenden Begriffes von den ihm nebengeordneten unbequemer machte oder sonst in irgend einer Hinsicht weniger passend erschiene. Nach dieser Regel, die der alte Satz „Definitio fiat per genus proximum et differentiam specificam" überliefert, definirt man z. B. das Quadrat, wenn man bereits die Begriffe des Parallelogramms und des Rechteckes gebildet hat, nicht als ein Viereck, dessen Seiten sämmtlich einander gleich und dessen Winkel sämmtlich rechte sind, auch nicht als ein Parallelogramm, welches gleichseitig und

rechtwinkelig ist, sondern als ein Rechteck, welches gleichseitig ist. Uebrigens darf eine Definition, wenn sie mit
einem Begriffe G mehrere Merkmale d_1, d_2 u. s. w. verbindet,
von denen ein Theil zusammen mit dem Inhalte von G den
Inhalt eines bekannten Begriffes G_1 ausmacht, es unbestimmt
lassen, ob G oder ob G_1 den Gattungsbegriff bedeute, dem
sie den zu definirenden unterordne, ob also die Merkmale
d_1, d_2 u. s. w. sämmtlich oder ob sie nur zum Theil zur
spezifischen Differenz zu rechnen seien. Wird z. B. das
Quadrat definirt als ein gleichseitiges rechtwinkeliges Parallelogramm, so ist es gleichgültig, ob man als genus den Begriff des Parallelogramms und als differentia specifica die
Verbindung der Gleichseitigkeit und der Rechtwinkeligkeit,
oder als genus den Begriff des rechtwinkeligen Parallelogramms und als differentia specifica die Gleichseitigkeit
betrachtet. Stehen zwei Gattungsbegriffe, von denen man
ausgehen kann, in dem Verhältnisse der Kreuzung (wie
z. B. die des rechtwinkeligen Parallelogramms und des
gleichseitigen Parallelogramms, die beide zur Definition
des Quadrates gebraucht werden können), und sind ihre
Inhalte so beschaffen, dass die Definition mittels des
einen eine Essentialdefinition (in der zweiten der beiden oben
unterschiedenen Bedeutungen dieses Wortes), die mittels des
anderen eine Accidentaldefinition sein, oder dass die Definition mittels des einen sich weniger als die mittels des
anderen von einer Essentialdefinition unterscheiden würde,
so wird man im Allgemeinen der ersteren den Vorzug geben.

Eine Definition, die den definirten Begriff unter einen
Gattungsbegriff subsumirt, der selbst der Deutlichkeit entbehrt, bedarf natürlich der Ergänzung durch die Definition
dieses Gattungsbegriffes. Wird z. B. von dem Begriffe des
Krystalls die Definition gegeben (Bauer, Lehrbuch der Mi-
neralogie, S. 10 f.): „Ein Krystall ist ein krystallisirter
Körper, der nach aussen durch eine regelmässige und eben-
flächige polyedrische Begrenzung abgeschlossen wird, sofern
diese äussere Begrenzung sogleich ursprünglich bei der Fest-
werdung des Körpers und zwar durch innere Kräfte desselben
sich gebildet hat", so muss die Definition der krystallisirten
Substanz „Krystallisirte Substanzen sind diejenigen homogenen

festen Körper, bei denen die Kohäsion und alle damit zu-
sammenhängenden Eigenschaften, besonders die Elastizität,
sich mit der Richtung ändern, sofern diese Aenderung nicht
durch äussere Einflüsse hervorgebracht ist, sondern dem Wesen
der Substanz entspricht" entweder vorhergegangen sein oder
nachfolgen.

7. Für die Verstösse gegen die Anforderungen, die sich
ohne Weiteres aus dem eben entwickelten Begriffe der
Definition ergeben, hat die Logik besondere Bezeichnungen
eingeführt, die noch erwähnt werden müssen.

Wenn unter den Begriffen, mittels deren definirt wird,
der zu definirende selbst vorkommt, wie das z. B. der Fall
sein würde, wenn man den Kreis definiren wollte als eine
Linie, die entstehe, wenn man einen geraden Kegel, dessen
Grundfläche ein Kreis sei, rechtwinkelig zu seiner Achse
durch eine Ebene schneide, so wird die Definition tautologisch genannt oder wird von ihr gesagt, sie definire
idem per idem. Circulus in definiendo nennt man den
Fehler, der darin besteht, dass zur Definition eines Begriffes B,
mittels dessen ein Begriff A definirt wurde, wieder dieser
Begriff A benutzt wird. In ihn verfällt z. B. nach Platos
Meno derjenige, der die Tugend als das Vermögen, das Gute
mit Gerechtigkeit oder Frömmigkeit oder Besonnenheit zu
erwerben, definirt, denn die Begriffe der Gerechtigkeit, der
Frömmigkeit und der Besonnenheit bedürfen selbst der Definition und dazu kann man des Begriffes der Tugend nicht
entbehren; oder wer zuerst den Begriff für eine Vorstellung,
die das Wesen ihres Gegenstandes zum Inhalte habe, er-
klärte, und dann auf die Frage, was das Wesen eines Gegenstandes sei, antwortete, es sei die Vereinigung der den
Inhalt seines Begriffes bildenden Merkmale. Als zu weit
tadelt man eine Definition, wenn sie auf einen allgemeineren,
als zu enge, wenn sie auf einen weniger allgemeinen Begriff
als den zu definirenden passt, als zu weit, mit anderen Worten,
wenn sie dem zu definirenden Begriffe einen zu grossen, als
zu enge, wenn sie ihm einen zu kleinen Umfang giebt. Zu
weit wäre demnach die Definition, die den Begriff des Fisches
dem des im Wasser lebenden Thieres gleichsetzte; zu enge
die des Urtheils als der Vorstellung von dem Enthalten-sein

eines Begriffes in einem anderen, da nicht alle Urtheile
Urtheile über Begriffe sind; zugleich zu weit und zu enge
die des Vogels als eines zum Fliegen eingerichteten Thieres
mit rothem, warmem Blute, da sie die Fledermäuse einschliessen, die Strausse ausschliessen würde. Zu den zu
engen Definitionen können auch diejenigen gerechnet werden,
die nur einen Theil des zu definirenden Ganzen berücksichtigen, z. B. die Definition der Logik als der Wissenschaft
von den Formen und Gesetzen des wissenschaftlichen Denkens.
Den Vorwurf der Abundanz endlich macht man einer Definition,
die zwar nur Merkmale angiebt, welche dem Gegenstande des zu
definirenden Begriffes wirklich zukommen, aber deren mehr,
als zur Unterscheidung dieses Gegenstandes von allen anderen
erforderlich sind. Abundant wäre z. B. die Definition des
Rechteckes als eines rechtwinkeligen Parallelogramms mit
gleichen Diagonalen. Die Abundanz ist jedoch kein Fehler
in dem Falle, dass, nachdem der Gattungsbegriff angemessen
gewählt war, als spezifische Differenz nur ein solches Merkmal angegeben werden konnte, in welchem wieder der Inhalt
des Gattungsbegriffes enthalten war. Z. B. zur Definition
des Dreiecks genügt es zwar, zu sagen, ein Dreieck sei eine
von drei geraden Linien vollständig begrenzte Figur, aber
da es durchaus in der Ordnung ist, wenn man die Verdeutlichung des Begriffs des Dreieckes damit beginnt, dass
man ihn unter den der ebenen von geraden Linien begrenzten
Figur subsumirt, und die Dreiecke von allen anderen Figuren
dieser Gattung sich dadurch unterscheiden, dass die Zahl der
begrenzenden Linien Drei ist, so kann auch gegen die Definition „Ein Dreieck ist eine ebene von drei geraden Linien
begrenzte Figur" nichts eingewandt werden, obwohl das Eben-
sein eine Folge des Begrenzt-seins von drei geraden Linien ist.

§ 38.
Die Eintheilung.

1. Jede Eintheilung einer Gattung von Dingen in Arten
behauptet von jeder dieser Arten, dass sie in dieser Gattung
nicht bloss enthalten sein könne, sondern wirklich enthalten
sei. Besteht daher die Gattung, die eingetheilt wird, aus

wirklich existirenden Dingen, so ist die Eintheilung nur dann
richtig, wenn auch jede der Arten, die sie angiebt, aus wirklich existirenden Dingen besteht. Obwohl z. B. die Möglichkeit befiederter Säugethiere nicht in Abrede gestellt werden
kann, darf doch eine solche Art, solange kein zu ihr ge-
hörendes Exemplar aufgefunden ist, nicht in die Eintheilung
der Säugethiere aufgenommen werden. Handelt es sich um
eine Gattung, von der nur angenommen oder fingirt wird,
dass sie wirklich existire, so darf die Eintheilung nur solche
Arten angeben, die auf dem Standpunkte jener Annahme oder
Fiktion für wirklich existirende angesehen werden müssen.
Da z. B. die Geometrie alle Figuren, die sich konstruiren
lassen, als wirklich existirende Dinge betrachtet, so hat die
Eintheilung der regelmässigen Körper zwar die von Fünfecken, nicht aber die von Siebenecken begrenzten als eine
Art dieser Gattung aufzustellen, denn Körper, die von lauter
regelmässigen Fünfecken begrenzt sind, können konstruirt
werden, solche, die von lauter regelmässigen Siebenecken
begrenzt sein würden, nicht. Oder wer vom Standpunkte
einer Theologie aus, welche die Existenz von Engeln lehrt
und von allerlei Unterschieden, die im Reiche der Engel vorkommen, berichtet oder das Material zu Schlüssen auf solche
Unterschiede darbietet, die Engel einzutheilen unternimmt,
darf nur solche Arten aufzählen, von denen er zeigen kann,
dass der Glaube an ihre Existenz eine Konsequenz jenes
Standpunktes sei.

Hieraus folgt, dass die Eintheilungsglieder stets Arten,
niemals Individuen sind, dass also die Aufgabe einer Eintheilung niemals darin besteht, die Individuen der ein-
zutheilenden Gattung aufzuzählen, sondern immer nur darin,
zwischen den Begriff einer Gattung und die Begriffe der zu
dieser Gattung gehörenden Individuen eine Reihe von Art-
begriffen zu stellen. Denn wenn zu jeder Eintheilung die
Merkmale, durch die sich die Eintheilungsglieder voneinander
unterscheiden, als Merkmale wirklich existirender Individuen
der eingetheilten Gattung gegeben sein müssen (z. B. die
Eintheilung der Engel in solche mit zwei und in solche mit
vier Flügeln voraussetzen müsste, dass es Engel mit zwei
und Engel mit vier Flügeln gebe), so müsste der Eintheilung

einer Art in ihre Individuen die Kenntniss aller dieser In-
dividuen vorausgehen; ihre Aufgabe, die Begriffe aller dieser
Individuen demjenigen der Art hinzuzufügen, müsste also
schon gelöst sein, um von ihr gelöst werden zu können.
Auch der allgemeine Sprachgebrauch kennt nur Eintheilungen,
deren Glieder wieder allgemeine Begriffe sind. Er duldet es
z. B. nicht, zu sagen, die Planeten seien einzutheilen in
Merkur, Venus, Erde, Mars u. s. w., oder die Welttheile in
Europa, Asien u. s. w., oder die Kinder einer gewissen
Familie in Karl, Wilhelm und Auguste.

2. Die Eintheilungsglieder N_1, N_2 ... einer richtigen
Eintheilung bilden eine vollständige Reihe einander in Beziehung auf den eingetheilten Begriff nebengeordneter Begriffe.
Dem früher über das Verhältniss der Nebenordnung Vor-
getragenen (§ 12, 5) zufolge müssen mithin das Merkmal a_1,
durch dessen Hinzufügung zum Inhalte von M man N_1 erhält, das Merkmal a_2, durch dessen Hinzufügung zum Inhalte
von M man N_2 erhält u. s. w., mit Einem Worte die artbildenden Merkmale der Eintheilungsglieder, sämmtlich ein
Merkmal a enthalten, das aus dem Inhalte von M herausgehoben werden kann. Von den Merkmalen a_1, a_2 ... dürfen
ferner in keinem Dinge, das zum reellen Umfange von M gehört, zwei oder mehrere vereinigt sein. Endlich darf in den
Dingen, die den reellen Umfang von M ausmachen, ausser
a_1, a_2 ... kein Merkmal vorkommen, in welchem a enthalten wäre.

Das Merkmal a wird der Eintheilungsgrund der Eintheilung von M in N_1, N_2 ... genannt. Z. B. die Blumen-
bachsche Eintheilung der Wirbelthiere in vivipare und ovipare
hat das Merkmal des Sich-fortpflanzens zum Eintheilungs-
grunde; es ist eine Eintheilung nach der Art der Fortpflanzung.
Wer die Menschen in weisse, schwarze u. s. w. eintheilt, theilt
sie nach der Farbe ein; wer in Kinder, in reifem Alter
Stehende und Greise, nach dem Lebensalter; wer in männliche
und weibliche, nach dem Geschlechte.

3. Kennt man von einer Gattung M nur Eine Art, die
a_1-seienden M, so kann man doch alle nicht zu dieser Art
gehörenden Dinge dieser Gattung in Einen Begriff zusammenfassen, nämlich eben in den Begriff derjenigen M, denen es gemein-

sam sei, dass das a₁-sein von ihnen verneint werden müsse, in den Begriff also, der dem der a₁-seienden M kontradiktorisch entgegengesetzt ist. Desgleichen kann man, wenn man nur eine unvollständige Reihe koordinirter Arten der Gattung M, die a₁-seienden M, die a₂-seienden u. s. w., kennt, die M, welche weder a₁, noch a₂ u. s. w. sind, zusammenfassen. In einem weiteren Sinne des Wortes kann man auch eine auf diese Weise ergänzte Aufstellung eines einzigen Artbegriffes oder einer unvollständigen Reihe koordinirter Artbegriffe zu einem Gattungsbegriffe eine Eintheilung des letzteren nennen. Oft nöthigt uns die Unvollständigkeit unserer Kenntnisse, uns mit einer solchen unvollendeten Eintheilung zufrieden zu geben. Häufig kommt es auch vor, dass eine Art, die man innerhalb einer Gattung abgegrenzt hat, einen solchen Charakter hat, dass es ihr nebengeordnete Arten gar nicht geben kann. Z. B. den riechenden Blumen kann man nur die nicht riechenden, den Planeten, die Trabanten haben, nur die, die keine haben, den Personen einer Gemeinschaft, die einer Konfession angehören, nur die, die keiner angehören, gegenüberstellen. Durchaus angemessen kann eine unvollendete Eintheilung ferner dann sein, wenn die Unterschiede zwischen den Arten, die eine vollendete Eintheilung aufzuzählen haben würde, für die Erkenntnissziele, denen die Eintheilung dienen soll, zum Theil gar nicht oder nur nebenbei in Betracht kommen. Hierhin gehören insbesondere diejenigen Eintheilungen, die von unendlich vielen einander nebengeordneten Arten nur eine oder einige aufzählen und die unendlich vielen anderen zu Einem Eintheilungsgliede zusammenfassen, z. B. die der ebenen von geraden Linien begrenzten Figuren in Dreiecke, Vierecke und Polygone mit mehr als vier Seiten, die der hohlen Winkel in rechte und schiefe, die der Linien in gerade und krumme, die der Bewegungen eines Punktes in solche mit konstanter, solche mit gleichförmig beschleunigter und solche mit ungleichförmig beschleunigter Geschwindigkeit.

4. Dass ein Begriff auf mehrfache Weise eingetheilt werden kann, und dass die Glieder einer Eintheilung sämmtlich oder zum Theil wieder eingetheilt werden können, versteht sich von selbst, und bekanntlich kommen solche Neben-eintheilungen und Fortsetzungen von Eintheilungen durch

Untereintheilungen häufig in den Wissenschaften vor. Zu
bemerken ist hierzu nur, dass man, wenn man mehrere Eintheilungen eines Begriffes hat, im Allgemeinen die zweite auf
die Glieder der ersten, die dritte auf die durch die Kombination
der beiden ersten entstandenen Glieder u. s. w. übertragen
und so zu einer sich in einer Reihe von Abstufungen fort-
setzenden und mannigfaltig verzweigenden Eintheilung gelangen
kann.   Auf der Kombination zweier Zweitheilungen beruht
z. B. die stoische Viertheilung der Leidenschaften.   Als unrichtige Urtheile über Nicht-Gleichgültiges nämlich können
die Leidenschaften eingetheilt werden einerseits in unrichtige
Urtheile über ein Gut und solche über ein Uebel, andererseits
in unrichtige Urtheile über ein Gegenwärtiges und solche
über ein Zukünftiges, mithin durch Benutzung beider Ein-
theilungsgründe in 1) unrichtige Urtheile über ein gegenwärtiges Gut oder Erregungen der Freude, 2) unrichtige
Urtheile über ein künftiges Gut oder Erregungen der Begierde,
3) unrichtige Urtheile über ein gegenwärtiges Uebel oder
Erregungen der Betrübniss, 4) unrichtige Urtheile über ein
zukünftiges Uebel oder Erregungen der Furcht.   Ein Beispiel
einer Kombination von drei Zweitheilungen ist die Eintheilung
der Urtheile, die man erhält, wenn man sie zuerst nach der
Qualität eintheilt in bejahende und verneinende, dann sowohl
die bejahenden als auch die verneinenden nach der Quantität
in allgemeine und besondere, und zuletzt sowohl die allgemein
bejahenden als auch die besonders bejahenden als auch die
allgemein verneinenden als auch die besonders verneinenden
nach der Modalität in apodiktische und problematische.   Man
muss sich jedoch, bevor man ein Glied, das man durch solche
Kombination erhält, als wirkliches Eintheilungsglied aufstellt,
vergewissern, dass es in dem reellen Umfange des einzu-
theilenden Begriffes vorkommt.   Kombinirt man z. B. mit der
Dreitheilung der Dreiecke nach dem Grössenverhältnisse der
Seiten diejenige nach der Art der Winkel, so kommen von
den neun Endgliedern zwei in Wegfall, da ein gleichseitiges
Dreieck weder rechtwinkelig noch stumpfwinkelig sein kann.
Es können auch zwei Eintheilungen desselben Begriffes sich
so zueinander verhalten, dass je ein Glied der einen sich
mit je einem Gliede der anderen dem Umfange nach deckt,

und dann lassen sie sich überhaupt nicht kombiniren. So
verhält es sich z. B. mit den Eintheilungen der Urtheile in
solche a priori und solche a posteriori, und in analytische
und synthetische, wenn diejenigen Recht haben, die* nicht
bloss, wie Kant, die Möglichkeit analytischer Urtheile a
posteriori, sondern auch die synthetischer Urtheile a priori
in Abrede stellen.

5. Auf die Wahl des Eintheilungsgrundes bezw., wenn es
sich um eine zusammengesetzte Eintheilung handelt, der Ein-
theilungsgründe bezieht sich die Unterscheidung natürlicher
und künstlicher Eintheilungen. Eine Eintheilung ist um
so künstlicher, je weniger, um so natürlicher, je mehr die
Uebereinstimmungen und Unterschiede, nach denen sie die
der eingetheilten Klasse angehörenden Dinge ordnet, in der
Erforschung dieser Dinge hervortreten, — um so künstlicher
also, je weniger, um so natürlicher, je mehr sie sich als ein
Mittel bewährt, den Ergebnissen der Erforschung des eingetheilten Gebietes die Gestalt eines einheitlichen Ganzen zu
geben. Es ist hiernach eine Unterscheidung, die für die Eintheilungen eine analoge Bedeutung hat wie die der Essential-
und der Accidentaldefinitionen für die Definitionen.

§ 39.
Der Beweis.

1. Einen Satz beweisen heisst zeigen, dass er aus Urtheilen
von anerkannter Wahrheit folgt. Wenn demnach ein Satz
durch eine ganz und gar aus anerkannten Wahrheiten und
strengen Schlüssen bestehende Gedankenfolge entdeckt wurde,
so reicht diese zu seinem Beweise hin. Und wenn die ent-
deckende Gedankenfolge näher so beschaffen war, dass nichts
aus ihr hätte weggelassen werden können, ohne dass sie auf-
gehört hätte, eine Reihe strenger mit dem entdeckten Satze
endender Schlüsse zu sein, so kann der Beweis des entdeckten
Satzes in ihrer blossen Wiederholung bestehen. Der Beweis
einer Wahrheit braucht jedoch auch in diesem Falle nicht
mit der Gedankenfolge der Entdeckung identisch zu sein. Er
kann aus denselben Voraussetzungen und Schlüssen wie sie

in anderer Ordnung zusammengesetzt sein. Und auch seinen
Bestandtheilen nach kann er sich von ihr unterscheiden. In
keinem Falle hat eine Gedankenreihe an der Stelle, an der
sie die Bedeutung einer entdeckenden hat, auch schon die des
Beweises der entdeckten Wahrheit. Auch dann, wenn sie
aus lauter strengen, von gesicherten Erkenntnissen ausgehen-
den Schlüssen besteht und nichts für den Beweis Ueber-
flüssiges enthält, wird sie doch zum Beweise erst dadurch,
dass sie zu dem Zwecke, den entdeckten Satz evident zu
machen, wiederholt wird. Die Bedeutung eines Beweises hat
überhaupt eine Gedankenreihe nur dann, wenn ihr die Vorstellung des Satzes, in welchem sie endigt, und der Glaube
an seine Wahrheit oder wenigstens ein Geneigt-sein von
grösserer oder geringerer Stärke, ihn für wahr zu halten,
vorherging, und wenn sie aus dem Zwecke entsprang, diesen
Satz evident zu machen und so zum Range einer vollkommenen Erkenntniss zu erheben.

2.   Ein Beweis kann in der Weise geführt werden, dass
zuerst aus dem kontradiktorischen Gegentheile des zu beweisenden Satzes in Verbindung mit einem oder mehreren
anerkannt wahren Sätzen ein anerkannt Unwahres oder ein
ihm (dem kontradiktorischen Gegentheile) Widersprechendes
abgeleitet, alsdann hieraus auf die Unwahrheit jenes kontradiktorischen Gegentheils selbst und weiter auf die Wahrheit
des zu beweisenden Satzes geschlossen wird. Die Beweise
dieser Art werden zusammen mit denen einer anderen Art,
die sich von ihnen nur unwesentlich unterscheiden, und die
später näher beschrieben werden sollen, indirekte oder
apagogische, die anderen direkte genannt.

Es könnte hiernach scheinen, als treffe die Erklärung,
dass der Beweis aus einer Reihe von Schlüssen bestehe, deren
Prämissen anerkannt wahre Urtheile seien, nur für die direkten
Beweise zu, indem an der Spitze der Schlussreihe, die einen
indirekten Beweis ausmache, eine Prämisse stehe, aus der
Unwahres oder ihr Widersprechendes abgeleitet werde und
die sich dadurch selbst als unwahr zu erkennen gebe. Allein
die erste Prämisse in der Schlussreihe eines indirekten Beweises wird nicht durch das Gegentheil des zu beweisenden
Satzes gebildet, sondern durch ein hypothetisches Urtheil,

welches das Gegentheil des zu beweisenden Satzes zur Hypothesis hat, und dieses hypothetische Urtheil muss eine gesicherte Erkenntniss sein, und ebenso alle Sätze, die weiter als Prämissen zu Hülfe genommen werden, bis sich als Conclusio ein hypothetisches Urtheil ergiebt, dessen Hypothesis wieder das Gegentheil des zu beweisenden Satzes ist, und dessen Thesis entweder anerkannt unwahr ist oder der Hypothesis widerspricht.

Eine besondere Form des indirekten Beweises hat das Eigenthümliche, dass sie zunächst von dem kontradiktorischen Gegentheil des zu beweisenden Satzes zu zwei oder mehreren Annahmen fortgeht, von denen eine wahr sein müsste, wenn jenes wahr wäre. Sie beginnt also damit, ein hypothetisches Urtheil mit disjunktiver Thesis „Angenommen S sei nicht P, so müsste entweder A B oder C D oder . . . sein" aufzustellen. Darauf zeigt sie von jedem der in dieser Thesis enthaltenen Urtheile „A ist B", „C ist D" u. s. w., dass es entweder ein anerkannt unwahres oder ein ihm widersprechendes Urtheil zur Folge haben würde, und gewinnt so durch so viel Schlüsse oder Schlussreihen, als die disjunktive Thesis Glieder hat, das Urtheil „Es ist weder A B noch C D noch . . ." Dieses Urtheil endlich verbindet sie mit dem zuerst aufgestellten zu einem Schlusse des modus tollens, dessen Conclusio lautet „Nicht ist S nicht P".

Beispiele indirekter Beweise. 1) Der Lehrsatz, dass, wenn zwei Winkel eines Dreieckes einander gleich sind, es auch die gegenüberliegenden Seiten sind, wird folgendermaassen bewiesen: Wären die in dem Dreiecke a b c den gleichen Winkeln b und c gegenüberliegenden Seiten a c und a b nicht gleich, so müsste sich auf der grösseren von ihnen von dem Punkte a aus ein solches Stück abschneiden lassen, dass der Rest (b d bezw. c d) der anderen Seite (a c bezw. a b) gleich wäre. Dadurch entstände ein Dreieck d b c, welches dem Dreiecke a b c kongruent wäre. d b c ist aber ein Theil von a b c. Mithin hätte das Dreieck a b c einen Theil, der ihm kongruent wäre, was unmöglich ist. 2) Wenn vorher bewiesen ist, dass in jedem Dreiecke der grösseren Seite der grössere Winkel gegenüberliegt, so lässt sich der umgekehrte Satz, dass in jedem Dreiecke a b c dem grösseren

Winkel b die grössere Seite ac gegenüberliegt, folgendermaassen beweisen. Wäre nicht $ac > ab$, so wäre entweder
$ac = ab$ oder $ac < ab$. Wäre erstens $ac = ab$, so
wären die Winkel b und c als Winkel an der Grundlinie
eines gleichschenkeligen Dreieckes einander gleich, also der
(nach der Voraussetzung) grössere Winkel gleich dem kleineren; und wäre zweitens $ac < ab$, so wäre $b < c$, also
der grössere Winkel kleiner als der kleinere. Beides ist
unmöglich, also ist weder $ac = ab$ noch $ac < ab$, folglich $ac > ab$. 3) Beweis des Satzes, dass der Winkel im
Halbkreise ein rechter ist. ab sei ein Durchmesser eines
Kreises, m der Mittelpunkt, c ein Punkt in der Peripherie.
Die Winkel mca und mcb, in die der Radius mc den
Winkel c zerlegt, mögen mit c_1 und c_2 bezeichnet werden.
Es ist zu beweisen, dass $c = R$. Angenommen, es sei nicht
$c = R$, so wäre entweder $c < R$ oder $c > R$. Wenn
$c < R$ wäre, so wäre, da $a + b + c = 2R$, $a + b > R$,
also auch, da $a = c_1$ und $b = c_2$, $c_1 + c_2 > R$ und mithin
$c > R$. Wenn zweitens $c > R$ wäre, so liesse sich in derselben Weise zeigen, dass $c < R$. Die Annahmen, dass $c < R$
und dass $c > R$, haben also Folgen, die ihnen widersprechen,
mithin ist die Annahme, dass nicht $c = R$, falsch und die
entgegengesetzte, dass $c = R$, wahr. — In dem ersten Beispiele führt die Annahme des Gegentheils des zu beweisenden
Satzes, ohne dass aus ihr ein disjunktives Urtheil gefolgert
wird, auf einen Satz, der nach dem Prinzipe des Widerspruchs
unwahr ist, nämlich den Satz, dass ein Theil eines Dreieckes
dem ganzen Dreiecke kongruent sei. Das zweite Beispiel
geht von einem hypothetischen Urtheile mit disjunktiver
Thesis (Entweder $ac = ab$ oder $ac < ab$) aus und zeigt
von jedem Gliede dieser Thesis, dass es einen sich selbst
widersprechenden Satz zur Folge hat. Das dritte Beispiel
unterscheidet sich von dem zweiten dadurch, dass die Sätze,
die aus den Gliedern der disjunktiven Thesis gefolgert werden
($c > R$, $c < R$) nicht sich selbst, sondern den Annahmen,
aus denen sie gefolgert wurden ($c < R$, $c > R$), widersprechen.

3. Jeder indirekte Beweis kann in einen direkten umgewandelt werden. Denn hat ein indirekter Beweis die

Gestalt: „Angenommen S sei nicht P, so wäre A B, und wäre A B, so wäre C D, nun ist aber nicht C D, also auch nicht A B, also auch nicht S nicht P, also S P", so kann man auch schliessen: „C ist nicht D, wenn aber C nicht D ist, so ist A nicht B, und wenn A nicht B ist, so ist S P", und dieser Schluss bildet einen direkten Beweis des Satzes „S ist P". Und verläuft ein indirekter Beweis nach dem komplizirteren Schema: „Angenommen S sei nicht P, so wäre entweder A_1 B_1 oder A_2 B_2, und im ersten Falle weiter C_1 D_1, im zweiten C_2 D_2, nun ist aber weder C_1 D_1 noch C_2 D_2, also auch weder A_1 B_1 noch A_2 B_2, also auch nicht S nicht P, also S P", so kann man ihn ersetzen durch den direkten: „Es ist weder C_1 D_1 noch C_2 D_2, wenn aber C_1 nicht D_1 ist, so ist A_1 nicht B_1, und wenn C_2 nicht D_2 ist, so ist A_2 nicht B_2, es ist also weder A_1 B_1 noch A_2 B_2, ferner ist, wenn weder A_1 B_1 noch A_2 B_2 ist, S P, folglich ist S P." Z. B. den oben indirekt bewiesenen Satz, dass in jedem Dreiecke a b c dem grösseren Winkel b die grössere Seite a c gegenüberliegt, kann man folgendermaassen direkt beweisen: „Es ist nicht b = c (nach der Voraussetzung), wenn aber nicht b = c ist, so ist auch nicht a c = a b (denn wenn a c = a b, so ist b = c nach dem Satze, dass gleichen Seiten gleiche Winkel gegenüberliegen), also ist nicht a c = a b; es ist ferner nicht b < c (nach der Voraussetzung), wenn aber nicht b < c, so ist auch nicht a c < a b (denn wenn a c < a b ist, so ist b < c, nach dem Satze, dass der kleineren Seite der kleinere Winkel gegenüberliegt), also ist nicht a c < a b; wenn aber weder a c = a b noch a c < a b, so ist a c > a b, also ist a c > a b, q. e. d."

Umgekehrt kann auch jeder direkte Beweis in einen indirekten umgewandelt werden. Zunächst nämlich kann man jeden direkten Beweis umgestalten in einen solchen, der in lauter hypothetischen Schlüssen verläuft, nach dem Schema: „Wenn A B ist, so ist C D, wenn C D ist, so ist E F, wenn E F ist, so ist S P, nun ist A B, also auch S P." Diese Reihe von Schlüssen aber kann man ersetzen durch die andere: „Wenn S nicht P ist, so ist E nicht F, wenn E nicht F ist, so ist C nicht D, wenn C nicht D ist, ist A nicht B, nun ist aber A B, folglich ist nicht S nicht P, folglich S P", die einen indirekten Beweis des Satzes S ist P darstellt, und zwar einen solchen, dessen Beweisgründe als wahr anerkannt werden müssen, wenn diejenigen des direkten, durch dessen Umgestaltung er gewonnen wurde, es müssen. Es werde z. B. der Satz, dass die Winkel b und c an der Grundlinie b c eines gleichschenkeligen Dreieckes einander gleich sind, zunächst folgendermaassen direkt bewiesen: Die Dreiecke a d b und a d c, in die das Dreieck a b c durch eine den Winkel a in die einander gleichen Winkel a_1 und a_2 theilende, die Grundlinie im Punkte d schneidende Gerade zerlegt wird, sind kongruent, denn sie stimmen überein in zwei Seiten und dem eingeschlossenen Winkel (a b = a c nach der Voraussetzung, a d = a d, a_1 = a_2); in diesen Dreiecken aber liegen den gleichen Seiten a d die Winkel b und c gegenüber und sind mithin gleich. Diesem Beweise kann man die Form einer Reihe hypothetischer Schlüsse geben, nämlich: Wenn sowohl a b = a c als auch a d = a d als auch a_1 = a_2, so sind die Dreiecke a d b und a d c kongruent, es sind dann weiter in ihnen die gleichen Seiten gegenüberliegenden Winkel gleich, und wenn dem so ist, so ist b = c; nun ist in der That sowohl a b = a c als auch a d = a d als auch a_1 = a_2, folglich auch b = c. Diese Schlussreihe aber kann man durch folgende ersetzen: Wenn nicht b = c wäre, so wären nicht die in den Dreiecken a d b und a d c gleichen Seiten gegenüberliegenden Winkel einander gleich, mithin diese Dreiecke nicht kongruent, mithin nicht sowohl ab = ac als auch a d = a d als auch a_1 = a_2; es ist aber sowohl a b = a c als auch a d = a d als auch a_1 = a_2, folglich nicht b nicht gleich c, folglich b = c.

4. Im Allgemeinen eignen sich zum Beweise eines Satzes nicht beide Beweisarten gleich gut. Besteht ein direkter Beweis nicht aus einer Reihe hypothetischer Schlüsse, deren letzter dem modus ponens angehört und den zu beweisenden Satz zur Conclusio hat, so ist es möglich, dass man, um ihn in einen aus solchen Schlüssen bestehenden umzuwandeln, als Prämissen Sätze aufstellen muss, die nicht unmittelbar anerkannte Wahrheiten sind, sondern diesen Rang erst durch die nicht-hypothetischen Schlüsse, aus denen die erste Form des Beweises besteht, erhalten. Es werde etwa ein direkter

Beweis gebildet durch die Schlüsse: 1) A ist B und C ist D, folglich ist Q R, 2) Q ist R und E ist F, folglich U V, 3) U ist V und G ist H, folglich S P, in denen die Prämissen A ist B, C ist D, E ist F, G ist H anerkannte Wahrheiten sind, so kann diese Schlussreihe durch folgende ersetzt werden: Wenn A B ist, ist Q R, wenn Q R ist, ist U V, wenn U V ist, ist S P, nun ist A B, folglich auch S P; aber die hypothetischen Prämissen dieser Reihe erhalten möglicherweise ihre Gewissheit erst durch die Schlüsse der ersten Reihe, und dann wäre es ein grosser Umweg, wenn man dem Beweise des Satzes S ist P die zweite Form gäbe, also auch, wenn man weiter statt des direkten Beweises den entsprechenden indirekten wählte. Angenommen aber auch, die Prämissen eines direkten, aus lauter hypothetischen Schlüssen bestehenden Beweises seien unmittelbar anerkannte Wahrheiten, so werden vielfach die hypothetischen Prämissen derjenigen Schlussreihe, aus denen der entsprechende indirekte Beweis bestehen müsste, nur darum gewiss sein, weil sie aus denen der direkten folgen (nämlich durch Kontraposition). Der direkte Beweis des Satzes S ist P laute: „Wenn A B ist, ist Q R, wenn Q R ist, ist U V, wenn U V ist, ist S P, nun ist A B, also auch S P", und mithin der indirekte, in den er verwandelt werden kann: „Wenn S nicht P ist, ist U nicht V, wenn U nicht V ist, ist Q nicht R, wenn Q nicht R ist, ist A nicht B, nun ist aber A B, folglich nicht S nicht P, folglich S P", so ist es möglich, dass man die Prämissen „Wenn S nicht P ist, ist U nicht V" u. s. w. nicht aus dem Vorrathe anerkannter Wahrheiten nehmen kann, der einem zur Verfügung steht, sondern erst aus „Wenn U V ist, ist S P" u. s. w. folgern muss, und auch dann macht der indirekte Beweis im Vergleiche mit dem direkten einen überflüssigen Umweg.

Eine allgemeine Regel, nach der man aus der Beschaffenheit des zu beweisenden Satzes erkennen könnte, welche Beweisart für ihn den Vorzug verdiene, wird sich schwerlich aufstellen lassen. Die Entscheidung dieser Frage hängt jedesmal davon ab, über welche Beweisgründe man verfügen kann und in welchem Verhältnisse dieselben zu dem zu beweisenden Satze stehen. Trendelenburg (Logische Untersuchungen,

2. Bd., 3. Aufl., S. 436), dem Andere gefolgt sind, meinte, der indirekte Beweis sei der eigentliche Beweis der Verneinung, doch könne er auch in Verbindung mit einem disjunktiven Urtheile, das die möglichen Fälle nebeneinander stelle, eine Bejahung begründen, in welchem Falle er nicht an und für sich die Erkenntniss der Bejahung ergebe, sondern nur als Glied in einem grösseren methodischen Ganzen wirke. Ein Beweis für diese Ansicht ist indessen bisher nicht erbracht worden.

5. Ist man im Besitze eines anerkannt wahren disjunktiven Urtheils, von dessen Gliedern eines der zu beweisende Satz ist, also, wenn der letztere mit S ist P bezeichnet wird, eines Urtheils von der Gestalt „Entweder ist S P oder A B" oder „Entweder ist S P oder A B oder C D oder . . .", so kann der Beweis in der Weise geführt werden, dass zuerst die Unwahrheit der Urtheile „A ist B", „C ist D" u. s. w. dargethan und dann auf die Wahrheit von S ist P geschlossen wird. Die Beweise dieser Art pflegen Beweise durch Ausschliessung genannt zu werden. Es sind hier zwei Fälle zu unterscheiden: die Unwahrheit der Urtheile A ist B u. s. w. wird dargethan entweder dadurch, dass anerkannt unwahre oder ihnen widersprechende Urtheile aus ihnen, oder dass die ihnen kontradiktorisch entgegengesetzten A ist nicht B u. s. w. aus anerkannt wahren abgeleitet werden (wenn von der Möglichkeit abgesehen wird, dass bei einem Theile dieser Urtheile das eine, bei dem anderen das andere Verfahren eingeschlagen werde). Im ersten Falle unterscheidet sich der Beweis durch Ausschliessung nur unwesentlich von dem oben betrachteten indirekten. Man kann ihn in einen indirekten der oben betrachteten Art umwandeln, indem man nur das disjunktive Urtheil „Entweder ist S P oder A B . . ." durch das hypothetische „Wenn S nicht P ist, ist entweder A B oder . . ." und demgemäss den Schluss, in den er ausläuft „Wenn weder A B noch . . . ist, so ist S P, nun ist weder A B noch . . ., also ist S P" durch „Wenn S nicht P ist, ist entweder A B oder . . ., nun ist weder A B noch . . ., also ist nicht S nicht P, also S P" ersetzt. Es ist daher angemessen und entspricht auch der Ueberlieferung, den Begriff des indirekten Beweises so weit zu fassen, dass auch diejenigen Beweise

. unter ihn fallen, welche alle dem zu beweisenden Satze nebengeordneten Möglichkeiten dadurch ausschliessen, dass sie zeigen, es folge anerkannt Unwahres aus ihnen.

6. Nur widerlegen kann man einen Satz dadurch, dass man aus ihm in Verbindung mit anerkannt wahren Urtheilen Folgerungen zieht, nicht auch beweisen. Denn während man, um die Unwahrheit einer Behauptung darzuthun, nur ein einziges anerkannt unwahres oder ihr widersprechendes Urtheil als ihre Folge aufzudecken braucht, reicht es zur Einsicht in die Wahrheit einer Behauptung nicht hin, eine Reihe, wie gross sie auch immer sei, anerkannt wahrer Urtheile, die aus ihr folgen, gefunden zu haben. Doch wächst die Wahrscheinlichkeit einer Annahme in dem Maasse, in welchem sie sich durch ihre Folgen bewährt. Und in zahlreichen Fällen nöthigen uns unsere Unwissenheit und die Schranken unseres Erkenntnissvermögens, auf den Beweis einer Annahme zu verzichten und uns mit einer solchen Steigerung ihrer Wahrscheinlichkeit zu begnügen. Insbesondere sind auf dieses Verfahren die Erfahrungswissenschaften bezüglich der Hypothesen, in denen sie die Gründe von Erscheinungen erfasst zu haben glauben, angewiesen.

Kann man ferner auch niemals einen Satz dadurch beweisen, dass man Folgerungen aus ihm zieht, so ist es doch möglich, auf diesem Wege seinen Beweis zu finden. Ist nämlich die letzte Conclusio einer Reihe von Schlüssen, die von einer zu beweisenden Behauptung ausgehen und nur anerkannt wahre Prämissen zu Hülfe nehmen, ein anerkannt wahres Urtheil, und haben die zu Hülfe genommenen anerkannt wahren Prämissen zum Inhalte Beziehungen, deren Glieder miteinander vertauscht werden dürfen, wie die beiden Seiten einer Gleichung, so kann man die ganze Schlussreihe umkehren, also mittels derselben Prämissen aus der Conclusio wieder den zu beweisenden Satz ableiten; und diese Ableitung bildet dann den gesuchten Beweis. Sind z. B. die Gleichungen $b = c$, $c = d$, $d = e$ und $a = e$ gewiss, so kann man, von der Annahme $a = b$ ausgehend, schliessen:

$$a = b, \quad b = c, \quad \text{folglich } a = c$$
$$a = c, \quad c = d, \quad \text{folglich } a = d$$
$$a = d, \quad d = e, \quad \text{folglich } a = e$$

und dann durch die umgekehrte Schlussreihe:

$$a = e, \; d = e, \; \text{folglich} \; a = d$$
$$a = d, \; c = d, \; \text{folglich} \; a = c$$
$$a = c, \; b = c, \; \text{folglich} \; a = b$$

die Gleichung $a = b$ beweisen. Oder weiss man, dass die Umfänge der Begriffe P und M und ebenso die der Begriffe M und N vollständig zusammenfallen, was durch P a M a P und M a N a M bezeichnet werden möge, und dazu, dass S a N, so kann man, von der Annahme S a P ausgehend, schliessen:

S a P, P a M a P, folglich S a M
S a M, M a N a M, folglich S a N,

und dann durch die umgekehrte Schlussreihe:

S a N, M a N a M, folglich S a M
S a M, P a M a P, folglich S a P

den Satz S a P beweisen. In der Mathematik bezeichnet man das hiermit beschriebene Verfahren, sowie das analoge, dessen man sich zur Lösung von Konstruktionsaufgaben und zur Auflösung von Gleichungen nach einer darin vorkommenden Unbekannten bedient, als Analysis. Es kann noch hinzugefügt werden, dass das Urtheil, welches die Analysis aus dem zu beweisenden Satze ableitet, auch, statt eines anerkannt wahren, ein solches sein kann, das zwar selbst des Beweises bedarf, dessen Beweis aber leichter ist als der gesuchte. Soll z. B. der Satz, dass die Diagonalen a c und b d eines Parallelogramms a b c d einander halbiren, bewiesen werden, so braucht die Analysis nur zu zeigen, dass aus ihm (wenn der Durchschnittspunkt der Diagonalen mit e bezeichnet wird) die Kongruenz der Dreiecke a b e und c d e folge, denn hiermit ist die Aufgabe auf die sofort lösbare, jene Kongruenz zu beweisen, zurückgeführt.

7. Zur Richtigkeit eines Beweises gehört erstens, dass die Sätze, aus denen bewiesen wird (die Beweismittel oder Beweisgründe oder Argumente), die ihnen beigemessene Evidenz besitzen, zweitens, dass die daraus gezogenen Schlüsse richtig sind, und drittens, dass der Satz, der durch diese Schlüsse bewiesen wird, mit dem zu beweisenden identisch ist.

Den Fehler des circulus in demonstrando wirft man einem Beweise vor, der gegen die erste dieser drei Anforderungen dadurch verstösst, dass er den zu beweisenden

Satz selbst als Argument benutzt. Dem circulus in demonstrando ist nahe verwandt die petitio principii, die Verwendung eines Argumentes, welches zu dem zu beweisenden Satze in einem solchen Verhältnisse steht, dass es nicht für gesichert gelten kann, solange jener nicht bewiesen ist. Diesen Fehler wirft z. B. in Platos Gorgias dem Sokrates, der gegen Polos den Satz, dass Unrecht thun übler sei als Unrecht leiden, daraus bewiesen hatte, dass es hässlicher sei, Kallikles vor, indem er bemerkt, Polos habe jenes Argument nur aus Scham zugegeben. Die in der Verschiedenheit des wirklich bewiesenen und des zu beweisenden Satzes liegenden Fehler werden unter dem Namen der Heterozetesis zusammengefasst. Enthält das Bewiesene auch nicht einmal einen Theil des zu Beweisenden, so wird die Heterozetesis μετάβασις εἰς ἄλλο γένος genannt, auch wohl ignoratio elenchi, obwohl dies ursprünglich die Bezeichnung nur des in Widerlegungen vorkommenden analogen Fehlers war. Ein Beispiel giebt Plato im Phädo, indem er gegen den Beweis des Sokrates für die Fortdauer der Seele, dass die Seele im Besitze gewisser Begriffe sei, die sie nur in einem vorleiblichen Dasein gewonnen haben könne, einen der Anwesenden einwenden lässt, dadurch werde die Präexistenz, nicht aber die Fortdauer bewiesen. Enthält der bewiesene Satz nur einen Theil dessen, was zu beweisen war, so wird gesagt, es sei zu wenig bewiesen. Dies trifft z. B. zu bei dem Beweise für die Unsterblichkeit der Seele, der sich darauf beruft, dass einem Jeden ein seiner Tugend proportionirtes Maass von Glückseligkeit zu Theil werden müsse, denn was in dem jetzigen Leben an dieser Proportionalität fehlt, könnte durch ein zweites Leben von wieder endlicher Dauer ausgeglichen werden; oder bei dem teleologischen Beweise für das Dasein Gottes, der, nach Kants Kritik, das Dasein nur eines höchst weisen und mächtigen Weltbaumeisters, nicht aber eines Weltschöpfers und vollends nicht eines allgenugsamen Urwesens darthut. Unter dem Zu-viel-beweisen pflegt nicht ein dem Zu-wenig-beweisen entgegengesetzter Fehler verstanden zu werden. Dieser Tadel richtet sich vielmehr gegen die Argumente. Er will sagen, dass sich mittels derselben ausser dem zu Beweisenden anerkannt Unrichtiges

würde beweisen lassen, und dass sie mithin selbst unrichtig
seien. Wenn demnach in Platos Phädo Simmias dem Sokrates,
der die Unsterblichkeit der Seele aus ihrer Unkörperlichkeit
und Untheilbarkeit beweisen will, entgegenhält, dann müsse
auch die Stimmung einer Leier, die ebenfalls unkörperlich
und untheilbar sei, die Leier überdauern, so wirft er ihm
damit vor, zu viel bewiesen zu haben.

Gedruckt in der Königlichen Hofbuchdruckerei von E. S. Mittler & Sohn,
Berlin SW., Kochstrasse 68—70.